스토리텔링으로
수학 가르치기

Teaching Mathematics as Storytelling

by Rina Zazkis and Peter Liljedahl

Teaching Mathematics as Storytelling

스토리텔링으로 수학 가르치기

리나 자스키스 · 피터 릴제달 지음

박경은 · 조호윤 옮김

KM 경문사

일러두기

- 본문에 있는 각주는 모두 옮긴이 주이다.
- 도서명은 《 》, 한 편의 이야기는 〈 〉으로 표기한다.

옮긴이 머리말

이 책의 저자 리나 교수는 "우리는 이야기하기를 좋아한다. 수학에 대해, 수학자에 대해 그리고 수학 활동에 대해 이야기를 한다."로 서문을 시작했다. 우리가 살면서 무언가에 대해 이야기하기를 좋아하는 것은 사실이지만, 수학에 대해, 수학자에 대해 그리고 수학을 하는 것에 대해 이야기를 한다는 부분은 뭔가 공감하기 힘든 대목인 듯 보인다. 30년 정도 수학을 배워왔고 활용하고 있으며 수학교사 양성을 하고 있는 역자의 경험에 비추어보아도, 수학에 대해, 수학자에 대해 그리고 수학을 하는 것에 대해 누군가와 이야기를 나눠 본 적이 별로 없었기 때문이다. 사실, 이 책을 읽게 된 이유는 바로 리나 교수가 쓴 서문의 이 대목 때문이었다. 어떻게 수학에 대해, 수학자에 대해 그리고 수학 활동에 대해 이야기를 할 수 있다는 건지 너무도 궁금했다. 이후 이 책의 3장 정도까지 읽었을 때, 수학을 스토리텔링으로 가르치기를 원하는 모든 사람들에게 이 책을 소개해주어야겠다고 결심했다.

우리나라는 지금 스토리텔링을 활용한 교육에 큰 관심을 보이고 있다. 이러한 열풍은 수학이라는 과목까지도 스토리텔링으로 가르쳐야 한다로 번져가고 있다. 처음 이러한 의견을 접한 것은 교육과학부가 2012년 1월에 발표한 '수학교육 선진화 방안'에서였다. 쉽고 재미있게 배우는 수학 교과서를 제작한다는 주제하에 초등학교부터 고등학교까지 Story-telling 모델 교과서를 제작하여 보급하겠다는 방향이 소개되었다. 사실 중학교와 고등학교에서 직접 수학을 가르쳐봤던 역자의 경험으로 보았을 때, 수학을 스토리텔링으로 가르친다는 것이 가능할지 궁금했다. 어떻게 수학을 스토리텔링으로 가르칠 수 있을까 하는 의아함은 자연스럽게 이러한 주제를 다룬 책이나 자료에 관심을 갖게 했고, 그러는 중에 리나 교수의 《스토리텔링으로 수학 가르치기(Teaching mathematics as storytelling)》를 알게 된 것이다.

리나 교수는 수학을 가르칠 때, 학생들의 상상력을 키우고 정서를 함양하며 좀 더 사고할 수 있는 환경을 구축하는데 이야기를 활용할 수 있다고 언급한다. 학생들이 수학을 더욱 즐겁게 경험하여 오래 기억할 수 있도록 이야기를 활용할 수 있다고 주장한다. 그리고 학생들이 수학적인 활동에 직접 참여하여 스스로 생각하고 탐구하며 수학적인 개념과 아이디어를 바르게 이해할 수 있도록 이야기를 활용할 수 있다고 강조한다. 정말로 이야기를 활용해 리나 교수가 안내하는 방향처럼 학생들이 수학을 배우고 익히게 된다면… 수학을 가르치는 사람으로서 이건 상상만 해도 행복하고 웃음이 저절로 날 일이다.

그렇다면 어떻게 수학을 스토리텔링으로 가르칠 수 있을까? 이러한 궁금함에 대해 리나 교수는 스토리가 갖추어야 하는 요소가 무엇인지, 수학교실 상황에서 스토리텔링이 어떻게 활용 가능한지 그리고 수학을 가르칠 때 어떤 스토리들을 활용할 수 있는지 소개해주었다. 더불어 학생들이 좀 더 수학에 관심을 갖고 즐겁게 학습할 수 있도록 이야기를 어떻게 구성하는 것이 효과적인지 의견을 제시해주었다. 더 나아가 수학을 지도하기 위해 활용 가능한 스토리를 어떠한 절차로 구성할 수 있는지 그 과정을 소개하였고, 이미 누구나 다 아는 이야기를 학생들의 수준과 환경에 맞게끔 어떻게 하면 좀 더 풍부하고 수학을 지도하는데 적합하게 재구성할 수 있는지를 제시해주었다.

리나 교수의 바람은 "더 많은 교사와 동료들이 수업에서 스토리텔링을 사용하여 유명한 스토리텔러로 알려진 셰드록(Marie Shedlock)처럼 장기적인 효과를 위해 인내심을 가지고 충분히 기다리기" 하는 것이다. 이 부분에 대해 역자 역시도 전적으로 동감한다. 국가에서 스토리텔링으로 수학을 가르쳐야 한다고 밝혔다면, 수학을 가르치는 위치의 사람은 누구라도 어떻게 스토리텔링으로 수학을 가르칠 수 있는지 관심을 가지고 장기적으로 실천해보아야 할 것이다. 교육은 100년을 두고 세운 큰 계획이며, 훌륭한 인재를 키우기 위해서는 오랜 시간과 지극한 정성이 필요하기 때문이다.

지은이 머리말

우리는 이야기하기를 좋아한다. 우리는 수학에 대해, 수학자에 대해 그리고 수학 활동에 대해 이야기를 한다. 우리가 이야기를 하는 이유는 첫째, 이야기하는 게 재미있기 때문이고 둘째, 학생들이 이야기하는 걸 좋아하기 때문이며 셋째, 수학을 가르치는 데 이야기가 수업 전개에 효과적인 교수학적 방법이라 믿기 때문이다. 우리뿐 아니라 다른 이들도 이에 대해 동의한다. 이야기를 하는 사람(story teller; 화자)과 이야기를 듣는 사람(story listener; 청자) 모두의 입장에서 스토리텔링에 대한 즐거움을 지지하는 문헌이 풍부하다. "이야기를 하는 것은 같은 자료를 다른 어떤 수단을 통해 전하는 것보다 더 생생하고, 강력하며 기억에 남을 만한 이미지를 청자의 마음에 만든다."는 것을 나타내는 일화적 자료 또한 많다(Haven, 2000, p. xvii). 스토리텔링이 교육적으로 가치가 있을 뿐 아니라 아름답다는 의견도 있다. 잘 짜인 이야기 그 자체가 아름답고, 듣는 이를 생각하게 하고 상상하게 하고 배우고 싶게 만드는 이야기가 아름답다.

그렇다면 스토리텔링은 학생들에게 어떠한 이점이 있는가? 유명한 화자로 알려진 교사 셰드록(Marie Shedlock)은 스토리텔링의 이점을 다음과 같이 소개한다.

> 어떤 이는 식물의 성장 그 자체의 아름다움을 즐거워하는 대신에, 해와 비가 식물이 자라는데 어떻게 영향을 미치는지에 대해 파인트 단위(a pint measure)를 사용해서 나타내려고 노력할지 모른다. 다시 말해, 우리는 왜 이야기를 활용할 때 얻게 되는 효과를 파악하려고만 하는가? 아이가 얼마나 이해했는지를 오늘 혹은 내일 아는 것이 그렇게 중요한가? 나는 충분히 시간적 여유를 두고 기다려야 한다고 본다. [···] 과학, 수학(또는 역사와 문학까지도)을 가르치는 교사는 자신의 학생이 배운 것을 시험이라는 수단을 통해 상당히 정확하게 판단할 수 있다. 교사가 이야기를 이용해 가르치게 되면 결코 이와 같이 판단할 수는 없게 된다. (Shedlock, 1924, pp. 130-131)

우리는 이러한 마음가짐으로 이 책을 썼다. 수학을 가르치는 이, 수학을 가르치는 교사를 가르치는 이들이 이 책에 관심을 갖고 있다는 것을 알고 있다. 또한 이야기를 듣고, 이야기를 통해 무언가를 배워본 사람도 이 책에 관심을 가질 수 있다. 이 책은 이야기를 좋아하거나 수학을 좋아하는 사람들의 관심사일 수 있다. 또는 수학이나 이야기를 싫어하지만 다시 한 번 수학이나 이야기를 고려해보려는 사람들의 관심사일 수도 있다.

이 책에서 우리는 지금까지 전해 내려오는 이야기들과 현재 학생들에게 수업 중에 들려주는 이야기들을 함께 나누려 한다. 우리는 수학을 가르칠 때, 학생들의 상상력을 키우고 정서를 함양하며 생각하게 만드는 환경을 구축하기 위해 이야기를 사용한다. 학생들이 수학을 더욱 즐길 수 있고 오래 기억할 수 있도록 이야기를 사용한다. 학생들이 수학적인 활동에 참여하여 스스로 생각하고 탐구하며 개념과 아이디어를 바르게 이해하도록 이야기를 사용한다.

더 나아가, 우리는 학습자가 좀 더 참여하고 관심을 갖도록 이야기를 구성하기 위한 몇 가지 기술을 함께 나누려 한다. 또한 예비 화자가 그들만의 이야기를 창작하는데 도움이 되는 '스토리 만드는 과정'을 소개하려 한다. 더불어 이야기를 듣는 청중의 수준과 환경에 맞게끔 현재 준비된 이야기를 좀 더 풍부하고 적합하게 구성하기 위한 아이디어를 제공하려 한다. 이러한 방법을 통해 더 많은 교사와 동료들이 수업에서 스토리텔링을 사용하고 셰드록처럼 장기적인 효과를 위해 인내심을 가지고 충분히 기다리기를 바란다.

리나 자스키스 & 피터 릴제달

차례

스토리

시작하며

스토리란 무엇인가?

수업에서의 스토리

다양한 종류의 스토리

시작하며

옛날 옛날에 농사를 짓는 「잘라」라는 부족이 저 먼 땅에 살았어요. 잘라족은 모두 열심히 일하는 사람들이었고, 그들이 가진 것에 대해 만족하며 행복해하는 사람들이었죠. 그들은 농작물이 자라는 검고 비옥한 토양과 논과 밭을 풍부히 적셔주는 비로 인해 행복했지요. 그 중, 그들을 가장 행복하게 했던 것은 바로 '양'이었어요. 그들은 많은 양을 가지고 있었어요. 양들은 잘라족에게 따뜻한 코트가 되어주고, 그들이 사는 동굴과 방갈로의 차가운 바닥을 따뜻하게 덮어주는 카펫이 되어주고, 아침에는 신선한 우유와 저녁에는 맛있는 요리가 되어 주었지요. 말할 필요도 없이 양은 잘라족에게 제일 중요했답니다.

잘라족의 우두머리 양치기인 암줄라는 양들을 보호하는 책임을 맡고 있었어요. 매일 아침 암줄라는 해가 뜨기 전에 일어나서 양들을 우리에서 꺼내 풀밭으로 데리고 갔어요. 양들은 언덕과 목장을 뛰어다니며 풀을 뜯어 먹고 산뜻한 공기를 마시며 목이 마를 때면 산에서 내려오는 차갑고 깨끗한 시냇물로 목을 축였지요. 해질 무렵 암줄라는 깜깜해지기 전에 양들을 우리로 불러 모았어요. 그의 가장 중요한 임무는 모든 양들이 돌아왔는지를 확인하는 거랍니다. 만약 한 마리의 양이라도 돌아오지 않는다면, 밤에 언덕과 풀밭을 서성거리는 야생동물의 먹이가 될 수 있기 때문이에요.

그런데 문제가 있었어요. 암줄라는 숫자를 세지 못해요. 사실은 잘라족 그 누구도 숫자를 셀 수 없어요. 이웃부족인 아그라바족도 숫자를 셀 수 없기는 마찬가지예요. 그렇다고 그들이 똑똑하

지 않다는 뜻은 아니에요. 그들은 단지 사람들이 숫자 세는 법을 알기 전인 아주아주 먼 옛날에 살고 있었을 뿐이랍니다. 그런데도 암줄라의 가장 중요한 임무는 모든 양들이 저녁에 돌아왔는지를 확인하는 거예요. 양들은 잘라족에게 매우 중요하다는 것을 기억하세요. 어떻게 해야 할까요? 숫자를 세지 않고도 아침에 데리고 나갔던 양들의 숫자와 밤에 돌아온 양들의 숫자가 똑같다는 것을 어떻게 확인할 수 있을까요?

초등학생부터 대학생에 이르기까지 모든 학생에게 "어떻게 해야 할까요?"라고 질문할 수 있다. 수많은 대답들로부터 '일대일 대응'이라는 아이디어가 얻어진다. 즉, 우리 안의 양 한 마리마다 그릇에 돌멩이 하나를 넣거나 매듭 하나를 묶거나 양치기의 지팡이에 특정한 표시 하나를 남길 수 있다. 그리고 돌아온 양 한 마리마다 하나의 조약돌을 꺼내거나, 하나의 매듭을 풀거나, 하나의 표시를 지울 수 있다. 운이 좋다면 마지막 양은 마지막 조약돌을 꺼내거나, 하나 남은 표시를 지우는 것과 대응될 것이다.

그렇다면 그 다음은? 상황마다 다르다. 아주 어린 학생들은 위의 이야기를 통해 평소 당연하게 사용해온 수 세기(counting)가 정교하다고 깨달을 수 있다. 초등학교 고학년 학생들에게 암줄라의 손자의 손자의 손자(즉, 6대)는 숫자를 셀 수 있지만 단지 10까지만 셀 수 있을지도 모른다고 이야기를 연장할 수 있다. 모든 양들이 집으로 돌아왔는지를 확인하는 상황에서 학생들은 십진법 체계를 재발명할 수도 있다. 중학교 학생들은 일대일 대응의 초기 아이디어가 수학 교과에서, 특히 고등학교 수학교육과정에서 가장 중요한 개념 중의 하나인 함수 개념으로 유도됨을 알 게 된다. 대학생들에게는 유한집합을 비교하는 일대일 대응이 무한집합을 비교하는 쪽으로 자연스럽게 확장되어, 짝수의 집합이 자연수 집합보다 작지 않다는 다소 놀랄 만한 사실을 포함하도록 이야기를 연장할 수 있다. 지금부터 이러한 흥미진진한 몇 가지 가능성을 이 책에서 조사해보자. 우선, 수학 수업에서 사용되는 이야기를 자세히 살펴보기 위한 첫걸음으로 '스토리(이야기)'가 무엇인지 알아보자.

스토리란 무엇인가?

수학이라는 과목을 가르치거나 배울 때, '이야기하기(telling a story)'를 고려하는 것이 익숙하지 않을 것이다. 사실 수학을 배우는 것과 스토리를 활용하는 것은 상당히 동떨어진 것 같아 보인다. 아이들을 가르치는 과정에서 간혹 수학적인 이야기를 활용하지만, 이것은 '실제적인 지도 내용'에 대한 부수적인 액세서리일 뿐이며, 거의 수학적 알고리즘을 연습하기 위한 도구로 인식되고 있다. 그러나 이러한 입장은 수학을 가르치고 배우는데 이야기가 가지는 잠재력을 매우 근시안적이고 빈약하게 바라보는 것과 같다. 다음 장부터 스토리를 통해 학생들이 수학을 더욱 쉽게 이해하고 수학에 더욱 관심을 가질 수 있음을 보여주려 한다.

그렇다면 우선 스토리란 무엇이며 스토리를 특별하게 만드는 것이 무엇인지 알아보자. 내러티브(narrative), 설명(account), 긴 이야기(yarn), 전설(legend), 연대기(chronicle)와 같은 단어는 스토리의 의미를 뜻하는 동의어들이다. 스토리의 사전적인 의미는 "어떤 한 사건이나 연속된 사건에 대한 사실에 입각한 혹은 허구적인 설명"이다. 그러나 진정한 스토리의 힘과 목적은 이러한 정의와 앞서 제시한 동의어로는 쉽게 이해될 수 없다. "스토리를 반드시 정의할 필요가 있는가" 또는 "아이들 누구나 스토리가 무엇인지 안다"는 생각에도 불구하고, 스토리를 다른 종류의 내러티브와 구별되는 점을 정확히 표현하고자 하는 시도는 계속 되어 왔다. 다음의 두 글을 읽어보자.

스토리란 무엇인가? 스토리란 정서적인 의미가 담긴 내러티브이다. 즉 스토리는 '갈등이나 기대가 유발되는 시작, 갈등이나 기대가 복잡하게 엮이는 중간 그리고 갈등이나 기대가 해결되는 끝'으로 구성되는 특별한 내러티브이다. 스토리는 주장문, 역사서, 과학보고서와 같은 종류의 내러티브와 비교할 때 읽는 이의 감정을 자극한다는 특징을 갖는다(Egan, 2004, 2008).

스토리란 무엇인가? 스토리에는 등장인물이 위기를 해결하기 위해 풀어야 하는 질문이나 풀리지 않는 갈등 상황이 필수적으로 포함된다. 스토리는 시작, 중간, 끝으로 전개된다. […] 스토리는 정보를 조직하고 전송하며 우리의 삶과 환경에 있어서 의미를 창조하는 강력한 구조라는 것에 대부분이 동의한다(Green, 2004).

위의 두 설명에는 갈등과 구조라는 공통적인 특징이 언급되어 있다. (다음 장에서 좀 더 자세히 다루게 된다.) 그러나 그린(Green)은 스토리에 포함된 정보에 주로 초점을 맞추고 있는 반면 이건(Egan)은 감동과 정서에 초점을 맞추고 있다. 이건에게 스토리란 이야기가 전개되는 동안 포함된 사건이 읽는 이의 감정을 자극하는 특별한 내러티브이다.

즉, 스토리는 읽는 이의 감정을 자극한다. 이 점은 스토리만이 갖는 독특함이다. 우리는 사건이나 사람들에 대해 그리고 우리의 삶에 대해 부분적으로 혹은 일시적으로 스토리를 엮어 정서적인 의미를 부여하게 된다. 우리가 주변 환경을 스토리에 포함시키면 정서적으로 우리 자신의 감정이 자극된다. 스토리를 사용하여 학생들을 가르치면 학생들은 수업자료에 정서적으로 관심을 갖게 될 뿐 아니라 상상력을 발휘하는 힘을 갖게 되는 가치가 있다.

스토리에 대한 이러한 특징은 신문 편집자가 기자에게 "여기서 스토리가 무엇인가요?"라고 질문하는 모습으로 쉽게 이해될 수 있다. 분명 편집자가 기자에게 사건을 허구적으로 꾸며오라고 요구하는 것은 아니다. 대신 기자가 사건에 담긴 정서적인 힘이 드러나도록 사건을 다듬기를 바라는 것이다. 즉, 기자는 사건에 담긴 세부사항을 꾸며내는 게 아니라, 주제에 담긴 정서적인 의미가 드러나도록 세부사항을 선택하고 편성해야 한다. 이 부분이 바로 우리의 관심사이다.

어떻게 수학을 가르치는가를 설명할 때, 우리는 주제에 대해 허구적으로 꾸며진 스토리에 관심을 갖기보다 그 주제의 매력이 학생에게 강하게 느껴지도록 주제를 어떻게 다듬을 수 있는지에 관심을 갖는다. 이때, 우리는 주제와 관련한 어떤 것을 거짓으로 꾸미는데 또는 학생들을 가르치는 면보다 그들을 재미있게 하려는 면에 우선하지 않아야 한다. 대신에 우리는 학생들의 관심을 갖도록 안내해야 한다. 수학적인 활동을 이용해 학생들이 관심을 갖도록 하는 것이 성공적인 교육의 결정적인 측면이며, 이것이 수학■의 진정한 생동감과 중요함이다.

이건(Kieran Egan)은 스토리의 위대한 힘으로 스토리의 두 가지 목적을 요약했다(1986, 2004, 2008). 스토리는 기억 가능한 형태로 정보를 전달해야 하며, 전달된 정보에 대해 청자(hearer)의 감정을 불러일으켜야 한다. 더 나아가 이건이 청자(hearer)라 언급한 것은 "스토리는 이야기되고 들려져야 하며 책에 쓰인 그대로를 읽고 해석하는 것이 아님"을 강조하기 위해서이다. 스토리텔링에 관한 우리의 논의에서, 우선 스토리(story)라고 말할 수 있는 다양한 형태들을 설명한 후 말하기(telling)에 초점을 맞출 것이다.

"스토리를 이야기하는 것(telling a story)은 의미를 정립하는 방법이다"(Egan, 1986, p. 37). 그리고 의미를 정립한다는 것은 수학을 가르치는데 중요한 실마리가 되어야 한다. — 학생들은 수학을 단지 기호들의 조작으로만 여기며, 대개 그 기호에 담긴 의미들을 알지 못한다.

안타깝게도 수학 수업에서 스토리를 활용하는 것은 거의 드물며, 수업 외의 활동으로 여기는 것 같다. 그보다 우리는 수학 수업에 관한 스토리를 듣고(의미를 연결할 수 없는 스토리를 듣고 있으니 상당히 지루하다), 수학적인 경험에 관한 스토리를 듣고(나와 전혀 관계가 없는 단지 엄청난 인물들이 경험한 스토리를 듣고 있으니 굴욕감을 갖게 된다), 수학 과제에 관한 스토리를 듣는다(배운 지식과 직접적으로 연결된 스토리가 아닌 수학 과제로써 스토리를 들으니 전혀 의미 있게 느끼지 못한다). 긴 나눗셈에 대해 어떤 이야기를 들려줄 수 있을까? 여기서 우리는 모든 수업과 모든 주제를 스토리로 배울 수 있다고 말하는 것은 아니다. 그러나 수학 수업에서 스토리를 소개하면 위에서 언급한 학습자들의 지루하고, 굴욕감을 가지며 무의미하게 느끼는 수학적 경험에 관한 모습들이 바뀔 것이라 믿는다.

■ 학생들의 흥미를 끌어내기를 원하는 과목인 수학

수업에서의 스토리

모든 스토리(동화, 뉴스기사, 잠잘 때 들려주는 이야기, 우화, 또는 역사적 사건에 관한 이야기)들은 정보를 전달하고 감정을 자극하는 특징을 보인다. 수업에서 스토리를 사용하면 많은 부가적이고 다양한 목적을 수행할 수 있다. 스토리는 학생들이 흥미를 가지도록 지극하고 오랫동안 기억하는 것을 도우며 불안감을 감소해줄 수 있다. 스토리는 편안하고 학업에 도움이 되는 수업 분위기를 만들어 주며, 교사와 학생들 간의 라포르(rapport, 친밀한 관계)를 형성할 수 있도록 돕는다.

스토리를 이용해 관심을 유발하는 것이 중요한 첫 단계이다. 사건들을 연결하여 스토리를 전개함으로써 학생들은 흥미를 갖게 되고, 흥분과 신비함 그리고 긴장감을 느끼며, 특정 문제를 생각하는 동기가 유발된다. 스토리는 열정과 열의를 전달할 것이다. 또한 주인공들처럼 생각하고 행동하는 방법을 소개하고, 공감대를 형성하며, 스토리에 관한 것들을 더욱 쉽게 기억하고 이해하게 될 것이다. 학생들이 주인공과 자신을 동일시하는 스토리는 학습 내용을 더욱 의미 있고 생생하게 만들 것이다. 구체적인 예시를 포함한 스토리는 학생들이 일반적인 이론이나 기술적인 세부사항을 공부할 때 붙잡을 수 있는 무언가를 제공함으로써 마음적인 여유를 가질 수 있도록 돕는다. 즉, 수업시간에 스토리를 활용하는 것은 정형화된 수업에 의도적인 휴식을 제공하여 되돌아갈 수 있는 은신처를 만들어 주는 것과 같다.

수학을 포함하여 어떤 교과에서도 스토리를 활용하여 수업이 진행되면, 앞서 언급한 스토리 활용의 이유를 경험하게 된다. 수학 수업에서 스토리를 활용해야 하는 이유는 어려운 개념이나 아이디어를 이해하는데 도움이 되며 문제를 해결하는데 도움이 되기 때문이다. 이건(Egan, 2008)은 "스토리의 질을 높이려면 어떤 사실적인 것과 연관

되어 스토리가 마무리되어야 하는 것 같다. 즉, 역사나 우리의 삶과는 다르게 — 역사나 우리의 삶은 끝없이 변하므로 그때그때의 느낌이 다르고, 역사나 삶을 이루는 사건이 계속 이어지면서 앞서 경험했던 사건에 대한 우리의 느낌을 재평가하게 되기 때문이다 — 스토리는 최종적으로 '우리가 어떻게 느껴야 한다'고 정해준다. 그래야만 스토리가 상당히 안전하고 만족스러워 보인다." 그러나 수학 수업에서 우리가 활용하게 되는 스토리에는 전통적인 '끝(ending)'이라는 게 없다.

스토리를 활용하여 초반에 학생들의 흥미를 끄는 것은 어렵지 않다. 그러나 우리의 목표는 학생들의 초기 흥미와 관심을 스토리가 끝날 때까지 유지하는 것이다. 그러기 때문에 스토리는 절대 끝나지 않아야 하며 전통적인 구조인 처음, 중간, 끝을 고수하지 않는 이유이다. 스토리의 '끝' 혹은 갈등의 해결은 학생들의 활동으로 이어질 수 있다. 스토리는 탐구활동과 문제를 해결하는 방향으로 전개된다. 이러한 예들이 다음 장에 제시된다. 그리고 수학 학습을 증진시키기 위해 활용 가능한 여러 유형의 스토리가 소개된다.

다양한 종류의 스토리

스토리는 종류와 형태가 다양하다. 사실이거나 허구이거나, 산문이거나 운문이거나, 생각하게 만들거나 궁금하게 만들거나, 웃게 만들거나 울게 만든다. 읽는 것이 즐거워 끝나지 않았으면 하는 스토리도 있고, 결말이 궁금하여 돌진하듯 읽게 만드는 스토리도 있다.

문학 장르는 민간 설화, 동화, 믿기 힘든 이야기(tall tales), 잠잘 때 들려주는 이야기,

미신, 전설, 수필, 우화, 비유담, 민요 등 다양한 내러티브로 구분된다. 과거를 다룬 스토리와 현재 사건을 다룬 스토리가 있다. 초기에 스토리는 구전 문화의 일부로 발전하였으며, 유산을 보존하고 역사를 기록하기 위한 매개체였다. 시간이 지나 인쇄 문화가 발전하면서 책과 신문은 스토리의 주요 근원이 되었다. 최근에는 스토리가 영화나 TV 프로그램 또는 심지어 비디오 게임의 형태로 나타난다.

그러나 여기서 우리는 문학 장르에 대해 논하려는 것이 아니다. 우리는 수학을 가르치고 배우는데 관심이 있으며, 수업에서 수학에 생명력을 불러일으키는데 관심이 있다. 이를 위해 우리는 모든 활용 가능한 미디어로 나타난 모든 종류의 스토리를 사용한다. 스토리가 사건의 연속으로 정의되더라도 여기서 우리는 사건에 관심이 있는 것이 아니다. 우리는 스토리의 구조로 그 종류를 구분하려는 것이 아니라, 학생들이 스토리에 담긴 수학적 내용에 흥미를 가질 수 있는 방법에 따라 스토리의 종류를 구분하려 한다.

4장에서는 수학적 활동을 위한 틀(frame)이나 배경(background)이 되는 스토리를 논의할 것이다. 예를 들어, 만약 우리의 영웅이 공주를 구하기 위해 문제를 풀어야 한다면, 학생들이 관심을 가질 수 있는 적절한 문제를 스토리 안에 잘 포함시킬 수 있어야 한다. 5장과 7장에서는 스토리가 끝나는 시점에서 학생들이 수학에 다시 흥미를 갖도록 돕는 스토리와 수학을 계속 이끄는데 도움이 되는 스토리를 소개한다. 즉, 수학적 개념이나 아이디어를 소개하는 스토리와 수학적 활동이 포함되거나 잘 섞인 스토리를 소개한다.

수학은 배워야 하는 지식이나 기능의 모음으로 알려져 있다. 그리고 이러한 수학적 지식이나 기능은 학생에게 반직관적인 것처럼 보인다. 그 결과 학생들 대부분은 무의미한 암기를 은신처로 삼는다. 경험이 많은 교사는 학생들이 복잡해하고 반직관적으로 느끼는 그런 부분을 아주 잘 지적할 수 있다. 수학적인 지식이나 기능을 단순히 반복하는 대신, 7장에서는 스토리로 이러한 지식이나 기능을 설명해야 한다고 소개한다. 바로 설명을 위한 스토리이다. 0으로 나누기, 분수의 나눗셈 그리고 음의 정수의 곱셈은 학생들이 이해하기 어려워하는 지식들로, 스토리로 이 지식들을 설명하면 학생들의 어려움이 꽤 해소될 것으로 본다. 또한 이야기를 다양하게 바꾸는 방법을 소개하여, 학생들이 문제를 해결하거나 해법을 더욱 잘 이해하도록 도우려 한다.

또 다른 스토리의 종류는 '질문을 하는 스토리'이다. 오늘날 학교에서 학생들은 스토리와 어느 정도 비슷한 '문장제 문제'라 불리는 문제에 익숙해져 있다. 초등학교에서는 학생들이 철수와 영희가 서로 나누어 먹는 사과의 개수가 얼마인가를 풀고, 고등학교 1학년에서는 몇 개의 기차가 다른 시각에 역을 떠나 속도를 달리하면서 어떤 곳에 도달하는 문제를 풀게 된다. 그런데 이런 문장제 문제를 좀 더 잘 살펴보면 전혀 스토리가 아니라는 것을 알 수 있다. 이 문제들은 상세한 이야기를 포함하고 있지 않으며, 이야기를 읽는 화자의 느낌을 자극하는 감정 또한 포함하고 있지 않다. 단지 질문의 마지막에 표시된 물음표만을 강조한 빈껍데기 스토리인 것이다. 그런데 아주 이상하게도, 이러한 문장제 문제들은 수수께끼나 퍼즐을 소개한 스토리(예로부터 소개되어온, 지금 우리가 알고 있는 진짜 스토리)를 바탕으로 만들어졌다. 바로 우리가 원하는 것은 이러한 문장제 문제들의 근원인 진짜 스토리로 돌아가는 것이다. 최소 몇 개의 문제만이라도 스토리로 다시 재구성하는 것이다. 바로 8장에서 이러한 주제를 다루게 된다.

더불어 9장에서는 짧은 스토리인 농담(joke)을 논의한다. 수학적 내용이 포함된 몇 가지 농담을 소개한다. 그리고 농담이 교수학적 도구로써 그리고 평가의 도구로써 어떻게 학생들의 학습을 도울 수 있는지 논의한다.

10장에서는 학생들을 스토리로 가르치기 위하여 '스토리를 만들어가는 과정'을 소개한다. 11장에서는 창의적인 교사와 학생들이 10장에서 소개한 '스토리를 만들어가는 과정'을 어떻게 활용하는지 예시한다. 마지막 12장에서는 현재 많이 알려진 스토리를 학생들의 수학 학습을 위해 어떻게 재구성할 수 있는지를 논의한다.

우리는 수학 교실에서 할 수 있는 틀이나 배경인 스토리, 소개를 위한 스토리, 지식이 포함되거나 잘 섞인 스토리, 질문을 동반한 스토리, 설명하기 위한 스토리 등 다양한 종류의 스토리를 소개하였다. 물론, 학생들이 같은 줄거리를 읽어도 흥미로워하는 부분이 다르기 때문에 이렇게 스토리를 구분한 것은 상당히 겹친다. 완벽하게 스토리를 분류한 것은 불가능하다. 어떤 스토리는 위의 분류 중에 전혀 포함되지 않는 것도 있고, 어떤 스토리는 한 가지 이상의 역할을 하는 것도 있다. 더불어 달라진 상황에서 스토리가 달리 구성되면 처음에 가졌던 스토리의 역할 또한 바뀌게 된다. 수학적 지식이 포함되어 있는 스토리는 일반적으로 교사가 이야기해주거나 읽어준다. 그 외의 스토리 — 소개를 위한 스토리나 질문을 동반한 스토리 등 — 는 교사가 이야기를 시작하고 이후 학생이 나머지 스토리를 완성할 수도 있다.

분명히 주장하건대, 스토리텔링이 스토리 그 자체보다 훨씬 중요하다. 3장에서 집중해서 소개하겠지만 스토리텔링은 스토리의 한 가지 형태이다. 이제부터 스토리를 구성하는 요소들을 탐구하고 스토리텔링의 예술적인 측면을 논해보자.

2

스토리의 구성 요소

줄거리

갈등

이미지

인간적인 면

궁금함 혹은 경이감

유머

패턴

요약

스토리를 흥미진진하게 하는 구성 요소는 무엇일까? 이 질문에 답하기 전에 우리가 학생들에게 소개할 수 있는 가우스에 대한 스토리를 읽어보자.

가우스가 엄청난 수학자로 (어떤 이는 최고의 수학자라고 말하기도 한다) 자랐지만, 어릴 적에는 선생님들에게 엄청 귀찮은 존재였다.

가우스(Karl Freidrich Gauss, 1777–1855). 독일의 수학자 · 물리학자 · 천문학자. 대수학의 기본 정리를 증명하여 정수론의 완전한 체계를 이루었다.

실제로 가우스는 친구들을 놀리거나 귀찮게 장난치는 것을 너무도 좋아하는 행복한 소년이었다. 가우스는 학교에서 상당히 쾌활한 학생이었다. 수업시간에 다른 친구들보다 항상 자신이 맡은 바를 빠르게 끝내고나면 장난기가 발동하여 친구들을 방해하곤 했다.

가우스가 가장 즐겨하는 장난은 듣기에 지겨운 소리를 내는 것이었다. 가우스는 마루가 삐걱거리거나 의자가 삐걱거리는 소리를 아주 잘 내었다. 가우스가 다니는 학교가 낡았고 보기에도 사람들이 움직일 때마다 삐걱거리는 소리가 날 것 같은 그런 장소라면 이 소리가 그리 거추장스럽지 않을 것이다. 그러나 사실 가우스가 다니는 학교는 아주 잘 지어져서 전혀 삐걱거리는 소리를 어디에서도 들을 수 없다.

매년 가우스는 이 삐걱거리는 소리로 선생님들을 귀찮게 했다. 선생님들이 교실을 걸을 때나 의자에 앉을 때마다 가우스는 삐걱거리는 소리를 아주 적절하게 내었다. 몇몇의 선생님들은 잘 참아주었다. 그러나 슈미츠센버거스노프 선생님은 절대 참지 않았다. 슈미츠센버거스노프는 가우스가 아홉 살이었을 때 담임선생님이다. 그는 수업시간에 상당히 잔소리가 심한 거만한 선생님이었다. 그리고 아주 작은 실수에도 심하게 처벌을 하는 그런 선생님이었다. 바로 이날, 슈미츠센버거스노프 선생님이 평소보다 훨씬 스트레스가 심한 날이었다.

선생님은 교실로 돌아가는 복도에서 가우스가 듣기 싫은 장난을 못하도록 하루 종일 책상에 앉아 풀어야 하는 문제를 생각했다. 선생님은 "너의 못된 장난을 위해, 가우스! 1부터 100까지 모두 더해라."라고 소리 질렀다. 교실의 모든 친구들은 숨을 죽이며 선생님의 질문에 어리벙벙해하였다. 이 질문은 선생님이 주신 벌 중에 최고로 지독한 벌이었다. 모두 가우스를 불쌍히 여겼고 슈미츠센버거스노프 선생님은 가우스가 분명히 쩔쩔맬 것으로 확신했다. 선생님이 교실 앞쪽에 위치한 자신의 자리로 돌아가고 있을 때, 교실의 모든 학생들은 선생님을 악덕하고 사악한 사람처럼 쳐다보았다. 그런데 선생님이 교실 앞쪽에 도달했을 그 때, 삐거덕 소리가 들렸다. 슈미츠센버거스노프 선생님은 가던 길을 멈추고 가우스를 노려보았다. 분명히 어린 가우스가 이렇게 일찍 자신의 문제를 풀었을 리가 없기 때문이다.

모든 교실의 학생들 또한 한숨을 쉬면서 가우스를 쳐다보았다. "합은 5050입니다!" 교실의 모든 학생들이 갑자기 웃기 시작했다. 이러한 학생들의 웃음은 선생님의 기분을 상당히 언짢게 했다. 슈미츠센버거스노프 선생님은 가우스를 노려보면서 아주 차가운 목소리로 말했다. "너는 틀렸어. 불쾌한 삐걱거리는 소리에 대한 벌로 당장 칠판으로 나와 모두가 보는 앞에서 그 합을 구해봐." 그래서 가우스는 칠판으로 유유히 걸어 나갔고, 슈미츠센버거스노프 선생님이 가우스가 정말 했을까 하는 마음으로 교실 앞으로 걸어가는 동안 가우스가 다음을 칠판에 적었다.

$$1+2+3+4+5+\cdots+98+99+100=?$$

$$1+100=101$$

$$2+99=101$$

$$3+98=101$$

$$\cdots$$

$$50\text{개}\times 101=5050$$

교실의 모든 학생들이 또 한 번 웃기 시작했다. 슈미츠센버거스노프 선생님은 칠판 쪽으로 다가갔다. 하지만 지금 이 순간 선생님은 너무도 격분해 아무것도 보이지 않았다. 칠판에 적혀 있는 가우스가 쓴 세부적인 연산이 전혀 보이지 않았다. 선생님이 본 것은 단지 횡설수설한 글뿐이었다. 한 학생의 참을 수 없는 행동으로도 엄청나게 화가 나 있는 지금, 모든 학생들의 행동은 선생님을 더 화나게 했다. 선생님은 학생들을 쳐다보며 고함쳤다. "너희들의 참을 수 없는 행동에, 지금부터 너희 모두가 풀어야 하는 과제를 주겠다." 그러고는 칠판으로 걸어가 가우스가 쓴 것을 지우고 문제 3개를 썼다.

1부터 200까지 더하시오.

201부터 300까지 더하시오.

1부터 1000까지 더하시오.

당신이라면 이 세 문제를 모두 해결할 수 있는가?

이 스토리는 "가우스의 짝짓기 방법(Gauss pairing method)"이라는 강력한 전략을 소개하고 있다. 더불어 좋은 스토리를 구성하는 요소들이 많이 확인된다. 우선 줄거리가 있다. 이 이야기는 깔끔하게 끝난 건 아니지만 시작은 의미 있다. 그리고 갈등, 갈등의 해결(이 이야기에 해결은 포함되어 있지 않지만), 이미지, 인간적인 면, 궁금함 그리고 유머가 확인 가능하다. 더불어 반복되는 규칙(pattern)을 확인할 수 있다.

앞으로 이러한 요소들(줄거리, 갈등, 이미지, 인간미, 유머 등) 각각에 대해 함께 논의하면서, 왜 이 요소들이 스토리를 구성하는데 기본 요소인지, 가우스의 스토리에 어떻게 활용되었는지 그리고 가장 중요한 부분으로, 앞으로 여러 스토리를 구성하기 위해 어떻게 사용가능한지를 고민하게 된다. 이 요소들을 논의하기 위해, 베어커와 그린(Baker & Greene, 1987), 바우어(Bauer, 1993), 이건(Egan, 1986, 1997), 펠로스키(Pellowsky, 1977)가 연구한 상상력(imagination), 이야기 계획(story design) 그리고 문학적 기술(literary technique)의 연구물을 참고하였다.

줄거리

줄거리(plot)는 스토리의 구성요소 중 아주 당연한 요소이다. 사실 줄거리 없는 스토리는 상상조차 할 수 없다. 여기어 우리가 논의하려는 바는, 줄거리가 분명히 필요하다고 주장하려는 것이 아니라, 줄거리란 무엇이며 줄거리가 스토리에 어떠한 방식으로 기여하는지를 더욱 세부적으로 논의하려는 것이다.

사람들은 줄거리란 무엇인가(개념)와 줄거리는 무엇을 하는가(기능) 두 가지를 자주 헛갈려 한다(Johnson, 2000).

'줄거리는 무엇을 하는가'라는 질문은 읽는 이(또는 듣는 이)를 스토리의 사건 속에 집중하게 하여 자신의 마음뿐 아니라 생각까지도 스토리 안에 푹 빠지게 함을 의미한다. 줄거리는 스토리가 끝날 때까지 읽는 이(또는 듣는 이)가 이 스토리에 지속적으로 집중할 수 있는 질문을 던지도록 돕기 때문이다. 그러나 '줄거리란 무엇인가'라는 질문은 스토리를 전개하는 작가가 자신의 목적을 실현시키기 위해 스토리 라인을 만들어가는 의식적인 노력을 의미한다.

이 책을 쓰고 있는 우리의 목적은 등차수열의 합이라는 일반적인 수학 주제를 인간적인 의미가 포함된 상황에 포함시켜 학생들이 이 주제에 상당히 관심을 갖도록 하는 것이다. 그렇다고 해서 모험, 드라마, 코미디나 비극을 이용해 학생들이 집중하도록 만들어보겠다는 의도는 아니다. 우리는 스토리에 수학을 포함시켜 학생들이 이 수학에 집중하도록 스토리를 활용하는 것에 초점을 두고 있다. 우리에게 스토리란 목표 그 자체이지만, 그렇다고 해서 반드시 목표만은 아니다. 중요한 것은 바로 학생들이 수학이 포함된 스토리를 듣기만 하는 게 아니라, 스토리에 소개된 수학에 관심을 갖도록 하는 것이다. 줄거리란 이렇게 학생들이 스토리에 포함된 수학에 관심을 갖도록 하기 위한 상당히 강력한 도구인 것이다.

학생들이 어떤 상황에 관심을 갖고 이후 다른 상황으로 자신의 관심을 옮기는 것은 그리 쉽지가 않다. 학생들은 초기 구체적인 활동을 시작으로 최종 형식적인(또는 추상적인) 내용을 학습하기까지 점차 자신들의 관심이 줄어드는데 실망하면서 자신의 관심을 유지하는 게 어렵다는 걸 인정하게 된다. 우리는 학생들의 관심을 쉽게 잘못 이해하거나 잘못 읽는 경향이 있다. 학생들이 관심을 지속적으로 유지할 수 있도록 신체적인 유머를 사용하기도 한다. 예를 들어 당신이 오늘의 과제를 학생들에게 나누어주면서 교실을 걷고 있다. 이때 복잡하게 꼬인 코드에 걸려 넘어지는 척하면서 주변의 물건에 부딪히고 손에 들고 있던 종이나 책을 어디론가 던지는 동작을 멋지게 표현하면서 쓰러진다.

당신이 쓰러지면 학생들은 분명히 주의를 집중하게 된다. 만약 수업시간 내내 당신이 실수하거나 서툰 실책을 범하는 행동을 하게 되면 학생들은 분명히 지속적으로 집중하게 된다. 그러나 당신이 이러한 행동을 그만두고 긴 나눗셈을 지도하려는 계획을 실천하려 할 때 즈음, 그렇게 노력해서 얻은 학생들의 관심은 약해지고 만다. 사실 신체적인 유머를 사용했을 때와 아주 유사한 반응이 스토리를 이용해 수업을 진행할 때에도 확인된다. 즉, 학생들이 스토리를 들으면서 즐겁게 활동을 하다 교사가 책을 공부하도록 수업을 진행할 때 즈음, 학생들의 관심이 약해지는 것이다.

그렇다면 가우스의 스토리를 이용하는 것과 복잡하게 꼬인 코드에 걸려 넘어지는 신체적인 유머를 사용하는 것, 두 극본 사이에는 어떠한 차이가 있을까? 왜 신체적인 유머를 사용하여 수업을 진행할 때 학생들의 관심이 약해지는 것일까? 관심(또는 집중)은 상당히 민감한 것이다. 쉽게 관심을 갖게는 되지만 유지되는 것은 쉽지 않다. 지속적인 자극(외적 자극이든 내적 자극이든)이 필요한 것이다. 포혼 레혼(Foghorn Leghorn)은 "5분 이상 학생들이 관심을 유지하도록 하려면 당신은 마술사가 되어야 한다."고 말한 바 있다. 포혼 레혼의 지적은 상당히 냉소적인 것 같다. 그러나 분명히 사실이다. 학생들의 관심을 끌기 위해 사용한 '속임수' 같은 신체적인 유머는 결과적으로 학생들이 학습에 관심을 갖도록 하는데 실패하는 치명적인 결과를 낳게 되어 학생들이 쉽고 자극 없는 쪽으로 자신의 관심을 옮기도록 분위기를 조성하게 된다. 그러나 가우스의 이야기를 이용해 수업을 진행함으로써 학생들의 관심을 자극하는 것은 물론이고 관심을 끝까지 유지하게 된다. 결국 듀이(Dewey, 1913)가 지적한 기본 원리 "학생들이 이러한 방향으로 관심을 유지했으면 하고 생각한 우리의 바람처럼 학생들이 관심을 갖기를 원한다."를 고수하게 된다.

그렇다면 듀이가 지적한 이 원리와 스토리의 줄거리는 서로 어떻게 관련이 될까? 사실 학생들이 재미있는 논쟁거리나 동화와 같은 옛날이야기에 관심을 갖는 것은 쉽지만 수학에 관심을 갖는 것은 상당히 어렵다. 그렇다 하더라도 학생들은 분명히 수학에 관심을 갖고 집중해야 한다. 그러기 위해, 스토리가 전개되는 중에 수학이 잘 드러나도록 줄거리를 만들어야 한다. 단, 스토리의 마지막에 단지 수학을 첨가하는 '추가'는 아니다. 또한 스토리를 전개하는데 필요한 줄거리 외의 다른 특징들(예를 들어 인물을 선정하거나 이야기 내에 갈등상황을 반복적으로 변화시키는 등)을 무시하고 수학만으로 줄거리를 전개하라는 것도 아니다. 가우스 이야기가 아주 좋은 모델이 된다. 수학도 스토리를 구성하는 특징들을 모두 포함시켜 전개될 수 있음을 입증하고 있다. 가우스가 누구인지를 설명하는 부분(가우스가 엄청난 수학자로 — 어떤 이는 최고의 수학자라고 말하기도 한다 — 자랐지만), 가우스가 반드시 도전해야 하는 부분(이 질문은 선생님이 주신 벌 중에 최고로 지독한 벌이었다) 그리고 가우스가 대항하여 이겨야 하는 자신의 적인 교사를 이길 수 있다는 부분(교실의 모든 학생들이 갑자기 웃기 시작했다■). 수학 또한 스토리의 전반에 계속해서 전개되고 있다. 줄거리는 학생들이 수학을 듣는(보는) 자세에서 수학에 직접 참여하는 자세로 전환시키도록 전개될 수 있다(그렇다면 너희들의 참을 수 없는 행동에, 지금부터 너희 모두가 풀어야 하는 과제를 주겠다). 따라서 줄거리는 학생들이 관심을 가졌지만 유지하지 못했던 분위기에서, 학생들이 관심을 갖고 유지하는 분위기가 되도록 조절한다.

■ 교사는 가우스를 힘들게 할 목적으로 문제를 냈지만, 가우스가 아주 쉽고 빠르게 문제를 해결하여 '5050입니다'라고 대답했다. 이에 교실의 모든 학생들은 선생님을 비웃기라도 하는 듯이 일제히 웃기 시작했다. 이 대목은 가우스가 교사를 이길 수 있는 능력을 가졌기에 학생들이 선생님을 비웃은 것이다.

지금까지의 주장을 입증하기 위해 아르키메데스의 죽음에 대한 이야기를 다르게 각색하여 소개해보도록 한다.

각색 1

아르키메데스는 위대한 수학자이면서 위대한 기술자였다. 특히 그는 전쟁에서 사용할 수 있는 '전쟁을 이기는 기계'를 아주 잘 만들었다. 사실, 아르키메데스가 이러한 무기를 아주 잘 설계하였기 때문에 마르셀루스가 이끄는 로마 군대가 아르키메데스가 사는 시라쿠사를 공격할 때마다 아르키메데스 혼자 수준 높은 로마군대를 즉시 제압했다. 아르키메데스가 설계한 '전쟁을 이기는 기계'가 마르셀루스의 로마 군대를 매번 방해한 것이다. 이렇게 아르키메데스가 마르셀루스를 방해했지만 마르셀루스는 아르키메데스를 상당히 존경했다. 마침내 로마군대가 시라쿠사를 점령했을 때, 마르셀루스는 아르키메데스를 다치지 않게 살아 있는 채로 잡아오라고 명령을 내렸다. 그러나 아르키메데스를 발견한 군사는 이 명령에 신경쓰지 않았다. 군사가 아르키메데스에게 작업을 그만하고 자신을 따라 마르셀루스에게 가야 한다는 제안을 했고 아르키메데스가 이 제안을 거절하자 너무도 화가 난 로마 군사는 그 자리에서 즉시 아르키메데스를 죽인 것이다.

이 이야기는 아르키메데스에게 직접 일어났던 사건을 그대로 소개하고 있지만, 아르키메데스라는 사람에 대해서만을 다루고 있다. 만약 이야기를 조금 더 적절하게 바

꾼다면, 이야기를 읽는 화자가 아르키메데스의 천부적인 재능을 인정하는 쪽으로 이야기가 전개되도록 할 수 있다. 유감스럽게도 이 이야기는 스토리를 통해 수학을 지도하겠다는 강조점과 비교할 때, 그 정도로 수학을 다루고 있지는 않다. 그렇다면 동일한 이야기를 다르게 각색하여 보자.

각색 2

아르키메데스는 혼자서도 수준 높은 로마 군대를 한 번에 제압했다. 아르키메데스는 몇 주 동안 명석한 두뇌를 이용해 마르셀루스의 군대가 좌절하고 돌아가도록 '전쟁에서 이기는 기계'를 만들어냈다. 전해 내려오는 이야기에 따르면, 아르키메데스가 탁월한 생각과 아이디어를 낼 수 있는 이유는 바로 아르키메데스의 깊고 확고한 집중력 때문이라 한다. 만약 아르키메데스가 너무도 흥미로워 하는 문제가 생기면, 다른 모든 주변 상황이 아무리 절박할지라도 모든 것을 무시하고 문제에만 집중했다. 이렇게 하나에만 집중하는 그의 버릇 때문에 바로 몇 년 전에 목욕탕에서 옷을 벗고 뛰어나오는 엄청난 큰 실수를 범하기도 했다(5장 참고). 궁극적으로, 이러한 아르키메데스의 집중력은 그의 상당한 장점이면서도 단점이 되었다. 로마 군사가 드디어 시라쿠사를 점령했을 때, 마르셀루스는 아르키메데스를 살아 있는 채로 잡아오라고 명령했다. 그러나 아르키메데스를 발견한 군사가 너무도 화가 난 나머지 자신의 감정을 억누르지 못하고 이 명령을 어긴 것이다. 만약 이 군사가 아르키메데스의 버릇, 즉 어떤 상황에서건 생각을 깊게 할 때면 불쑥불쑥 소리를 지르는 버릇을 알고 있었다면, 자신이 아르키메데스에게 다가갔을 때 아르키메데스가 "내 원을 망가트리지 마시오."라고 큰 소리를 질렀을 때 그리 화를 내지 않았을 것이다. 아마도 아르키메데스는 자신이 연구하는 곳으로 다가오는 사람이 로마 군사인지 모르고 있었던 것 같다. 아마도 아르키메데스는 시라쿠사가 로마군사에게 침략당했다는 것조차 몰랐던 것 같다. 바로 이 순간에 아르키메데스가 알고 있는 것이라고는 그가 집중하고 있는 바로 그 문제였던 것이다. 전해오는 이야기에 따르면 군사가 아르키메데스를 창으로 찌르는 순간에도 아르키메데스는 자신이 그린 도형만을 바라보고 있었다고 한다.

이 이야기의 줄거리는 아르키메데스라는 인물에만 초점을 두었다기보다 아르키메데스의 생각 프로세스(어떤 문제를 해결할 때 보이는 그의 상당한 집중력)에 초점을 두고 있다. 이러한 아르키메데스의 모습 역시 수학적 주제는 아니다. 그러나 학생이 문제를 성공적으로 해결하기 위해 무엇이 반드시 필요한지를 고민해 보아야 할 때, 아르키메데스의 집중력을 관련지어 소개할 수 있을 것이다. 그렇다면 아르키메데스의 죽음에 대한 첫 번째 각색과 두 번째 각색은 어떻게 다를까? 두 각색 모두 세부 내용이 동일하므로 '사실적인 세부 내용'이 다르다고 보는 건 옳지 않다.

> 마르셀루스는 로마 군사의 수장이다, 로마군사는 시라쿠사를 침입했다, 시라쿠사는 아르키메데스가 고안한 '전쟁을 위한 기계'를 사용하여 방어했다, 시라쿠사가 점령당했을 때, 마르셀루스는 아르키메데스를 산 채로 잡아오라고 명령했다, 아르키메데스가 로마 군사의 명령을 따르지 않았기에 결국 죽었다.

그렇다면 차이점은? 각색된 두 이야기를 읽을 때, 읽는 화자가 이야기에 집중하는 부분이 다르도록 줄거리가 전개되고 있다. 첫 번째 각색은 아르키메데스라는 사람에 맞추어 줄거리가 전개되고 있다. 두 번째 각색은 아르키메데스의 집중력에 맞추어 줄거리가 전개되고 있다.

줄거리는 스토리를 읽는 화자(듣는 청자)가 집중할 수 있도록 전개되어야 하지만, 그렇게 줄거리를 전개하도록 스토리를 꾸미는 사람은 바로 우리인 것이다. 즉, 화자에게 줄거리는 스토리가 강조하는 바에 잘 이르게 하는 '실(thread)'이며, 작가나 화자에게 줄거리는 '실(thread)'을 잘 엮은 결과물이다.

갈등

어린 아이들이 주변의 세상을 언어적으로 어떻게 표현하는지 생각해보자. 온도와 관련해서 어린이들은 '뜨거운'과 '차가운'을 가장 먼저 배운다. 이때 '뜨거운'이란 "내 몸의 온도보다 더 뜨거운"이며 '차가운'이란 "내 몸의 온도보다 더 차가운"을 의미한다. '뜨거운'과 '차가운'이라는 용어는 어린이가 처음으로 구별하고 분류하는 것을 학습한 결과이다. 우리는 이와 같은 반대어 — 좋은/나쁜, 높은/낮은, 땅/하늘, 용기/겁, 젖은/마른, 큰/작은, 날카로운/무딘, 빠른/늦은, 쓴/단 등 끝이 없이 많은 — 를 사용하는 게 좋지 않다는 것을 안다. 이러한 단어를 사용함으로써 마치 세상의 모든 것을 서로 양분해야 하는 것처럼 여기게 된다. 우리 주변의 세상이 원래부터 복잡하다는 것을 알아가는 대신 이렇게 양분하여 구분하는 자세는 분명히 옳지는 않다(무엇보다도 세상은 흑과 백이 아니기 때문이다). 그러나 상당히 유용하다. 어떤 측면에서는 이러한 이중 분류가 우리의 생각을 올바르게 판단하거나 입장을 이해하는 데 그리고 사건에 대해 이해하는 데 도움을 준다.

'우리가 삶을 살아가기 위해 민감해야 한다'라는 예리한 통찰력과 느낌을 알기 오래 전인 3, 4세 어린 나이의 아동일 때, 매일의 생활을 좋다/나쁘다와 같은 이중 대립의 렌즈로 분류하기 시작한다. 이와 같이 어린 아동이 얼마만큼 이중적인 사고를 하는지에 대한 연구에 의하면 "아동이 세상을 어떤 순서에 따라 나열해야 할 때, 그들은 모든 것을 대립의 입장에서 구분한다."(Bettelheim, 1976, p. 74)고 한다. 어린 아동이 성장함에 따라, 세상의 모든 낯선 사람이 항상 무서운 것만은 아니며 사람들이 모두 좋다거나 또는 모두 나쁘지 않다는 것을 이해하게 된다. 그러나 자신이 초기에 가졌던 이중분류라는 판단은 결코 쉽게 잊지 않는다.

그렇다면 이 같은 이중분류와 관련한 스키마(schema)와 이중대립에 의존하는 아이들의 태도가 '좋은' 이야기를 만드는데 어떻게 도움이 될까? 아이들이 아주 쉽게 재미있어 하는 공상이나 이야기를 하나 생각한다면 안전/위험, 좋은/나쁜, 용기/겁 등 이중대립이 정확히 확인된다. 우리가 아이들에게 읽어주는 요정 이야기나 동화책 또한 이중대립을 이용하고 있다. 이야기 작가는 선 대 악, 어린이 대 어른, 고양이 대 개, 아름다움 대 섬뜩함, 결백 대 부패 등과 같은 갈등이 문학을 이끌어나가는 좋은 도구로써 힘을 가지고 있다는 것을 아주 잘 알고 있다.

하얀 모자를 쓴 카우보이부터 가난에 쪼들린 처녀에 이르기까지 인기 있는 소설은 이중대립에 대항하는 형식을 따르고 있다. 분명 이중대립을 스토리의 전개에 사용하는 것은 상당히 똑똑한 마케팅 그 이상이다. 왜냐하면 인간은 이러한 대립을 선호하는 타고난 성향이 있기 때문이다. 따라서 수학을 전달할 목적으로 스토리를 전개할 때 이러한 강력한 문학적인 도구를 무시하는 것은 분명히 경솔한 행동일 것이다.

그렇다고 '갈등이 있습니다'라고 단순히 알리라는 게 아니다. 갈등은 이야기의 줄거리가 진행되는 동안 주의 깊게 선택된 반대 특징으로 구성되어야 한다. 앞의 가우스 이야기에서 주요 갈등은 가우스와 슈미츠센버거스노프 선생님이었다. 가우스와 선생님의 갈등으로는 '가우스는 어린데 반해 선생님은 나이가 많다, 가우스는 영특한데 반해 선생님은 그렇지 않다, 가우스는 쾌활한데 반해 선생님은 엄격하다'가 확인된다. 이러한 반대적인 성향 각각은 갈등만을 보이는 게 아니라 글을 읽는 이가 가우스를 더욱 믿게(충성하게)하는 역할도 한다. 즉, 스토리를 전개하는데 사용한 반대 특징은 갈등을 구성할 뿐 아니라 읽는 이의 마음을 스토리 속으로 빠져들게 한다.

좀 더 이 부분을 강조하기 위해 앞에서 소개한 우리의 영웅 아르키메데스에 대한 이야기로 돌아가자. 이번에는 상황만을 달리하고 있다.

지금은 아르키메데스가 원에 대한 궁금함에만 집중하는 시간이었다. 아르키메데스는 원의 둘레와 지름 사이의 특별한 관계가 존재한다는 것을 알았다. 그리고 많은 시간 동안 이 관계가 무

엇인지를 정확히 찾고 있었다.■

이집트인들이 상당히 앞서나갔지만, 원을 측정하는 가장 좋은 방법을 알고 있지는 못했던 것 같다. 이집트인이 원기둥의 둘레를 측정할 때면, 이 원기둥을 밧줄로 감아 얼마나 많은 밧줄이 필요한지를 이용했다. 이 측정법은 아르키메데스가 살았던 시대에도 상당히 유용하게 사용되고 있었다. 사실, 이 방법은 아르키메데스의 가장 친한 친구인 바르톨로뮤가 좋아하는 방법이었다. 바르톨로뮤는 시라쿠사에서 원을 가장 잘 측정하는 사람으로 알려져 있었고, 아르키메데스 역시도 측정하기에 어려운 특별한 원에 대해서는 바르톨로뮤에게 어려움을 청하곤 했다. 그런데 그렇게 정확하기로 유명한 바르톨로뮤가 그리고 원의 측정과 관련해서 많은 사람들이 찾는 바르톨로뮤가 이 일에 전념하지 않는 것이었다.

결국 아르키메데스는 원을 측정하는 자신의 방법을 찾아야겠다고 결심했다. 바르톨로뮤는 아르키메데스가 자신만의 방법을 계획한다는 이야기에 비웃었다. 무엇보다도 아르키메데스가 망치나 연장을 이용하기보다 종이와 펜으로 작업하는 것을 훨씬 선호한다는 것을 알기 때문이다. 어쨌든 아르키메데스는 원의 둘레를 측정하는 더 나은 방법을 찾기 시작했다. 아르키메데스가 원의 둘레를 측정하기 위해 어떠한 아이디어를 생각해냈는지 정확히 전해지고 있지는 않다. 그러나 마침내 아르키메데스는 원의 둘레를 어떻게 측정해야 하는지 찾아내었다. 아르키메데스는 만약 원 안에 정사각형(아무 정사각형이 아니라 사각형의 각 꼭짓점이 원과 만나는 가장 넓이가 넓은 정사각형)을 그려 넣고 원 밖에 정사각형(정사각형의 각 변이 원과 접하는 가장 넓이

■ 원의 둘레와 지름 사이의 관계(원주율)에 대한 이야기는 5장에서 소개된다.

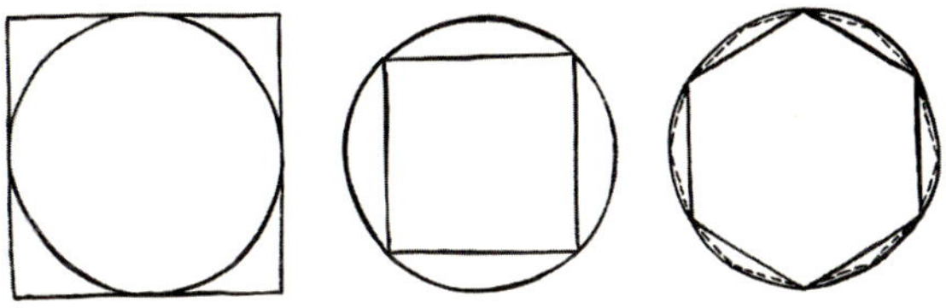

가 작은 정사각형)을 딱 맞게 그리면 원의 둘레가 이 두 정사각형의 둘레 사이에 있다는 것을 알아내었다.

이 방법은 쉽게 실행된다. 그러나 원에 내접하고 외접하는 두 정사각형의 사이에서 원의 둘레를 비교하는 것은 오차가 크게 생긴다. 그래서 아르키메데스는 오각형, 육각형 등 더 많은 변을 가진 다각형을 그려 보았다. 결국 아르키메데스가 원에 내접하고 외접하는 12각형을 그렸을 때 자신의 친구 바르톨로뮤만큼 정확한 원의 둘레를 측정하였다. 바르톨로뮤는 더 이상 아르키메데스를 비웃지 않았다. 그는 생각했던 것보다 일찍 은퇴했다. 그러고는 자메이카로 옮겨가 물고기를 잡거나 여행자에게 판매할 목각 원(wooden circles)을 만드는데 여생을 보냈다.

좋다, 지금까지 스토리가 역사적인 측면에 맞추어 정확히 기록되어야 한다고 말하지 않았다. 분명히 학생들은 역사적인 사실과 재미있는 단편극을 구분할 수 있다고 본다. 앞의 이야기에서 바르톨로뮤의 원을 측정하는 상당히 번거롭고 세련되지 못한 방법 대 아르키메데스의 우아한 해법이 좋은 갈등으로 정해졌다. 이때, 아르키메데스와 바르톨로뮤가 서로 갈등을 보이는 게 아니라, 바르톨로뮤가 실제 행하여 측정하는 방법과 아르키메데스의 이론에 입각하여 측정하는 방법이 서로 다르다는 것이다. 이렇게 갈등을 이용해 이야기를 전개할 때, 이론적으로 원을 측정하는 아르키메데스의 우아하고 강력한 접근이 더욱 쉽게 인정된다. 그렇다고 해서 원의 둘레를 직접 측정하는 방법인 원의 둘레에 실을 두르고 이 실을 풀어 평평하게 늘어놓은 뒤 길이를 측정하는 실험적인 방법이 초등학교 학생에게 쉽지는 않을 것이다. 이 방법은 바르톨로뮤의 방법과 전혀 다르지 않기 때문이다.

이번에는 갈등을 일으키는 인물을 선택하고 구성하는 것에 대하여 고려해보자. 앞서 소개한 가우스 이야기에서, 이야기를 읽는 이가 가우스에게 동조할 수 있도록 이야기 속의 인물들을 배치하였다. 그렇다고 해서 읽는 이의 마음이 가우스에게 딱 맞춰져야 한다는 것을 말하는 것은 아니다. 지금까지 우리는 느낌이 발동한다거나 충성심이 생겼다는 등에 대해서만 논의했다. 그러나 동조(alignment)는 살짝 다르다. 우리는 스토리를 읽는 이가 특정 인물을 응원하기보다 이 인물과 읽는 이가 서로 관련될 수 있었으면 한다. 가우스의 이야기에서 수업시간에 가우스가 하는 행동은 가우스의 나이인 아이들이 하는 행동이므로, 이 글을 읽는 이와 가우스가 서로 관련지을 수 있도록 이야기를 꾸민 것이다. 아르키메데스와 바르톨로뮤의 이야기에서도 (확실히 그럴까 하는 의심이 들기도 하겠지만) 이 이야기를 읽는 이가 바르톨로뮤와 관련될 수 있도록 이야기가 전개되고 있다. 바르톨로뮤라는 인물은 상당히 열심히 노력하는 사람이고, 원을 측정하기 위해 상당히 실제적인 방법을 이용하는 인물로 이 글을 읽는 이에게도 매우 친근한 방법을 사용하고 있다. 희망하건대, 이 이야기를 읽는 이가 바르톨로뮤를 우선은 동조하고, 이후 아르키메데스의 방법이 소개될 때 자신의 생각을 더욱 발전시킬 수 있었으면 하는 것이다. 분명히 스토리를 전개하기 위해 갈등을 활용하는 것은 쉽지 않다. 이때, 반드시 지켜야 하는 중요한 법칙이 있다. 이야기를 읽는 이가 동조하기를 원하는 인물이 정해지면 이 인물을 절대 헐뜯거나 욕하지 마라. 이 법칙에 따라 바르톨로뮤가 아르키메데스의 적으로 묘사되지 않은 것이다.

일단 갈등이 스토리 속에 잘 설정되었다면, 이 갈등이 해결되기를 바라는 것이 자연스러워 보인다. 가우스의 이야기에서는 갈등이 해결된 부분도 있고 그렇지 않은 부분도 있다. 처음 가우스와 슈미츠센버거스노프 선생님 사이의 갈등에서는 가우스가 자신의 적인 선생님을 확실히 제압하여 갈등이 해결되었다. 그러나 그 이후 새로운 갈등, 즉 슈미츠센버거스노프 선생님과 교실의 학생들 사이의 갈등이 새롭게 전개되었다. 이것은 우연이 아니다. 이야기가 마무리될 때까지 둘 사이의 갈등은 해결되지 않았으며, 학생들이 이야기를 듣는 게 아니라 직접 이야기 속의 문제를 해결하도록 조장하는 계획적인 전략이 숨겨 있었다. 만약에 이야기를 읽는 이가 이야기의 주인공에게 동조하도록 갈등을 포함하여 이야기를 전개한다면, 이 전략은 더욱 효과적으로 작용한다. 가우스의 이야기를 읽는 이가 두 번째 갈등의 주인공인 교실의 학생들을 동조하게 된다면, 학생들은 슈미츠센버거스노프 선생님이 제공한 문제를 스스로 풀게 될 것이다. 즉 자신이 이 교실의 학생이라 생각하게 된다. 그러기 위해, 스토리에 수학적 활동을 포함시키거나 적절하게 섞어야 한다. 이와 관련한 논의는 5장에서 좀 더 전개해보자.

이미지

언어(language)는 사람들이 서로 의사소통을 하기 위해 발달하였다. 그리고 사람들은 언어를 자유롭게 구사하기 위해 풍부한 단어(word)를 사용하였다. 이렇게 언어가 지속적으로 발달하고 단어 사용이 계속되면서, 누군가가 어떤 단어를 듣게 되면 동시에 마음속에 이 단어와 관련한 이미지가 떠오르게 되고, 이러한 이미지는 현실에서 확인이 가능할 듯한 그런 강력한 공감대를 형성하는 역할을 한다.

전통적인 구두문화에서 사용된 이미지는 기억을 도와주는 결정적인 사회적 역할을 한다. 그 결과, 생생하고 너무도 색다른 이미지로 표현된 신화(myth)를 찾을 수 있다. 이러한 이미지를 가진 신화는 강력한 문학적 충격으로 분류된다. 이렇게 생생하고 색다른 이미지를 사용하여 신화를 그린 이유는 글이 없었던 시절에 문화를 보존하기 위한 절박한 필요성 때문이었다. 이미지는 오늘날에도 글을 사용하지 않고도 지식을 소개하는데 사용되고 있다. 비슷하게, 어린아이들이 언어에 익숙해지고 언어를 더 많이 사용함에 따라, 눈으로 직접 확인되지 않는 것도 정신적인 이미지로 볼 수 있고 사실인 것처럼 느끼는 능력을 갖게 된다. 생각해본다면, 우리는 어렸을 때 읽은 이야기에 포함된 이미지들을 지금도 생생하게 기억할 수 있다. 이건(Egan, 1986)에 따르면, 어린이들은 동화책에 포함된 그림을 통해 이미지를 형성하게 된다. 그러나 이야기를 듣는 중에 스스로 형성한 이미지가 가장 생생하고 오랫동안 생각이 난다고 한다.

학생들을 가르치는데 이미지를 체계적으로 사용하는 몇 가지 방법이 있다. 이러한 방법을 '안내된 심상(Guided Imagery)'이라 부른다. 안내된 심상이란 교사가 학생들에게 제공했던 시각적, 청각적 그리고 후각적인 설명을 다른 시간과 다른 장소에서 구두적으로 제공하는 방법이다. 안내된 심상이라는 방법은 여러 상황에서 상당히 효과적으로 사용될 수 있다. 특히 학생들을 가르치는데에도 이미지를 사용할 수 있다. 그렇다고 교사가 이미지를 사용하기 위해 상세하게 준비를 한다거나 이전에 다른 사람들이 어떻게 사용해왔는지를 찾아볼 필요까지는 없다. 그 대신 교사가 모든 주제에 맞는 생생한 이미지를 꾸준히 확인하고, 지식과 개념을 생생하게 소개하기 위해 일관성을 가지고 이러한 이미지를 찾아 사용해야 한다.

수학을 교수 · 학습할 때, 이미지는 수학적 내용을 전달하는데 도움이 안 되는 전혀 쓸모없는 수단으로 여겨진다. 그러나 수업을 듣는 학생이 심상(imagination)을 가지기 위해서는 이미지가 꼭 필요하다. 이미지 없이 어떤 것을 이야기한다면 스토리의 내용들이 단지 지루하고 엉성하게 얼기설기 엮어져 있을 뿐이다. 스토리를 좀 더 상세하게 보이도록 구성하기 위해 색을 추가하고 각본을 추가한다. 가우스의 이야기에서, 이미지는 이 이야기를 상세하고 생동감 넘치도록 표현하기 위해 추가되었다. 가우스가 다니는 학교가 어떤지 소개하는 설명과 가우스가 자신의 선생님을 귀찮게 하는 유일한 방법에 대한 설명(이야기의 주요 내용을 전개하는데 중요한 부분은 아니지만)의 이미지들은 더욱 풍성한 스토리를 만들기 위해 추가된 것이다. 그 결과 이야기를 읽는 누구나 가우스가 상당히 장난기 심한 학생이며, 가우스의 행동이 올바르지 않다고 곧바로 인정하게 된다. 이렇게 가우스의 타고난 본성인 장난기를 상세하게 소개함으로써 가우스라는 인물의 성격을 소개하는 동시에 웃음을 자아내는 유머를 적절하게 추가하고 있다. 그럼으로써 이야기가 더욱 재미있고 오래 기억될 수 있도록 돕고 있다.

인간적인 면

과학적 지식, 특히 교과서에 실려 있는 지식은 객관적인 결과물들이다. — 인간이 바라는 바나 두려워하는 바에 영향을 절대 받지 않으며 사실만을 견고히 담고 있다. 이러한 과학적 지식은 인간이 고민했던 결과물이다. 이러한 결과물이 일단 정형화되면 인간과 독립적으로 존재하는 것처럼 취급이 된다. 따라서 지식이 책이나 공식, 증명, 원리와 같은 형식으로 소개될지라도, 이 지식이 이렇게 형식적으로 정형화되기 전에 인간이 사고하고 노력하고 희망한 결과라는 것을 절대 잊지 말아야 한다. 지식은 인간이 바랐던 결과물이고 두려워했던 결과물이다. 인간의 희망과 두려움과 같은 감정은 지식을 발전시키는 결정적인 역할을 했으므로 지식이 무엇인지 마음을 다하여 바라보지 않는다면 이 지식의 의미가 확실히 이해되지 않는다.

학교에서 가르치는 교과서의 내용 — 특히 수학교과서에 들어 있는 지식 — 은 인간의 지식인 양 그렇게 소개되고 있다. 그러나 교과서의 집필자들은 "지식이란 인간이 만든 결과물이다."라는 견해를 아주 잊고 있는 것 같다. 특히 과학과 수학 교과서는 상당히 '비인간'적으로 소개되고 있다. 사실 학생이 교과서의 내용을 이해하는데 가장 효과적인 도구는 인간의 감정을 이용하는 것이다. 학생들을 가르칠 때에도 인간이 느끼는 감정, 예를 들어 현명함, 에너지, 열정, 희망, 두려움 등의 결과물이 교과서에 담겨진 지식이라고 가르쳐야 한다. 지식을 이해하는 과정은 인간이 목적을 두었고 그렇게 하고 싶어서 만들고, 발명하고, 발견한 그리고 형식화한 것과 전혀 다르지 않다. 교과서의 지식이 원래 있었던 것처럼 그냥 소개하는 수업, 예를 들어 괄호의 사용법이나 방정식 풀이법을 학생들에게 설명하고 학생들이 이 법칙을 잘 활용할 때까지 계속 연습을 시키는 그런 수업 대신, 인간이 이 법칙을 어떤 이유로 어떻게 만들었는지를 포함한 상황을 학생들에게 제공함으로써 지식을 좀 더 잘 기억하고 의미 있게 이해하도록 도울 수 있다. 아마도 이러한 방법이 수학을 지도할 때 더욱 도움이 될 것이다. 학생들이 수학적 지식을 누가 발명했으며 왜 발명했는지를 이해하면서 수학적 관계를 학습할 때 더욱 쉽게 배우고 더욱 분명히 이해하며 더욱 명확히 기억하게 된다. "발명한 사람은 누구인가?"와 관련하여 특정인(가우스), 문화(고대 그리스인들) 또는 가공의 인물을 선정할 수 있다.

따라서 수학을 지도하는 동안, '십진법과 이차방정식은 모두 누군가가 발명한 것이다.'와 같이 가르치는 모든 결과물에 인간적인 근원이 담겨 있음을 분명히 기억해야 한다. 그리고 지식을 발명하게 된 감정, 열정, 의도, 두려움 등을 이용하면 학생들이 자신의 느낌과 감정을 이용해 좀 더 새로운 지식을 이해할 수 있다는 것도 기억해야 한다.

가우스에 대한 이야기가 가장 좋은 모델이 된다. 가우스의 이야기는 역사적인 사실을 그대로 옮겨온 것은 아니지만 인간적인 부분이 너무도 잘 소개되어 있다. 학생들은 이 이야기를 읽으면서 가우스라는 인물과 가우스 반 동료 학생들을 동조하게 된다고 앞에서 언급했다. 가우스가 문제를 풀기 위해 사용한 방법은 교사에 의해 결과물로 제공된 것이 아니라 필요에 의해 그리고 가우스의 능력을 바탕으로 만들어진 것이다. 문제해결 과정 역시도 인간적인 상황을 담고 있다. 학생들은 가우스가 처한 어려움을 이해하고 이러한 상황을 평가할 수 있으며, 가우스의 성공을 함께 기뻐할 수 있다. 따라서 스토리를 구성할 때 이와 같은 방법을 따르면, 분명히 스토리에 인간적인 면이 포함된다.

이번에는 아주 다른 주제로, 피타고라스 정리를 생각해보자. 고등학교를 졸업한 사람이라면 피타고라스 정리를 잊을 수 없을 것이다. 다른 정리들도 많이 배웠지만 피타고라스 정리만큼 머릿속에 오래 남아 있는 정리는 드물 것이다. 그러나 왜 $a^2 + b^2 = c^2$이라는 관계식이 가능한지에 대한 세부적인 설명이나 왜 직각삼각형의 세 변을 계산하기 위해 사용되는지는 잘 모를 것이다. 피타고라스 정리를 잘 아는 졸업생들이 놓친 부분은 이 정리와 인간과의 연결이다. 이 학생들에게 피타고라스 정리는 단지 암기해야 하는 대상이고 연습하는데 사용해야 하는 결과물이다. 만약에 인류가 직각을 구성하기 위해 피타고라스 정리가 필요했고 그래서 피타고라스 정리가 정립되었다는 것을 이 정리를 배우는 학생들이 안다면, 학생들은 피타고라스 정리를 너무도 잘 이해하고 배우게 될 것이다. 고대 기술자나 목수들은 밧줄에 같은 길이마다 매듭을 묶어 직각삼각형을 만들거나 막대기를 정수개만큼 연결하여 직각삼각형을 만들어 직각을 가진 몇몇의 모양을 만들 수 있었다. 학생들 또한 고대 기술자나 목수들과 같은 경험을 다시 한 번 경험할 수 있으며, 피타고라스 수(Pythagorean triples)■라 불리는 직각을 가진 몇 개의 모양을 스스로 발견할 수도 있다.

가우스와 피타고라스 이야기에는 모두 공통점이 있다. 바로 읽는 이에게 인간적인 감정을 느끼게 한다는 것이다. 즉, 스토리를 전개하는 작가는 이 스토리를 읽는 이가 '수학은 인간적이야'라고 느낄 수 있도록 전개할 수 있다. 수학이 인간적인 과목이라고 느끼도록 하는 가장 확실한 방법은 바로 수학을 스토리로 전개하는 작가를 통해서이다. 따라서 스토리를 읽는 이가 수학을 의미 있게 느끼도록 하기 위해서는 스토리를 전개하는 작가가 먼저 수학에 흥미를 가져야 한다. 그렇다고 해서 수학을 포함하여 스토리를 전개할 때마다, 모든 활동에 인간적인 면을 찾아 스토리에 포함시켜야 함을 의미하는 것은 아니다.

여기서 우리가 말하고 싶은 요지는, 학생들이 직접 수학을 '해야(do)'만 그 안에서 인간적인 면을 찾을 수 있다는 것이다. '인간적인 면'은 학생들이 스토리에 포함된 수학을 들으려 하는 자세에서 스토리에 포함된 수학을 직접 행하려는 자세로 바꾸는데 필요한 조건이다. 앞에서도 이미 언급한 것처럼, 가우스의 이야기를 읽는 학생들은 이 이야기의 마지막 부분에서 가우스의 수업에 초대받아 직접 참여하게 된다. 이와 관련한 내용은 8장과 12장에서 좀 더 논의할 것이다.

■ 피타고라스 정리를 만족하는 양의 정수를 의미한다. 예를 들어 (3, 4, 5)나 (6, 8, 10)과 같은 것을 말한다.

궁금함 혹은 경이로움

산의 전경, 금, 주홍빛 해질녘, 웅장한 폭포 그리고 무한한 우주와 같은 자연의 거대한 형상을 접하게 되면 우리는 경이로움(the emotion of wonder)■을 느끼게 된다. 경이로움은 지금껏 우리가 살면서 잊고 지냈던 감정적 메모리이다.◆ 세상의 어떤 대상을 보아도 경이로운 감정이 생길 수 있다. 우리 주변의 모든 것은 경이로움으로 다시 한 번 확인될 수 있다. 궁금함(앞의 글까지는 경이로움에 대한 wonder이었으며, 여기서부터는 궁금함에 대한 wonder이다)은 지적인 탐구를 위한 엔진이 될 수 있다. 궁금함이란 연구자가 합리성을 추구하기 위해 끊임없이 던져온 질문이기 때문이다.

단어 wonder에는 여러 가지 느낌이 있다. wonder가 가진 첫 번째 의미는 수학을 지도할 때 중요한 도구가 되기도 한다. 학생들이 수학에 흥미를 느끼도록 하기 위해 학생들의 호기심을 자극하여 그런 결과가 왜 가능한지 학생 스스로 궁금해하도록 만들어야 한다. 과학적 사고의 시작은 "왜 그런지 궁금해?"라는 의구심이다. 자연은 궁금한 대상 그리고 탐구하고자 하는 대상이다. 내가 욕조에 들어가면 왜 욕조 물이 밖으로 넘치는지 궁금해? 정원에는 몇 마리의 지렁이가 있는지 궁금해? 왜 하늘이 파란지 궁금해? 이 끈을 반씩 자른다면 몇 번 자를 수 있는지 궁금해? 학생들이 수학의 어떤 것을

■ 단어 'wonder'는 여러 가지 의미를 담고 있다. 명사로는 '궁금함', '경탄', '경이감', '불가사의', '기적(과 같은 것)'의 의미를 지니며, 동사로는 '궁금하다', '…이 어떨까 생각하다', '…일지 모르겠다', '…에 (크게) 놀라다'라는 의미가 있다. 위키피디아에서는 Wonder를 다음과 같이 소개하고 있다.
"Wonder (emotion) / Wonder is an emotion comparable to surprise that people feel when perceiving something very rare or unexpected (but not threatening). It has historically been seen as an important aspect of human nature, specifically being linked with curiosity and the drive behind intellectual exploration. Wonder is also often compared to the emotion of awe but awe implies fear or respect rather than joy."

◆ 이 글에서도 알 수 있지만 세상의 모든 것들은 경이롭고 아름답다. 그런데 우리는 이러한 자신의 감정을 잊고, 바쁜 생활, 각박한 삶만을 살아간다. 결국 경이로움을 잊고 지내고 있는 것이다.

궁금해한다면, "왜 그렇죠"라고 질문한다. 왜 우리에게 0이 필요하죠? 왜 π는 3.14죠? 왜 1은 소수(prime number)가 아니죠? 왜 세로로 덧셈이 가능하죠? 만약 학생들이 이 질문들에 대한 대답을 스스로 탐구하거나 찾게 된다면, 수학을 상당히 잘 이해하게 될 것이다.

wonder의 또 다른 의미 역시도 상당히 중요하다. 이때에는 '경이감이 감돌다', '어떤 것을 경외하다' 또는 '너무도 굉장한 것처럼 보이다'로 사용된다. 경이감이 느껴진다는 것은 더욱더 상상하고 싶어진다는 것을 뜻한다. 수학을 가르칠 때, 학생들이 가르치는 주제를 경이롭게 느낄 수 있도록 노력을 해야 한다. 교사는 가르칠 주제를 반성하여 학생들이 굉장하게 느낄 수 있는 그런 부분을 찾아야 한다. 어떤 것이든 굉장하다고 느낄 만한 것들이 분명히 존재한다. 우리가 매일 처리하는 거래 보고서를 어떻게 다루는지 배울 때조차도, 대단하다는 것을 느끼게 된다. 전 세계 각지에서 들여온 엄청난 종류의 물건들을 적절한 곳에 잘 배치하는 것, 재빠른 손놀림으로 위생용기에 음식들을 정확히 정리하는 재주, 물건들을 쉽게 확인하기 위한 UPC(통일 상품 코드), 치약이나 세제, 과일 주스, 얼린 콩 등과 같이 이미 만들어져 나온 상품을 만드는데 사용된 첨가물들. 우리가 매일의 삶에서 거래되는 각각의 물건이 어디서 왔고 무엇으로 만들어졌는지 등을 학습해야 하는 것은 아니다. 그러나 살아가는데 필요로 하는 물건들에 대해 꾸준하게 관심을 갖고 궁금해하는(대단함을 느끼는) 것은 필요하다. 안타깝게도, 대부분의 사람들은 물건을 사서 쓰기에 바쁠 뿐 이렇게 관심을 갖고 궁금해하지(경이감을 느끼지) 않는 것 같다. 학생들이 더욱 흥미를 갖고 재미있어 하는 수학 내용들은 학생들이 경이롭게 생각하는 상황을 바탕으로 전개되어 있다. 더불어 그러한 경이로움이 단편적이기보다 지속적으로 느껴질 수 있도록 전개되어 있다. 이와 같이 학생들이 수학을 좀 더 풍성하게 이해할 수 있도록 돕는 좋은 교수법에는 항상 가르치는 모든 대상에 흥미롭고 경이로운 무언가가 포함되어 있다. 그 결과 학생들도 쉽게 배우게 되며 교사도 더욱 즐겁고 만족스럽게 된다.

물론, 이렇게 질문하는 사람이 있을 수 있다(아마도 학생이라면 분명히 이렇게 질문한다). 사실 학교라는 곳에서 소개되는 수학은 모두 참인 지식이라 '그렇지, 맞아'라고 인정할 뿐 궁금하거나 경이로워 보이는 곳이 별로 없는 것 같은데, '수학이란 정말로 경이로운 과목입니다'라고 강조하는 부분이 도대체 어디입니까? 이 질문에는 정답이 없다. 미(beauty)처럼, 궁금함도 보는 사람에 따라 다르기 때문이다. 분명한 것은 '모든 수학적 대상에는 경이로움이 있다.' 간단한 수에서부터 알고리즘까지, 수학이라고 불리는 대상들이 서로서로 연결되어 있는 것은 정말로 경이롭다. 누구나 수학이 밀착된 전체로 묶여 있음을 알 수 있다. 그렇다고 해서 학생들이 이와 같은 감정을 똑같이 경험해야 한다는 것은 아니다. 왜냐하면 아직까지 학생들은 수학의 웅장함(grandeur)을 경이로워 할 정도로 수학을 경험해보지 못했기 때문이다. 따라서 작게라도 학생들이 각각의 수학적 개념에 대해 경이로움을 느꼈으면 한다. 경이로움(또는 궁금함)은 새로운 무언가를 탐구할 수 있도록 자극하는 엔진이 된다. 따라서 교사는 학생들이 지금 배우고 있는 모든 것에 대해 궁금해하고(wonder) 그 결과 정말로 아름답구나(wonderful)라고 감탄하도록 자극하는 방법을 찾아야 한다.

다시 가우스의 이야기를 생각해보자. 가우스 이야기가 중간에 끝나버린다면 학생들은 풀 수 없을 것 같은 과제를 가우스가 어떻게 완성했는지를 궁금해할 것이다. 그리고 학생들이 이 문제를 스스로 해결해보려고 도전하게 된다. 더불어 가우스의 짝짓기 방법의 진가를 인정하게 된다. 스토리에 학생들이 감탄할 만한 것이 포함되어 있지 않아도, 교사가 적절히 안내하면 학생들이 집중할 만한 무언가를 찾을 수도 있다. 가우스가 칠판에 기록한 알고리즘은 상당히 다양하게 활용된다. 1부터 100까지 또는 100에서 200까지 더하는 문제를 해결할 때 도움이 되기도 하지만, 그 외의 다양한 수열(예를 들어 등차수열 등)의 문제를 해결할 때에도 도움이 된다. 2, 5, 8, …나 3, 6, 9, …와 같은 등차수열■은 가우스가 기록한 알고리즘을 이용해 효과적으로 해결된다. 또한 3, 6, 9, … 와 같은 증가수열뿐 아니라 감소수열 그리고 양수와 음수 모두를 포함한 수열을 해

■ 수열 2, 5, 8, …은 2를 시작으로 2+3=5, 5+3=8, 8+3=11, …와 같이 3을 계속 더하여 수열을 만들었다. 즉, 이 수열은 초항이 2이고 공차가 3인 등차수열이다.
수열 3, 6, 9, …은 3을 시작으로 3+3=6, 6+3=9, 9+3=12, … 와 같이 3을 계속 더하여 수열을 만들었다. 즉, 이 수열은 초항이 3이고 공차가 3인 등차수열이다.

결하는 데에도 이 알고리즘이 효과적이다. 학생들은 가우스의 짝짓기 방법으로 많은 수열 문제를 해결할 수 있다는 힘을 느끼게 된다.

더불어 수열의 합을 계산하는 가우스의 짝짓기 방법은 상당히 실용적이다. 그리고 많은 문제를 해결할 수도 있다. 그리고 식료품 가게에 진열된 캔의 개수나 고대의 거대한 피라미드에 사용된 벽돌 개수를 빠르게 계산할 수 있다. 이와 같은 실용성이 스토리에 담겨 있다. 교사는 학생들이 이러한 활동을 경험할 수 있도록 기회를 준비해야 한다.

유머

유머(humor)는, 심상(imagery)과 유사하게, 좀 더 기분 좋은 이야기를 만드는데 사용될 수 있다. 이야기를 좀 더 장식하기 위해 유머로 색을 입힐 수 있다. 또한 유머를 이용하여 학생들이 수학을 더욱 느낄 수 있도록 자극할 수도 있다. 유머를 어떻게 이용하느냐에 따라 다르겠지만, 유머는 학생들이 수학에 관심을 갖도록 또는 집중하도록 돕는다. 어떤 학생에게 유머는 새로운 지식을 이해하는데 도움이 되며, 어떤 학생에게는 새로운 지식을 정리하는데 도움이 된다. 익살스러운 일화, 우스운 성격 또는 우스꽝스러운 상황을 이용하여 상대방의 마음을 흥분시키고 기쁘게 할 수 있다. 따라서 유머는 이야기를 전개하기 위한 도구로 사용될 수 있다.

유머를 가장 간단하게 정의하면 '기대했던 것과 일어난 것 사이가 일치하지 않음'이다.■ 앞서 소개한 이야기들이 전개되는 중에 다양한 측면으로 유머가 사용되었음을

■ 여러 사전에 의하면, 대부분의 유머는 서로 관련이 있으면서도 양립할 수 없는 2가지 사항의 연관관계를 갑작스럽게 깨달을 때 생긴다고 한다. 즉, 서로 다른 2가지 사항이 갑작스럽게 부딪치면서 희극적 효과를 내게 되는데, 이는 듣는 사람이 2가지 사항 사이의 묘한 관계를 인식하기 때문이라고 한다(두산동아 백과사전 참고).

알 수 있다. 가우스가 삐거덕거리는 소리를 내면서 선생님들을 귀찮게 하는 불쾌한 행동에서부터 바르톨로뮤가 퇴직 후에 여생을 자메이카에서 보내기로 한 결정까지, 보기에도 필요 없을 것 같은 세세한 사항들이 이야기에 추가되어 있다. 특히 초등학교 학생들은 이러한 글을 쓰인 그대로 읽으면서 정말 바보 같고 기괴하다고 이해한다. 그렇다면 왜 이야기에 이러한 유머들을 삽입해야 할까? 어떤 특정 인물이 앉을 때, 걸을 때, 눈을 깜박일 때, 재치기를 할 때 등의 행동마다 우스운 소리를 낸다고 소개해보자. 사실 이렇게 글로 상황을 묘사하는 것보다 이야기에 걸맞은 사운드 트랙을 추가하면 학생들이 더욱 흥미로워 할 것이다.

초등학교 고학년이나 중학생, 고등학생을 위해서는 이 학생들이 예측할 수 있는 유머를 추가하여 이야기를 전개하는 것이 좋다. 에라토스테네스가 핸드폰을 가지고 있다거나 아르키메데스가 물소를 애완동물로 기른다거나 가우스가 가장 좋아하는 수가 147이라는 등과 같이 전혀 연결이 될 것 같지 않은 유머를 스토리에 추가하는 것이다. 아주 보잘 것 없어 보이는 추가 사항도 학생들이 관심을 갖도록 그리고 자신의 관심을 계속해서 유지하도록 돕는다. 이 장에 소개한 스토리에도 몇 가지 유머가 포함되어 있다. 가우스가 나무의 삐거덕거리는 소리를 장난삼아 낸다거나 바르톨로뮤가 퇴직 후 자메이카에서 살게 된다는 것 등.

이때 가장 어려운 과제는 학생들이 수학에 좀 더 관심을 갖고 집중할 수 있도록 어떻게 유머를 활용해야 하느냐이다. 만약 학생들에게 '가우스가 가장 좋아하는 수는 147입니다'라고 한다면 학생들은 상당히 관심을 갖고 집중하게 될 것이다. 147이라는 이야기를 듣는 순간 학생들은 즉시 '왜죠? 147이 무슨 특별한 의미를 가지고 있나요?'라고 질문할 것이다. 이렇게 유머를 사용하여 학생들을 효과적으로 지도할 수 있다. 간단한 속임수(trick) 같은 상황을 학생들에게 제공하여, 학생들이 수학에 좀 더 관심을 갖도록 할 수 있다.

패턴

나는 수학책을 읽을 때면, 꼭 음악가가 악보를 읽는 것 같은 기분이 든다. 왜냐하면 수학과 음악 모두 패턴, 하모니 그리고 대조가 잘 어우러질 때 즐거움이 느껴지기 때문이다. (Rudy Rucker, 1999, p.11)

많은 사람들은 수학이 패턴의 과학인지를 논의한다. 더불어, 어린이들이 패턴과 패턴적 활동을 자연적으로 선호한다는 연구 결과가 계속해서 소개되고 있다. 따라서 수학을 가르칠 때 패턴이라는 강력한 도구를 사용해야 한다는 주장은 상당히 의미가 있어 보인다. 메이슨(Mason, 1996)에 따르면, 패턴은 수학의 '심장과 혼'이다. 예를 들어 많은 수학적 활동들은 패턴을 바탕으로 구성될 수 있다. 그리고 학생들이 수학에 흥미를 갖는 것, 수학이 구체화되는 것 그리고 수학적 상황에서 창의력이 활성화되는 것 모두 패턴 때문이다. 사실, 패턴의 몇 가지 역할은 스토리의 역할과 아주 유사하다. — 패턴과 스토리 모두 개념이나 활동을 도입하는데 활용될 수 있고, 학습자가 어려워하는 수학적 아이디어를 설명하는데 사용될 수 있으며, 질문을 할 때 사용될 수 있고, 궁금함을 유발하는데 사용될 수 있다. 이렇게 패턴을 사용하는 것과 관련하여 가장 중요하게 다루어야 할 것은 '수학을 가르치는 동안 언제 패턴을 사용해야 하는가'가 아니라 '언제 패턴을 사용하지 말아야 하는가'이다.

앞서 소개한 가우스의 이야기를 보자. 가우스가 제시한 해법에 패턴이 포함되어 있다. 교사가 교실의 모든 학생들에게 제공한 문제들도 패턴을 이용해서 해결이 가능하다. 적어도 패턴을 이용해서 이 문제들을 해결하는 것이 이 이야기에 문제를 소개한 의도이다. 사실, 가우스의 이야기에 제시된 문제들을 해결하려면, 일차적으로 이 문제들과 가우스가 고안해낸 해법 전략 사이에 유사성이 존재함을 알아내야 한다. 학생은 아르키메데스가 원을 측정하는 이야기에도 패턴이 이용되었음을 알아야 하며, 원의 둘레와 지름 사이의 관계를 최종적으로 얻어낸 아이디어를 바탕으로 더욱더 다양한 주제를 다룰 수 있게 된다. 5장에서 아르키메데스의 이야기를 좀 더 깊이 있게 다루자.

요약

이 장에는 수학교실에서 소개할 수 있는 몇 가지 이야기가 제시되었다. 더불어 흥미롭고, 기억에 오래 남으며 매력적인 스토리를 만드는데 필요한 요소들이 논의되었다. 이 요소들은 학생들이 수학을 유의미하게 배우도록 안내하는 수단이 될 것이다.

3

스토리텔링

스토리텔러에 의한 스토리텔링

교육적 상황에서의 스토리텔링

수학 교실에서의 스토리텔링

농부와 까마귀 이야기

이야기 후

> 많은 전문가들이 스토리텔링의 아름다움(art)을 다양하게 정의했지만, (나의 지적을 기분 나쁘게 듣지 않았으면 하건대) 그렇게 정의하는 것 자체는 불가능한 시도였다. (Burrell, 1926, p.3)

이야기하기와 농담하기는 비슷하다. 만약 이야기가 부적절하게 전개된다면 원래의 의도가 전달될 수 없다. 웃음을 주는 글은 단지 웃긴다는 생각만을 하게 만들 수도 있다. 이야기하기는 즉흥 예술, 즉흥극이다.

스토리텔링은 가장 오래된 인간예술 형식 중의 하나이며, 문학적 의사소통에 대한 최초의 의식적인 형식이다(Shedlock, 1924, p. xiii). 부렐(Burrel, 1926)은 스토리텔링을 "가르침에 대한 자연스러운 방법"으로 소개하였다. 스토리텔링은 역사보다 더 오래되었으며, 특정 문명이나 지역에만 존재한다거나 전개 과정이 정해져 있다고 할 수 없다(Baker and Greene, 1987, p. 1). 부렐은 스토리텔링의 보편성과 영구성에 대해 "어떤 지역도 어떤 시대도 스토리텔링은 있었다"(p. 5)라고 소개하였다. 스토리텔링은 다른 사람과 의사소통하기 위한 방법, 남과 나 자신을 즐겁게 하기 위한 방법 그리고 물리적 세계를 설명하기 위한 방법으로 초기 문명부터 발달하였다. 더불어 스토리텔링은 예술적 표현을 위한 미적 방법을 실현하기 위해 그리고 사건이나 조상들의 행적을 기록하기 위해 발달하였다(Pellowski, 1977).

루이스 캐럴(Lewis Carroll)은 이야기를 '사랑의 선물'이라 은유적으로 표현했다. 이를 확장하여 베커와 그린(Baker & Greene, 1987)은 스토리텔링을 '선물을 주는 것'으로 표현했다. 헤븐(Haven, 2000)은 수백 명의 스토리텔러를 인터뷰한 결과 다음의 정의를 소개하였다.

> 스토리텔링이란 특정한 관중에게 스토리의 요소와 이미지를 드러내기 위해 언어와 목소리 그리고 육체적 움직임과 제스처를 사용한 예술이다(p. 215).

더욱이 헤븐은 "스토리텔링은 인류 의사소통을 위한 가장 기본적인 방식인 동시에 강력한 실행 예술 형식이다"라고 지적했다(p. 216). 운 좋게도 대부분의 교사는 스토리텔링이라는 예술을 잘 알고 있다. 어떻게 하면 학생들이 스토리에 흥미를 가질 수 있는지 그리고 듣는 이의 편의를 돕기 위해 어떻게 스토리를 바꾸면 되는지를 안다. 그러나 수학 수업시간에 이러한 솜씨를 발휘하는 교사는 극소수이다.

스토리텔러에 의한 스토리텔링

우리 주변에는 전문 스토리텔러들이 있다. 대학교에 스토리텔링 학과가 따로 있는 것도 아니며 스토리텔링에 대한 교수가 있는 것도 아니다. 하지만 스토리텔링이 직업인 사람들이 있다. 이들은 스토리텔링을 이용해 생계를 꾸려나간다. 이들은 무대에서, 공원이나 책방에서, 커피 전문점과 콘서트홀에서, 특정 집회와 박물관에서, 교회와 절에서, 도서관과 병원에서, 생일 파티와 지역 박람회에서, 축제 또는 사람들이 모이는 특정한 날에 이야기를 한다. 1년에 한 번 스토리텔링 이벤트가 도서관에서 진행되기도 하며 '스토리텔링의 보존과 영속을 위한 국제 연합(National Association for the Preservation and Perpetuation of Storytelling, NAPPS)'도 있다.

몇몇의 스토리텔러들은 전문 연기자이며, 몇몇은 아마추어이다. 그러나 연기와 스토리텔링은 청중과의 관계라는 주요한 부분에서 상당히 다른 차이점을 갖는다. 스토리텔러에게 청중은 깜깜하고 어두운 홀의 보이지 않는 존재가 아니라 살아 있는 존재이다. 스토리텔러는 연습한 대본을 따라하는 연기자와 다르게 청중들이 보이는 반응에 따라 대본을 바꾸기도 한다.

전문 스토리텔러들은 무엇을 이야기하며 어떻게 이야기하는지에 대한 자신들의 선택을 담아 안내서를 작성했다(Baker & Greene, 1987; Bauer, 1993; Burrell, 1971;

Shedlock, 1924). 이 안내서에는 여러 연령층의 청중이 흥미로워하는 좋은 스토리와 다양한 목적에 따른 스토리가 상당히 많이 소개되어 있다. 또한 어떤 도구들(인형, 장식물, 진열품, 가면, 광고 전단, 공예품, 그림 등)이 스토리에 활용되며, 언제 목소리를 크게 하고 작게 하고 멈추는지, 어떤 동작을 취할지 말지 그리고 어떻게 숨을 쉬고, 소품을 어떻게 정리하고 무엇을 입을지까지 소개되어 있다. 안내서에는 청중에게 생소한 단어를 사용하지 말라거나 너무 많이 설명하거나 너무 많이 묘사하지 말라와 같은 경고문도 담고 있다(Shedlock, 1924). 또한 글은 어떻게 시작하는 게 좋은지, 글의 배경은 어떻게 선택하는지 그리고 수수께끼나 노래, 게임이나 마술을 이용해 스토리텔링을 어떻게 진행하는지 등에 대한 전문적인 안내도 담고 있다. 더불어 누군가 특정 스토리를 지겨워할 때 어떻게 행동해야 한다거나 스토리텔러가 청중 앞에서 초조해할 때 어떻게 행동해야 한다는 등의 유익한 충고도 전문적으로 담고 있으며, 스토리를 이야기하는 중에 나타나는 방해요인을 어떻게 다루는 게 좋은지에 대한 힌트도 담고 있다.

교사가 스토리텔링으로 학생들에게 흥미를 유발하려면 전문 스토리텔러의 방법을 이용하는 것이 효과적이다. 그러나 우리는 수학교실이라는 특정한 상황에서의 스토리텔링을 논의해야 한다. 그러기 위해, 수학이라는 특정 사례를 논의하기 전에 일반적인 교실 또는 교육적 환경에서의 스토리텔링을 논의해보자.

교육적 상황에서의 스토리텔링

전문 스토리텔러가 자신의 흥미 있고 재미있는 이야기에 청중들이 너무도 즐거워하는 모습을 보았을 때, 계속해서 이야기를 이어나가야겠다고 마음을 먹게 된다. 스토리텔링에 대한 여러 심리학적이고 교육적인 이점 중, 베커와 그린(Baker & Greene, 1987)은 "어린이들과 우리 모두가 경험할 수 있는 극적인 즐거움이 최고의 이유이다"라고 지적했다(p. 25).

그러나 교사는 스토리 그 자체나 청중이 느끼는 극적인 즐거움에만 관심을 가져서는 안 된다. 교사는 스토리텔링을 특정 목표에 대한 수단으로 보아야 한다. 스토리는 듣는 이의 흥미를 유발하며 생각할 수 있는 기회를 제공한다. 좀 더 일반적으로, 베커와 그린(1987)에 의하면 스토리텔링은 아이들의 인지적이고 사회적인 성장에 긍정적으로 작용한다. 특히 베커와 그린은 '학교가 아이들에게 지적 기술을 너무 강조한 나머지 정서적인 성장은 희생되는 것 같다'고 걱정하는 교육자들에게 스토리가 중요하다고 강조한다. 이들은 스토리텔링이 어린이들의 동기를 유발하고, 인간 행동의 패턴을 통찰하는데 도움을 주며 심리적인 문제를 극복하는데 도움을 주는 다양한 예를 소개하고 있다.

헤븐(Haven, 2000)은 교육적 수단으로써 스토리텔링의 10가지 이점을 다음과 같이 요약하였다.

1. 스토리텔링은 4가지 주요 언어 기술(읽기, 쓰기, 듣기, 말하기)을 향상시키고 개발하는데 강력하고 효과적인 요소이다.
2. 정보(개념과 사실 모두)는 스토리 형식으로 제공되었을 때 잘 그리고 오래 기억된다.
3. 스토리텔링은 여러 학문적인 분야를 연결하고 교육과정을 관련짓는 강력하고도 효과적인 교육적 도구이다.
4. 스토리텔링은 학생들이 학습하는데 긍정적인 동기를 제공한다. 이야기가 진행되는 동안 학생들은 학습에 더욱 집중하며 관련된 학습을 수행하는데 즐거워한다.
5. 학생들은 스토리텔링을 통해 자신감과 자존감을 효과적으로 갖게 된다.
6. 스토리텔링은 다른 어떤 교실 활동보다 상상력과 창의성을 기르는데 효과적이다.
7. 스토리텔링은 읽는 이를 즐겁게 한다.

8. 스토리텔링은 감정이입을 가능하게 한다.

9. 스토리텔링은 분석적인 기술과 문제해결 기술을 증진시킨다.

10. 스토리텔링은 사회공동체의 중요한 연결을 가능하게 한다.

첫 번째 이점은 문헌을 통해서 대부분 확인이 가능하다. 도서관에서 '스토리텔링'이라는 단어로 책을 찾으면, 약 3/4 정도가 4가지 주요 언어 기술(읽기, 쓰기, 듣기, 말하기)의 여러 형태이다. 이야기를 하는 것과 문학적 소양을 키우는 것(단어의 확장, 언어 패턴의 소개, 말하기와 쓰기 기술의 개선)은 자연스럽게 연결된다. 이야기 형식은 언어를 이해하고 개념화하는 토대가 된다(Haven, 2000).

열 번째 이점은 최근 몇 년 동안 많은 관심을 받고 있는 측면이다. 스토리텔링은 어린이들에게 다양한 관습과 문명을 소개하고, 다른 사람들의 삶에 대한 문화적 유산을 유지하는 수단으로 활용된다.

대부분의 작가들은 스토리텔링이 교육과정에 도움이 된다는데 찬성한다. 그러나 교육과정에 도움이 될 수 있는 특정한 예시들 중에 수학은 거의 언급되지 않는다. 따라서 우리는 이러한 안타까움을 인정하고 스토리텔링이 수학교과 학습에 도움이 되는 방안을 찾으려 한다.

수학 교실에서의 스토리텔링

스토리는 수학교실에서 잘 활용되지 않는다. 대부분의 수학교실 수업은 학생들이 쉽게 따라할 수 있도록 교사가 예시를 활용하여 짧게 설명한다. 높은 수준의 수학적 사고나 문제해결이 포함되어 있더라도 스토리를 동원하는 일은 거의 드물다. 많은 작가들이 '교차 교육과정 도구(cross-curriculum tool)로' 스토리텔링을 언급하지만, 대부분의 예시들은 역사나 과학과 언어를 교차하지 수학을 포함하지는 않는다.

그렇다면 수학 시간에 스토리텔링을 이용하는 것은 어떤 이점이 있을까?

앞서 언급한 이점 모두를 포함하는데, 특히 기억을 유지한다(2), 동기를 유발한다(4), 흥미롭다(7), 그리고 분석적 기술을 신장시킨다(9)에 도움이 된다. 더불어 추가적인 목적도 있다. 즉, 수학 스토리는 기억하기 쉬운 형태로 제시되므로, 어려운 개념을 도입하거나 설명할 때 도움이 되며 수학적 활동에 학생들이 참여하도록 돕는다. 또한 지금까지 딱딱하고 기계적으로 알려진 교과목에 인간적인 요소를 추가할 수 있다. 더불어 수학 수업시간에 본 적 없는 색다른 체험이 가능하며 수업시간의 활동도 변하게 된다.

수학 스토리는 창의적인 환경이 되도록 수업의 분위기를 바꾸어주며 즐거움을 제공하기도 한다. 사실, 교육적인 상황에서 즐거움은 주요 목표로 거의 언급되지 않는다. 그러나 생산적인 학습 환경을 만들기 위해 즐거움은 상당히 중요하며 절대 무시될 수 없는 부분이다.

"스토리텔링의 비밀을 글로 옮기는 것은 불가능하다"(Burrel, 1926/1971, p. 51). 왜냐하면 스토리텔링의 비밀은 청중이 느끼는 중에, 청중이 흥미로워하는 중에 그리고 필요할 때 원고를 다양하게 바꾸는 중에 존재하기 때문이다. 따라서 쉽지 않은 도전을 시작하려 한다.

스토리텔링이 무엇이라 믿는지를 종이 위에 예시화해볼 것이다. 문장에 '색'과 '맛'을 추가하고 목소리 톤을 바꾸거나 멈추거나 강조하여 특정한 단어와 문구 또는 침묵의 순간을 설명함으로써, 읽는 이가 상상력을 발휘할 것으로 기대한다.

농부와 까마귀 이야기

다음 이야기(Egan, 1986, p. 79)를 읽어보자. 이 이야기는 수 감각(number sense)과 수를 세는 인간의 능력에 대한 발달을 예시할 때 자주 사용된다.

농부와 농사지은 곡식을 먹는 까마귀에 대한 이야기인데요. 농부는 까마귀를 총으로 쏘아 잡기로 결심했다네요. 왜냐하면 까마귀가 농부의 헛간에 둥지를 만들어 지내고 있었거든요. 그런데 그러나 농부가 헛간에 들어오면 까마귀는 멀리 날아가고 농부가 헛간을 나가면 까마귀는 날아 들어왔지요. 그래서 농부는 까마귀를 속일 생각으로, 헛간에 친구 한 명을 데리고 왔어요. 그리고 친구가 헛간을 떠난 후 농부는 헛간에 숨어 있었어요. 그러나 까마귀는 바보가 아니었답니다. 농부가 헛간을 나갈 때까지 나무 위에 앉아 헛간으로 들어가지 않았거든요.

다음 날 농부는 헛간에 두 명의 친구를 데리고 왔어요. 그리고 두 친구가 헛간을 떠난 후에도 농부는 헛간에 숨어 있었어요. 그러나 까마귀는 농부가 헛간을 나갈 때까지 헛간 밖에서 농부가 나가기만을 기다리고 있었답니다.

다음날 농부는 세 명의 친구를 데리고 왔지만 어제와 똑같았어요. 그 다음 날 네 명의 친구를 데려왔을 때에도요. 그런데 다섯 명의 친구를 데리고 온 날은 달랐어요. 다섯 명의 친구가 모두 헛간을 떠난 후 까마귀가 헛간으로 들어오는게 아니겠어요. 그래서 농부가 까마귀를 총으로 쏘아 잡았답니다.

이제 까마귀 이야기를 다양하게 바꾸어 보자. 줄거리는 유지한다. 이때 학생들과 함께 이야기를 바꾸면서 직접 학생들이 이야기를 전개해 나가는 방식을 이용한다. 어디 한번 이야기해볼까.

"옛날 옛날에, 아주 먼 곳에 농부가 살았답니다. 그는 가족들을 부양하기 위해 밭에서 아주 열심히 일을 했습니다. 추수가 끝난 후, 밭 근처에 직접 지은 작은 헛간에 곡식을 쌓아두었다지요. 그의 이름은 뭘까요? 이 농부에게 이름을 하나 지어줄까요. [학생 중의 한 명에게 기회가 주어진다] 이 농부를 어떻게 부르면 좋을까요?"

"트레비스요"

"트레비스? 혹시 트레비스라는 이름을 가진 농부를 만나본 적이 있나요?"

"잭이요"

"어떤 이름이 더 좋나요? 좋아요. 잭으로 하죠. 그래서 이 이야기는 농부 잭과 까마귀에 대한 거랍니다. 그런데 까마귀는? 이유는 이래요. 헛간에 둥지를 튼 못생긴 까마귀가 있었습니다. 문제는 이 까마귀가 잭의 곡식을 먹는다는 거예요. 그래서 잭은 까마귀를 총으로 쏘아 잡기로 결정했습니다. 만약 여러분의 가족을 위해 키운 곡식을 누군가 먹는다면 여러분은 어떻게 할 건가요? 아, 알았어요. 총으로 쏘아 잡는 건 싫지요. 좋아요. 동의해요. 그렇다면 이야기를 바꿔보죠. 잭은 까마귀를 직접 잡아 없애기로 결정했어요. 그러나 잭이 헛간에 들어갈 때마다 까마귀는 멀리 날아갔어요. 그렇다면 어떻게 까마귀를 잡죠?—잭은 생각했답니다."

이즈음 학생들이 무언가 제안할 수도 있다. 어떠한 제안이든 교사가 다음과 같이 반응할 수 있다. "사실, 잭이 노력했지요. 그러나 별 소용이 없었어요. 그래서 다른 방법을 시도할 필요가 있었답니다." 그러고 나서 다시 이야기를 계속 한다.

"그래서 잭은 생각하고 또 생각하고 또 생각하여 갑자기 좋은 아이디어를 냈습니다."

'갑자기'라는 부분에서는 목소리를 좀 더 크게 하여 강조해도 좋다.

"헛간에 친구를 데려오기로 결정했어요. 친구의 이름은 뭘까요?"

"조지요."

"그래서 어느 날 잭과 친구 조지가 함께 헛간에 갔어요. 얼마 후 조지는 돌아갔고 잭이 남아 까마귀가 돌아오기를 기다렸어요. 그러나 까마귀는 돌아오지 않았지요. 까마귀는 바보가 아니기 때문에 농부가 헛간을 나갈 때까지 헛간 밖 먼 곳에 있었답니다. 잭은 너무도 실망했고 피곤했어요. 잭은 헛간에서 까마귀를 오랫동안 기다렸지만 까마귀는 돌아오지 않아요. 까마귀가 잭의 계략을 안 거예요. 그래서 다시 잭은 생각하고, 생각하고 또 생각하여 갑자기…"

이 부분에서 멈춘 뒤 학생들이 나머지 이야기를 연장하도록 한다. 만약 시간이 지나도 학생 스스로 참여할 것 같은 반응이 보이지 않는다면 "이후 어떻게 됐을까요?"와 같이 질문을 제시할 수도 있다.

"잭이 다른 아이디어를 생각했겠죠?"

"맞아요. 그런데 이 아이디어가 무언지 아나요? 몰라요? 헛간에 두 명의 친구를 데리고 가기로 결정한 거랍니다. 그래서 잭과 조지는 초대했는데요. 누구?"

"조?"

"조를 초대했어요. 다음날 아침 농부 잭과 그의 친구들 조지와 조는 헛간에 함께 갔어요. [한 학생에게] 이야기를 계속 해볼까?"

"조지와 조는 떠나고, 잭은 헛간에 남았겠고 까마귀는 돌아오지 않았어요."

"몇 개의 단어로 요약해서 말 하지 말고 이야기를 들려줄 수 있겠니?"

"잭, 조지 그리고 조는 함께 헛간에 갔습니다. 날씨가 아주 화창한 아침이었구요. 이 세 명은 느긋하게 걷는 걸 즐겼어요. 얼마 후 조지와 조는 돌아갔고 잭이 남아 까마귀가 돌아오기를 기다렸지요. 그러나 까마귀는 돌아오지 않았어요. 까마귀는 바보가 아니기 때문에 농부가 헛간을 나갈 때까지 헛간 밖 먼 곳에 있었답니다. 잭은 너무도 실망했어요. 그리고 헛간에서 몇 시간 동안 까마귀가 돌아오기를 기다리느라 너무도 치졌어요. 그래서 그는 생각하고, 생각하고 또 생각하고…"

"좋아요. 고마워요. 누가 이야기를 계속 이어갈래요?"

이즈음 학생들은 좀 더 이야기를 세세하게 채우는데 용기를 내어 교대로 참여할 수 있다.

[…]

"그래서 다음날 농부 잭과 그의 좋은 친구들 조지, 조, 각자의 와이프인 에밀리와 프랜체스카 그리고 에밀리의 여동생 마리는 헛간에 갔습니다. 조지와 조, 각자의 와이프인 에밀리와 프랜체스카 그리고 에밀리의 여동생 마리는 돌아갔고, 잭이 남아 까마귀가 돌아오기를 기다렸습니다. 그러나"

"여기서 잠시 멈추고 이날 무슨 일이 일어났는지 정확히 이야기해 봐야 해요. 분명 여러분 중 몇 명은 이야기가 점점 반복되어 지루하다는 느낌을 가질 텐데요. 여기서 집중해야 합니다. 여러분도 잘 알다시피 농부 잭은 까마귀가 돌아올 때까지 기다렸죠. 잭은 기다리고 기다리고 또 기다리고… 까마귀가 돌아왔습니다. 그리고 마침내 잭은 까마귀를 잡을 수 있었어요. 당연히 아주 평화롭게. [한 학생에게] 놀란 것 같구나. 그런데 까마귀를 잡는 게 우리 이야기의 끝이잖아. 농부에게 무슨 일이 있었던 걸까요? 잭은 그 후에 행복하게 살았고 자신의 친구들인 조지와 조, 각자의 와이프인 에밀리와 프랜체스카 그리고 에밀리의 여동생 마리에게 감사의 카드를 보냈답니다. 또는 이들을 초대해 멋진 만찬을 즐겼답니다. 그리고 까마귀는 농부를 다시는 귀찮게 하지 않았지요. 혹시라도 까마귀가 잭을 다시 귀찮게 해도 까마귀를 어떻게 하면 잡는지 알고 있어요. 당연히 평화롭게죠. 그리고 그 후 행복하게 살았답니다. 여기까지가 오늘의 이야기예요. 그런데 이 이야기는 무엇에 대한 걸까요?"

이야기 후

이야기를 전개하면서 학생들이 서로 대화하도록 자극하기 위해, 학생들에게 제공할 수 있는 질문은 다음과 같다. "까마귀가 4를 셀 수 있지만 5나 6을 셀 수 없나요? 수 세기(count)를 할 수 있다는 게 어떤 의미를 갖죠? 수 세기의 본질이 무얼까요?"

사실, 어떤 동물은 인간처럼 수 감각(number sense)을 갖고 있다. 그러나 인간만이 수를 셀 수 있는 능력을 신장시켰는데, 즉 물건을 세면서 일대일로 대응하는 숫자를 붙였고 순서적으로 마지막 수를 전체 물건의 개수로 정하였다. 앞의 농부와 까마귀 이야기는 어린이들이 (꼭 어린이일 필요는 없다) 수 감각과 수 세기를 구분하는데 도움이 된다.

아주 오래전 동굴 속에 살았던 사람들은 수를 세지 못하였다. 그러나 작은 수에 대해서는 물건의 개수가 다름을 구분할 수는 있었다. 이러한 역사적인 측면에 대한 연구물을 분석한 결과 언어적 성장이 있었음을 확인할 수 있다. 예를 들어, 대부분의 고대 언어가 여전히 존재하는 헤브라이어에서 단어 'many'(harbe)와 단어 'four'(arba)는 어원(root)이 같다. 두 단어의 유사점은 고대에 'many'와 'four'가 비슷하지 않았겠나 하는 점을 남긴다.

수업 시간에 직접 대상을 세어보지 않고도 대상의 개수를 알 수 있는 인간의 양(quantity)에 대한 감각이 가지는 한계를 찾으려는 시도가 이어질 수도 있다. 교사는 개수가 다른 대상을 아주 잠시 보여준다. 물론 직접 세어볼 수 있는 시간적 여유는 없다. 그러나 대부분의 어린이들은 대상의 개수가 4 또는 5일 때 아주 쉽게 그 수를 알게 된다. 5보다 큰 집합에 대해서는 대상이 어떻게 놓여 있느냐(패턴)에 따라 다르다. 예를 들어 다음 그림에 9개와 10개의 대상이 있다. 직접 세지 않고도 그 개수를 쉽게 알 수 있는 것은 대상이 어떻게 패턴화되어 있느냐이다.

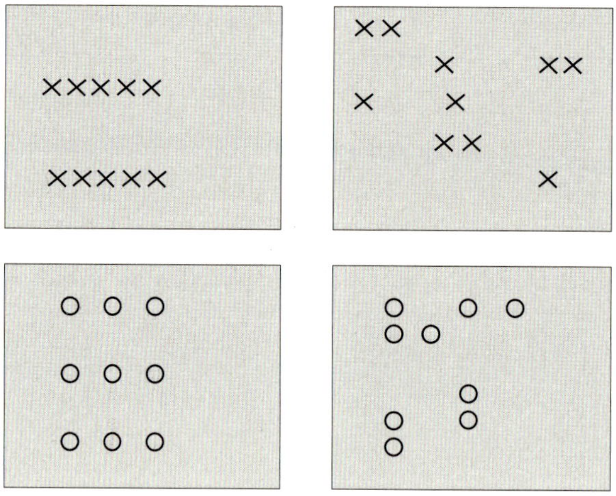

초등학교 1~2학년 저학년들이 수 세기의 놀라움에 대해 공부한다면, 초등학교 3~4학년 고학년들은 자료를 모으는 활동을 함으로써 인간의 양에 대한 감각과 그 결과를 막대 그래프 위에 나타내는 것을 공부한다.

이건■(Egan, 1986)에 따르면, 앞의 까마귀 이야기는 수 감각과 수 세기를 '추상적인 이중대립(abstract binary opposites)'◆으로 경험하게 한다. 그러나 '추상적인 이중대립'이나 어떤 갈등이 이야기 내에 존재하는 것만으로 학생들의 흥미를 부추기지는 못한다. 바로 이 부분을 만들거나 돕는 사람이 스토리텔러이다. 이야기 도중에 목소리를 높인다거나 속도를 바꾼다거나 또는 갑자기 멈추는 등 글에서는 표현할 수 없는 미묘한 차이를 둠으로써 가능하게 된다. 이러한 차이는 바로 이야기를 직접 해보았던 경험에 의해서만 습득될 수 있다.

우리는 학생들이 스토리텔링에 참여할 수 있는 몇 가지 아이디어를 소개했다. 지역이나 등장인물의 이름을 선택할 수 있는 질문이나 여러 가지를 스토리에 추가하여 반

■ Egan, K. (1986). Teaching as story telling: An alternative approach to teaching and curriculum in the elementary school. Chicago, IL: University of Chicago Press.

◆ 2장에서 이미 언급한 바와 같이, 어린이들은 사물을 이중대립을 통해 구분하는 특성을 지닌다. 상황을 이중대립으로 설명할 때 학생들은 더욱 흥미를 느낀다.

복되는 부분을 재구성할 수 있는 질문을 학생들에게 던져 학생들이 스토리텔링에 참여할 수 있게 하였다. 일시적으로 '예상이 빗나가게' 환경을 설정한다면 학생들의 집중과 관심 그리고 흥미를 유지하는데 도움이 될 수 있다.

이즈음 되면, 스토리텔링을 활용할 때 주의사항이나 스토리텔링의 특징을 묻게 된다. 이러한 질문에 대해 전문 스토리텔러가 제공하는 답이 어느 정도는 도움이 될 수 있다. 그러나 스토리텔링을 배우는 가장 최상의 방법은 직접 이야기를 해보는 것이다. 다음은 충고가 될 만한 몇 가지 사항이다.

우선 자기 자신의 단어로 이야기하라. 만약 스토리텔링을 수업에 규칙적으로 활용하려면 '스토리 타임'을 정하여라. 그리고 학생들의 학습을 돕기 위해 선택한 스토리를 이야기하면서 특정한 몸짓이나 포즈를 사용해라. 우화가 시작될 때 가장 많이 들을 수 있는 '옛날 옛날에'로 이야기를 시작하는 것은 좋은 방법이다. 만약 우화와 비슷하게 스토리를 전개하지 않으려면 유머를 사용하는 것도 좋은 방법이다.

청중을 감동시키도록 그리고 청중이 참여할 수 있도록 스토리를 적절히 바꾸어라. 학생들이 직접 제안하는 것을 받아들여 스토리를 다양하게 바꾸어라. 만약 이야기가 반복적인 패턴을 따른다면, 학생 중의 한 명을 선택해 스토리의 일부분을 직접 이야기하도록 수업을 전개할 수 있다. 스토리와 몇 가지 토론이나 활동이 서로 자연스럽게 연결될 수 있도록 하여라. 여러 종류의 스토리를 모은 뒤, 이 스토리들에 익숙해지도록 노력하라. 이때 수학을 잊으면 안 된다. 분명 스토리가 사회적인 논점이나 심리학적인 논점 등을 소개할 수도 있다. 그러나 우리의 주요 목표는 수학 학습을 돕는 것임을 잊지 말아야 한다.

뷰렐(Arthur Burrell, 1926)은 그의 저서 《스토리텔링을 위한 안내서(Guide to Story Telling)》에서 다음의 의견을 제안하였다. "우리가 몇 가지 법칙을 기록하는 순간 [···] 진정으로 가치 있는 것들이 생략될 수 있다"(p. 3). 즉, '진정한 가치'는 글을 읽는 이가 스토리 사이사이에서 찾아내야 한다는 것이다.

4

틀이나 배경을 세우는 스토리

스핑크스의 수수께끼

틀과 중심내용의 차이

스핑크스의 수수께끼

그리스 신화에 따르면, 스핑크스는 여러 모양이 복합된 괴물이다. 여성의 얼굴과 목소리를 지녔으며 사자의 발과 꼬리를 하고, 새의 날개를 가지며 그리핀(griffin)의 갈고리 발톱을 하고 있었다. 스핑크스는 테베 주변의 산에 숨어 여행자들을 기다리다 이들이 지나갈 때 수수께끼를 냈다. 만약 여행자가 수수께끼를 풀지 못하면 스핑크스는 여행자의 몸을 갈기갈기 찢었다고 한다. 스핑크스를 파괴하는 방법은 스핑크스의 수수께끼를 해결하는 사람을 찾는 것이다. 테베 사람들은 이 문제를 해결하는 사람에게 테베를 통치할 수 있도록 했다. 신화에 의하면, 많은 사람들이 통치자가 되고 싶어 이 문제를 해결하려 했으나 모두 잔인하게 죽음을 맞았다고 한다. 결국 많은 사람들이 죽은 후, 오이디푸스가 이 문제를 해결하였고, 스핑크스는 벼랑 아래로 몸을 던져 죽었다. 오이디푸스가 푼 수수께끼는 다음과 같다. 아침에는 네 발로 걸어 다니다가 오후에는 두 발로 그리고 저녁에는 세 발로 다니는 것은 무엇인가?

스핑스크의 수수께끼를 풀게 된 오이디푸스는 테베의 왕이 되었다(또한 자신의 어머니인 여왕 이오카스테와 결혼한다). 사실 수학을 가르치는 것에 대한 논의에서 이 이야기는 전혀 관계없는 것처럼 보인다. 그러나 이 설화는 수수께끼 때문이 아니라 유추(analogy)를 생각하도록 하기 위해 먼저 소개한 것이다.

'스핑크스의 수수께끼' 설화에서 사실 수수께끼 그 자체는 그리 중요한 게 아니다. 다시 말해, 다른 수수께끼여도 된다. 신화 전문가라면 오이디푸스가 푼 이 수수께끼의 답이 '인간'을 언급한다는 특별함을 제안할지도 모른다. 그러나 사실 이 이야기에 다른 수수께끼를 넣어도 된다. 즉, 잊어버린 달러 패러독스, 하노이 탑, 여행하는 세일즈맨 또는 리만의 가설 등과 같은 수수께끼여도 된다. '두 기차 만나기'라든가 '수영장 물 채우기'와 같은 평범한 교과서 문제가 수수께끼로 소개되어도 상관없다. 여기서 우리는 왜 '스핑크스의 수수께끼' 설화를 배경이나 틀로 소개했는지 알 수 있다. 스토리와 문제가 서로 관련되어 제공될지라도, 이 둘은 하나로 인식되기보다 둘로 구분되어 인식된다. 다른 배경 위의 사진 또는 다른 그림틀 속의 그림처럼, 같은 수수께끼도 다른 스토리를 바탕으로 제공되면 다르게 보인다. 비슷하게 다른 문제나 수수께끼가 '스핑크스의 수수께끼' 설화를 배경(또는 틀)으로 하여 소개될 수도 있다. 사실, '스핑크스의 수수께끼'라는 이름의 컴퓨터 게임이나 비디오 게임에서 게이머들은 서로 다른 문제를 푸는 여행자나 모험가로 게임을 즐긴다. 게임에 이긴 상으로는 당연히 왕이 되는 건 아니지만 스릴을 느낄 수 있다.

'스핑크스의 수수께끼'은 '중심내용(focus)인 이야기'와 '틀(frame)인 이야기' 사이의 차이점을 예시화하기 위해 선택한 은유이다. 둘 사이의 차이점을 좀 더 구분할 수 있는 예들을 더 생각해보자.

틀과 중심내용의 차이

탱그램 퍼즐(칠교놀이)은 초등학교 수학에서 사용하는 잘 알려진 도구이다. 학생들은 오락 활동으로 탱그램 조각을 이용해 여러 모양을 만들며 기하 모형들 사이의 관계를 찾는데 사용한다. 학생들은 다양한 모양을 만드는 안내문에 따라 손쉽게 탱그램을 다룰 수 있다. 또한 탱그램을 이용해 스토리를 전개할 수도 있다. 탱그램 퍼즐에 대한 유명한 이야기 중의 하나는 타일을 운반하는 탱 할아버지에 대한 이야기이다.

불행하게도, 탱은 타일을 떨어트렸고 그 결과 타일이 7개 조각으로 깨졌다. 탱은 조각들을 맞추

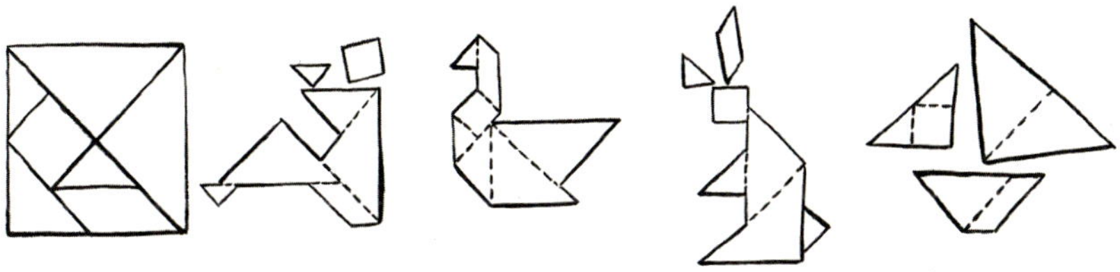

려 노력했지만, 원래대로 되는 것 대신 배나 식물, 동물이나 새 등 놀라운 모양을 만들었다.

이즈음 학생들에게 여러 모양들을 보여주고 탠이 사용한 것과 똑같은 조각을 사용해 이런 모양들을 다시 만들어보도록 안내한다.

〈Grandfather Tang's Story〉, Ann Tompert & Robert Parker, 1997.

타일의 특징(아름답다, 무겁다, 유리이다 또는 대리석이다), 탱이 타일을 옮기는 환경(사랑하는 사람을 위한 선물로, 신에게 제물로 바치기 위해, 고대 박물관으로부터 훔쳐온 것으로) 그리고 떨어트린 이유(약간의 지진 때문, 바나나 껍질에 미끄러져서, 아름다운 여인이 지나가는 걸 보느라)가 아직 부정확하다. 스토리텔러는 이런 부분들을 잘 채워 스토리를 듣는 이가 더욱 흥미롭고 재미있어 하도록 만들 수 있다. 이러한 세부적인 부분을 채우는 것은 상상력이 풍부한 글로 확장될 수 있다. 좀 더 잘 각색된 이야기로 어린이들의 책 《탱 할아버지 이야기》가 있다. 이제 탱의 이야기를 다음 이야기와 비교해보자.

한 달 전까지 퀸트는 그라울렉스의 가장 남쪽 반도인 프레단의 한 마을에서 아주 평범하게 지내고 있었다. 아버지의 항아리 가게에서 하루 종일 일을 하고 저녁이면 친구들과 해변에서 불을 피우고 앉아 이야기를 했다. 인생은 완벽히 평범했고 지루하기도 했다. 퀸트는 모험을 하고 싶었다. 그는 야수와 싸우기도 하고, 신들과 전쟁을 하는 그리고 머나먼 땅을 정복하거나 아름다운 공주와 사랑에 빠지는 꿈을 꾸곤 했다. 바로 지금 이러한 꿈이 현실로 나타났다. 퀸트가 이전처럼 아버지의 가게에서 안전하게 지냈던 것을 원할지라도, 이제는 그 앞에 서 있는 소름끼치는 야수에게서 공주를 포기할 생각이 전혀 없었다. 이 야수는 그가 물리쳐야 하는 가장 최근의 괴물 중 하나이다. 퀸트는 이미 이퀴논의 교활한 스날렉스를 물리쳤고, 겁쟁이 그라도우를 노예로 만들었으며 엔도르 숲에 사는 꼴사나운 베르니드를 멀리 달아나게 했다. 그러나 이번에는 행운이 오질 않았다. 디몬 조스트는 아주 쉽게 그의 무기를 빼앗고 유일한 탈출구인 지팡이 파동까지도 차단했다. 죽음이 바로 앞까지 온 것이다. "너는 공주를 사랑한다, 맞나?", 디몬이 말했다. "너는 공주를 위해 죽어야겠다. 그렇다면 공주의 목숨을 살리기 위해 너의 영원불멸한 영혼을 네게 줄 수 있느냐?" 퀸트는 조스트의 전설을 알고 있었다. 조스트는 상대 적수에게 어려운 문제를 던져 즐기곤 했다. 그래서 퀸트는 물었다. "수수께끼를 내봐라!" 이에 디몬은 다음의 문제를 퀸트에게 던졌다. "여기 탱그램 또는 7개의 기하 모양을 주겠다. 너는 정확히 7분 동안 이 조각을 이용해 7개의 동물을 만들어야 한다. 만약 성공하면 너와 공주 모두 풀려날 것이다. 하지만 그렇지 못하면 나는 너의 영원불멸한 영혼을 가져갈 것이다."

이 깨진 타일에 대한 스토리는 수학적 내용이 잘 섞여 있다. 이때 퀸트의 이야기는 틀 또는 배경으로 활용되고 있다. 다시 말해, 탱의 이야기는 탱그램을 만드는 활동에만 연결되는 반면 퀸트의 이야기는 여러 가지 도전을 함께 포함하고 있다. 사실, 교사는 퀸트의 이야기를 활용하거나 다르게 각색할 수 있으며, 퀸트의 도전과 같이 또 다른 과제를 제공할 수도 있다.

여러 다양한 줄거리는 적절한 틀이나 좋은 배경을 세우는 스토리로 사용될 수 있다. 영웅이 어려움에 직면하여 방해물을 제거하는 스토리에서 영웅이 해결해야 하는 문제가 일반적인 수학 교육과정과 관련된 것일 수 있다.

스토리만이 교육과정의 활동을 포함할 수 있는 유일한 틀은 아니다. 경험 많은 교사들은 제퍼디(Jeopardy) 게임이나 스캐빈저헌터(scavenger hunt; 물건 찾기 게임)와 같은 활동에 수학적 문제를 잘 포함시키기도 한다. 사실, 오래전부터 전해 내려오는 수학

이야기들은 (책에 소개된 이야기일 수도 있고, 수학 교사나 수학을 좋아하는 사람으로부터 입에 입으로 전해 내려 온 이야기일 수도 있고) '재미'로 소개되거나 교육과정 외의 수학으로 소개될 뿐, 매일 진행되는 수학 수업의 기본으로 활용되지는 않는다. 예를 들어, 피보나치수열을 소개한 토끼의 번식에 대한 이야기나 오일러 경로를 소개하기 위해 쾨니히스베르크 다리를 건너야 하는 이야기에는 수학적 내용도 잘 섞여 있고 재미있는 수학적 활동과 연결된다. 그러나 현재 학교 교육과정에서 가르치는 중심 내용은 아니다. 긴 나눗셈이나 인수분해의 어려움을 돕거나, 분수의 덧셈 방법이나 정수의 연산법칙에 의해 연산을 수행하는 방법을 돕는 잘 알려진 스토리는 없다. 이때, 틀이나 배경으로 활용되는 스토리를 이용해 교육과정에서 가르치기 어려운 내용을 담아 새롭게 스토리를 전개할 수 있다.

틀이나 배경으로 활용 가능한 스토리는 세 가지로 구분된다. 첫 번째는 목표를 달성하기 위해 어려움을 극복하는 영웅에 대한 것이다. 앞서 예시한 탱 할아버지 이야기나 스핑크스와 수수께끼는 모두 첫 번째 틀을 가진다. 비슷하게 《아라비안나이트(천일밤 이야기)》에 나오는 셰에라자드에 대한 이야기도 첫째 틀이 잘 보이는 유명한 이야기이다. 선정을 펼치던 아라비아의 왕은 첫째 부인에게 배신당하는 사건 이후로 여성혐오증에 빠지고 여성을 믿지 못하게 된다. 그 뒤로 왕은 여성을 하룻밤의 쾌락의 도구로 사용하고는 다음날 사형에 처하는 가혹한 행동을 반복한다. 셰에라자드도 왕과 결혼한 여성으로 자신의 운명을 미리 예견하고, 왕에게 밤마다 신비롭고 흥미로운 이야기(모험과 음모가 담긴, 긴장감과 놀라움이 있는, 도둑과 왕에 대한 이야기)를 들려준다. 특히 굉장히 긴장되는 순간에 날이 밝아 이야기를 멈춰야 하는 완벽한 타이밍이 계속된다. 그래서 왕은 이야기의 끝을 듣고 싶어 셰에라자드를 계속 살려두었다. 다음날 하나의 이야기가 끝나면 또 다른 이야기가 시작되고 왕은 다시 스릴과 강한 흥미에 푹 빠졌다. 그래서 왕은 셰에라자드를 계속 살려두었다. 이렇게 하루하루가 지난 결과 세 아들을 낳으면서 1000일하고도 하루가 계속된 것이다. 이 이야기는 스토리텔링과 스토리 듣기가 단지 즐거움을 위한 것이 아님을 확연히 보여준다.

《아라비안나이트》가 페르시아인과 중동인의 설화집이지만, 왕이 흥미를 느꼈을 정도로 어떤 이야기는 틀로 사용하기에 적합하다. '알라딘과 요술램프'나 '알리바바와 40인의 도둑'과 같은 아라비아인과 페르시아인에 대한 유명한 이야기들은 사실 아라비아 원작이 아니다. 19세기 초 유럽 번역가들에 의해 이 모음집에 추가된 이야기들이다.

셰에라자드의 이야기를 읽으면서 뚜렷하게 수학과 관련된 무언가가 있는지를 지적하지 않고 그냥 넘어갈 수 있다. 그러나 《아라비안나이트》의 1001을 보고 회문 수(palindromic number)가 있구나 하는 영감을 받는다. 회문 수란 '대칭적 수'로 121, 13531 또는 5665처럼 왼쪽에서 오른쪽으로 읽으나 오른쪽에서 왼쪽으로 읽으나 똑같이 읽을 수 있는 수이다. 초등학교 학생들은 2개나 3개의 숫자로 회문 수를 얼마나 많이 만들 수 있는지 찾아볼 수 있다. 학년이 올라갈수록 더 많은 숫자를 이용해 회문 수를 만들게 된다.

이때, "왕이 숫자 4개인 회문 수를 세어보기 시작했고 결국 잠이 들었다는데, 그렇게 대칭수가 많니?" 또는 "왕은 회문 소수■나 회문 완전제곱에 관심이 있었던 것일까?"라는 질문을 학생들에게 함으로써 학생들이 대칭수와 같은 재미있는 수학을 좀 더 찾을 수 있게 된다.

틀로 사용 가능한 두 번째 스토리는 비밀 암호에 대한 것이다. 어떤 사람이 어떤 곳에서 암호화된 메시지를 남겼다. 그리고 이 암호화된 메시지를 누군가 발견한 것이다. 이 사람은 이 메시지를 해석해야 목숨을 건질 수 있거나 보물을 얻을 수 있거나 공주의 마음을 얻을 수 있거나 명성과 영광을 보장받을 수 있다. 그런데 방정식 풀이나 피라미드의 부피 구하기와 같은 교과서적인 과제가 메시지를 해석하는데 포함되어 있다. 스토리는 이렇게 전개될 수 있다. 학생들이 뒷마당에서 고대 이집트 파피루스를 발견했는데, 파피루스에 적혀 있는 기호가 이집트의 계산법에 따라 기록된 것이 아니었기에 학생들은 이 기호를 해석하려 무척 노력하고 있다. 또는 학생이 현재 학습하고 있는 특정한 지식을 잘 연결하여 숨겨진 메시지를 해독하는 이야기도 가능하다.

■ 회문 소수(Palindromic Prime)란 2, 3, 5, 7, 11, 101, 131, 151, 181, 191, 313, 353, 373, 383, 727, 757 등과 같은 소수로, 거꾸로 읽어도 같은 수가 되는 소수이다.

틀로 활용 가능한 세 번째 종류의 스토리는 합의나 계약에 관한 것이다. 이 방법은 헤븐(Haven, 2000)이 소개한 것으로, 곱셈을 가르치기 위해 스토리를 고안한 초등학교 3학년 교사의 도움이 있었다고 한다.

피승수[■] 아가씨(Ms. Multiplicand)가 있다. 그런데 이 아가씨는 주변의 어떤 사람과도 함께 일하고 싶지 않는 그런 방식으로 행동을 한다. 문제는 아가씨가 곱셈과 관련한 일을 전혀 할 줄 모른다는 것이다. 수의 제왕(the King of Numbers)은 피승수 아가씨의 이런 모습에 무척 화가 났다. 그래서 왕은 곱셈 일을 하는 모든 사람들에게 함께 모여 각자가 맡고 있는 역할을 분명히 설명한 합의문(treaty)을 만들어오도록 지시했다.

결국 이 합의문의 내용은 수업시간에 교사가 소개할 곱셈의 알고리즘이다. 이런 방법으로 많은 다양한 법칙과 과정을 설명할 수 있다. 예를 들어 연산순서를 생각해보자.

옛날 옛적에 사칙연산(operation)들이 서로 먼저 연산을 하겠다며 연산의 순서를 정하느라 다투었다. 테니스를 좋아하는 수의 제왕은 테니스 게임으로 순서를 정하는 게 어떠냐고 제안을 하였다. 첫 번째 게임은 곱셈과 나눗셈이 한 팀이 되고 덧셈과 뺄셈이 한 팀이 되어 팀별 게임을 하였다. 근사한 차이로 곱셈과 나눗셈 팀이 이겼다. 따라서 왕은 곱셈과 나눗셈이 덧셈과 뺄셈보다 먼저 연산을 할 수 있도록 결정하였다. 그런데 곱셈과 뺄셈 중에는 누가 먼저 연산을 해야 할까? 서로가 역의 연산 관계였기에 서로 먼저 해야 한다고 주장하였다. 그래서 곱셈과 나눗셈은 다시 테니스 게임을 하였다. 그런데 승자가 갈리지 않는 상태로 며칠씩이나 게임이 진행된 것이다. 두 선수 모두 동일하게 강력한 힘을 드러내었다. 놀랍게도 덧셈과 뺄셈의 경기에서도 똑같

■ 곱셈에서 곱해지는 수로 '5×2=10'에 5를 말한다. 그리고 2는 곱하는 수로 승수라고 부른다.

은 상황이 벌어졌다. 그래서 왕은 다음과 같은 합의문을 소개했다.

사칙연산이 함께 사용되어야 하는 연산 상황에서는 곱셈과 나눗셈이 덧셈과 뺄셈보다 먼저 연산을 해야 한다. 그리고 곱셈과 나눗셈이 함께 사용되는 상황에서 곱셈이 나눗셈보다 앞에 있으면 곱셈을 나눗셈보다 먼저 연산해야 하며 나눗셈이 곱셈보다 앞에 있으면 나눗셈을 곱셈보다 먼저 연산해야 한다. 비슷하게, 덧셈과 뺄셈이 함께 사용되는 상황에서 덧셈이 뺄셈보다 앞에 있으면 덧셈을 뺄셈보다 먼저 연산해야 하며 뺄셈이 덧셈보다 앞에 있으면 뺄셈을 덧셈보다 먼저 연산해야 한다.

이러한 합의가 정당해보였기에 사칙연산 모두는 동의하고 계약에 사인을 하였다.

최근 맥도널드는 손님이 작은 크기의 콜라나 감자튀김을 무료로 먹을 수 있는 이벤트를 진행하고 있다. 이벤트의 내용은 '100－40÷5'를 계산하는 것이다. 어떤 손님이 답으로 92를 말하였다. 이때 직원은 "손님의 답은 정답 중의 하나입니다"라고 말했다. 손님은 당황스러운 듯 "정답 중의 하나라는 게 무슨 의미이죠?"라고 말했다. 직원은 친절하게 미소를 담아 "가능한 답이 2개랍니다. 하나는 92이구요, 다른 하나는 12랍니다. 대부분의 손님들은 12를 답으로 말씀해주셨어요."

분명한 것은 '직원'이나 '대부분의 손님들' 모두 사칙연산과 수의 제왕이 서로 약속한 합의사항을 잘 모르고 있다는 것이다. 미국에서는 학생들에게 'BEDMAS'[각각은 영어의 괄호(Brackets), 지수(Exponent), 나눗셈(Division), 곱셈(Multiplication), 덧셈(Addition), 뺄셈(Subtraction)의 머리글자다]를 소개하여 사칙연산의 순서를 기억도록 돕는다. 그러나 이 방법은 덧셈이 뺄셈보다 먼저인지 나눗셈이 곱셈보다 먼저인지를 알 수 없다는 어려움이 있다.

이 세 번째 방법을 사용할 때 주의해야 할 사항이 있다. 합의는 인간이 생활하는데 지켜야 하는 법칙 중에서 논리적으로 유도되지 않는 관습을 소개할 때 편리하다. 사칙연산의 순서나 좌표축의 양의 방향을 선택하는 것 등이 관습의 예이다. 왜냐하면 오랫동안 사람들이 연산을 하면서 그리고 좌표를 사용하면서 그렇게 사용하기로 약속하였고 지금까지도 이 약속이 지켜지고 있기 때문이다. 그러나 표준 계산 알고리즘은 다르다. 이러한 알고리즘은 임의로 정해지기보다 논리와 추론에 따라 유도된 것이다.

만약 논리적으로 유도되는 공식이나 정리를 '합의된 결과물'처럼 소개한다면 이는 분명 슬픈 일이다. 예를 들어, 기하 도형의 넓이를 계산하는 공식, 지수의 연산법칙은 학생들의 사전 지식에 기초하여 지도될 수 있다. 그런데 이런 지식조차 '합의된 결과물'로 지도한다면, 학생들에게 도움이 되기보다 해로움이 될 가능성이 높다.

학생들이 수학에 흥미를 갖도록 돕기 위해, 틀로 사용되는 스토리의 가치를 잊어서는 안 된다. 따라서 학생들이 탐구하고 이해해야 하는 수학과 직접적으로 관련이 있는 스토리를 찾아야 한다. 다음 장부터는 수학적 활동과 밀접하게 관련이 되는 스토리, 아이디어를 소개하거나 개념을 설명하고, 질문을 하는데 활용이 가능한 스토리를 설명해보자.

5

가르치려는 내용이 그대로 확인 가능한 스토리와 가르치려는 내용이 섞여 있는 스토리

아르키메데스 이야기

'accompany'와 'intertwine' 구분하기

아르키메데스 이야기의 재논의

'accompany'와 'intertwine'의 차이점을 예로 설명하기

아르키메데스 이야기

– 'accompany'와 'intertwine' 구분하기 –

아르키메데스를 기억하는가? 그에 대한 유명한 이야기가 몇 가지 있다. 하나는 아르키메데스가 목욕을 하면서 물의 높이를 관찰한 이야기다. 이 이야기에서 아르키메데스는 '부력의 원리■'를 발견한다. 이 이야기에 따르면 아르키메데스는 자신의 발견에 너무도 기뻐 목욕 중에 그대로 뛰어나와 시라쿠사 거리를 발가벗은 상태로 '유레카' 즉, "찾았다"라고 소리치며 뛰어다녔다고 한다. 그가 찾은 원리는 금세공인이 은이나 구리와 같은 물질을 금 대신 사용했는지 아닌지를 결정하기 위해 순금으로 만든 왕관의 부피를 측정하는 방법이었다.

다른 이야기는 아르키메데스의 죽음에 대한 것이다. 가장 잘 알려진 이야기로는 모래 위에 기하 도형을 그리는 아르키메데스를 로마 군사가 죽였다는 것이다. 아르키메데스가 그림을 그리고 있을 때, 군사가 다가왔고 군사의 그림자가 그림의 일부를 가렸고 아르키메데스가 군사에게 "내 원을 가리지 마라"라고 말하였는데, 군사는 자신에게 무례하게 행동한 것을 참지 못해 아르키메데스를 죽였다는 것이다. 비슷한 내용이지만 다르게 알려져 있는 이야기도 있다. 군사가 아르키메데스에게 하던 일을 그만 멈추라고 했지만, 지금 연구하고 있는 문제를 끝내기 전에는 그만두지 않겠다며 군사의 말을 거절했다는 것이다.

위의 두 이야기 모두 순전히 허구이다. 그렇다고 역사적인 사실을 논하려는 것은 아니다. 사실이든 허구이든 위의 두 이야기는 모두 우리의 영웅에 대한 천재적인 인간성을 기반으로 한다.

첫 번째 이야기는 발견한 사실에 대한 상당한 도취감(euphoria; 자신의 행동을 논리

■ 물체를 유체에 넣을 때 물체가 받는 부력의 크기는 물체의 부피와 같은 양의 유체에 적용하는 중력의 크기와 같다.

적으로 사고하는 게 더 이상 불가능할 정도로 즐거움이 벅차오른 상태)을 보여준다. 두 번째 이야기는 자기 주변의 현실과 동떨어져 수학적 활동에 깊이 관심을 갖고 있음을 보여준다. 이러한 인간성은 학습자(어린 학습자든, 나이가 많은 학습자든)의 상상력을 자극하며 이 이야기를 여러 번 읽도록 자극한다.

여기서 두 이야기 사이에는 중요한 차이점이 있다. 두 번째 이야기는 아르키메데스에 대한 것이다. 반면 첫 번째 이야기는 아르키메데스에 대한 것이면서 동시에 과학과 수학에 대한 것이다. 즉, 두 번째 이야기에는 아르키메데스가 어떠했다는 것만을 전개하고 있는 반면, 첫 번째 이야기는 부피나 부력과 같은 내용을 소개하는 방향으로 수업이 연장되거나 이러한 내용을 조사해보는 방향으로 수업이 계속 진행될 수 있다.

두 이야기를 고려하건대, 내용을 그대로 담은(accompany) 스토리와 내용이 섞여 있는(intertwine) 스토리■로 구분된다. 수학사나 수학자의 삶에 대한 정보와 같이 '내용을 그대로 담은 스토리'를 전개하는데 사용되는 이야깃거리는 상당히 많다(NCTM, 1989 참고).

반면 '내용이 섞여 있는 스토리(수학적 내용이 스토리를 통하여 분명해지며 스토리 내에서 직접 확인되지 않고 스토리에 섞여 있음)'를 전개하는데 사용되는 이야깃거리는 쉽게 찾을 수 없다. 그러나 이러한 스토리를 만들어 학습에 도움이 되도록 사용하는 것은 교사의 몫이다. 둘 사이의 차이점을 좀 더 확실히 하기 위해 다른 종류의 이야기를 논해보자.

■ 'accompany'를 '가르치려는 내용이 그대로 확인 가능한'으로 번역했으며 'intertwine'을 '가르치려는 내용이 섞여 있는'으로 번역했다. 우선 영어 사전의 의미로는 'accompany'가 '동반하다'이고 'intertwine'이 '얽혀 있다'로 가르치려는 내용이 이야기 안에 '곧바로' 확인 가능하냐 아니면 '해석하거나 분석해야' 확인 가능하냐로 구분될 수 있다. 즉, 'accmpany'는 이야기 안에 가르치려는 내용이 그대로 확인이 가능하여 따로 해석할 필요가 없지만 'intertwine'은 이야기 안에 내용이 섞여 있어 직접적으로 드러나지 않으며 이야기를 해석하여 숨겨진 내용을 찾아야 한다.

아르키메데스 이야기의 재논의

– 'accompany'와 'intertwine'의 차이점을 예로 설명하기 –

시라쿠사 거리를 발가벗고 뛰어다닌 아르키메데스의 이야기를 다시 해보자. 2장에서도 이미 언급했던 것과 같이, 이야기에 서로 '반대' 성향을 등장시키게 되면 이 이야기를 읽는 이와 학습자는 더욱 관심을 갖게 된다. 앞서 언급한 아르키메데스의 이야기는 학생들이 관심을 갖도록 하기 위해 그리고 학생들의 감정을 다양하게 부추기기 위해 서로 반대되는 성향을 등장시켜 다양한 방향으로 재구성될 수 있다(Egan, 1997). 예를 들어, 아르키메데스를 개인위생에 전혀 관심이 없는 도시의 괴짜로 이야기를 바꾸어보자.

> 마을 사람들은 이 사회의 단정치 못한 구성원을 위해 목욕시킬 계획을 꾸민다. 결정의 날에 이들은 아르키메데스의 집에서 그를 유괴하여 거리를 지나 지역 목욕탕으로 그를 옮겼으며 옷을 모두 벗기고 목욕을 시작한다. 그런데 욕조에 아르키메데스를 담그자마자 다시 욕조 밖으로 뛰쳐나와 목욕에 참여한 사람들에게 '유레카'라 외치고는 벌거벗은 채로 집으로 달려간다.

이러한 이야기 전개는 이성적인 도시 사람들과 반대되는 괴짜 수학자를 설정하여 수학자의 괴짜 본성을 강조하도록 한다. 줄거리를 좀 더 상세하게 전개시키면 이러한 감정은 더욱 양극화될 수 있다.

또 다른 예로, 위층에 아르키메데스가 살고 있는 젊은 가족에 대한 이야기를 할 수도 있다.

'수학자 씻기기' 캠페인을 계획한 마을 의회에 한 엄마의 민원이 들어왔다. 마루로 스며드는 악취가 자신들의 삶을 힘들에 만든다는 것이다. 그녀의 딸은 악취 때문에 더 이상 먹지 못해 결국 병이 들었다고 한다. 비이성적인 아르키메데스와 불쌍하고 아무 죄 없는 젊은 가족을 등장시켜 이야기를 듣는 이가 마을 사람들을 측은하게 느끼도록 할 수 있다.

그러나 이번에는 아르키메데스가 왕을 위해 문제를 해결해야 하는 상당히 절박한 상황임을 강조할 수도 있다. 왕관 이야기는 다음과 같다.

왕관을 만든 금세공인은 여기저기를 떠돌아다니는 떠돌이이며 왕관을 만든 뒤 며칠 만에 이 도시를 떠날 것이다. 왕은 아르키메데스에게 순금만으로 왕관이 만들어졌는지 아니면 은이나 구리와 같은 물질이 섞여 있는지를 결정하는 과제를 맡겼다. 만약 아르키메데스가 이 문제를 풀기 전에 금세공인이 이 나라를 떠난다면, 아르키메데스는 평생 시라쿠사를 강제로 떠나야 한다. 따라서 아르키메데스는 5일 동안 쉬지도 않고 먹지도 않고 문제를 풀고 있다. 그는 잠도 안 잤으며 당연히 목욕도 안했다.

이처럼 포악한 왕과 대비하여 불쌍한 아르키메데스를 설정하면 '아르키메데스가 목욕탕을 벌거벗은 채로 뛰어나가도 괜찮아'라고 생각하게 된다.

학생들은 각색된 이야기를 나름대로 재미있어 한다. 그러나 모두 동일하게 부족한 부분이 있다. 학생들의 관심이나 감정을 수학 쪽으로 끌지 못하고 있다. 즉 새로운 무언가를 소개하는 스토리의 특징만을 보인다. 학생들은 앞의 이야기에 어느 정도 관심을 보인다. 왜냐하면 앞에서 언급한 이중대립이 잘 드러나도록 이야기가 전개되기 때문이다. 그러나 학생들이 진정으로 스토리(스토리의 주제)에 관심을 가지려면, 무언가를 단순히 소개하는 스토리보다 질문을 제공하는 스토리나 주제가 잘 섞인 스토리로 재구성되어야 한다.

위 이야기에서 활용할 수 있는 질문은 "욕조의 물이 넘쳤습니다. 얼마나 많은 양이 넘쳤을까요? 그리고 우리의 영웅이 목욕탕을 뛰쳐나갔을 때 물은 어떻게 되었을까요?"이다. 이러한 질문들은 물이 담긴 용기에 여러 물건들을 넣고 배수량을 측정하여 가설을 세우는 경험을 안내할 수 있다.

좋은 스토리는 수업을 풍부하게 하는 훌륭한 도구로 학습을 돕는다. 아르키메데스, 바르톨로뮤 그리고 원의 측정에 대한 이야기를 다시 해보자. 바르톨로뮤가 여러 예를 이용해 힘들고 어설프게 원을 측정한 것과 아르키메데스가 우아한 해법을 이용해 원을 측정한 것(이중대립이 보임)을 포함한 이야기는 원둘레, 아르키메데스, 고대 목공예(ancient woodworking craft), 그리고 자메이카 등의 주제를 소개하는데 사용 가능하다. 그러나 이렇게 잘 구성된 이야기를 단순히 주제를 소개하는 용으로만 사용한다면 부끄러울 것이다.

다음의 이야기는 바르톨로뮤와 아르키메데스에 대한 이야기가 수학적 활동과 통합하기 위해 어떻게 사용 가능한지 그리고 수학적 내용을 더욱 깊게 연관 짓기 위해 어떻게 확장 가능한지를 보여준다.

우선, 바르톨로뮤와 아르키메데스에 대한 이야기를 어떻게 수학적 활동과 잘 엮을 수 있을까? 바르톨로뮤의 방법을 사용하여 원을 측정하는 상황으로 시작할 수 있다. 학생들은 몇 개의 둥근 것을 선택한다. 동전이 될 수도 있고, 컵이나 접시 그리고 쓰레기통 등 교실 주변에서 쉽게 찾을 수 있는 것이면 된다. 원의 크기가 모두 다르면 더욱 좋다. 학생들은 여러 원의 지름과 둘레(원주)를 측정하고 표에 그 결과를 기록한다. 표는 다음과 같다.

	원둘레(C)	지름(D)	C:D
동전	68mm	23mm	2.96
쓰레기통	185cm	57cm	3.25
유리잔	10개 종이클립	3개 종이클립	3.3
접시	682mm	213mm	3.2
카펫의 문양	14m	5m	2.8
CD	28 손가락마디	9 손가락마디	3.11
둥근 모형	?	?	3.07

표를 다 채운 뒤, 흥미로운 무언가를 알았는지, 지름이 주어지면 둘레를 예측할 수 있는지 또는 지름이 7이고 원둘레가 47이라면 타당한지를 학생들에게 질문한다. 이러한 활동을 통해 학생들은 원둘레로 기록한 수가 지름으로 기록한 수보다 약 3배 정도 크다는 것을 알아챌 것이다.

원둘레와 지름의 첫 번째 행을 채우도록 돕고, 이 둘 사이의 관계를 가정한 후 나머지 행을 채우면서 원둘레와 지름의 비율을 공식화하도록 돕는다. 원둘레와 지름의 비율이 약 7인 원이 있을까?

이 이야기는 매혹적인 상수 중의 하나인 π 와 그 근삿값을 소개하는 방법이 될 수 있다. 학교에서는 π 를 22/7이나 3.14로 가르친다. 그러나 이 값은 어디에서 온 것일까? π 와 같이 학교에서 지도되고 있는 상수나 여러 가지 공식들은 어떻게 발생한 것일까?

대부분의 학생들은 교사로부터 어떠한 부연설명 없이 이러한 수학적 결과물을 전달받거나 교과서에 적혀 있는 것을 확인함으로써 알게 된다. 그리고 이러한 수학적 결과물을 정확하게 적용하는 것을 배운다. 그렇다면 학생들은 이러한 수학 공식들이 어떻게 그리고 언제 발생했는지 궁금해할까? 학생들에게 어떤 값과 공식을 알 때 원둘레를 계산하는 과제를 제공할 수 있다. 더불어 학생들이 원주율의 값을 이끌어내는 것도 하나의 과제가 될 수 있다. 그렇다면 원주율 π 의 값은 어떻게 결정된 것일까? 이미 둥근 물체의 주위를 끈으로 감아 정확하게 원주율의 값을 예측할 수 없다는 것을 안다. 그렇다면 다른 방법은 없을까?

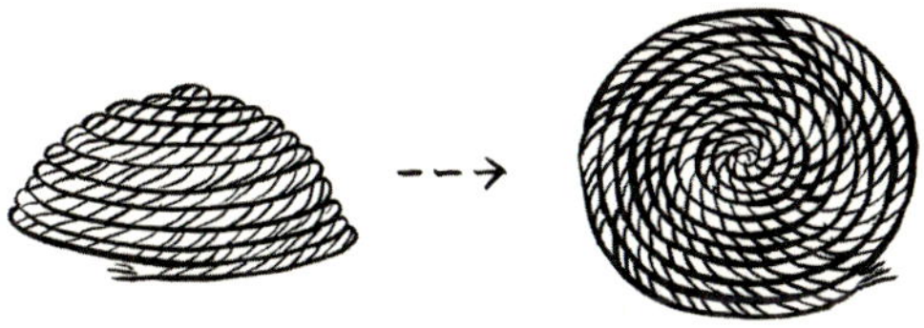

물론 '누군가가 원주율을 정확히 계산한 엄청난 성취'에 대하여 이야기를 구성하는 것은 가능하다. 학생들이 누군가의 경험을 다시 체험하는 것은 상당한 도전이며 상당히 가치 있다. 학생들이 아르키메데스의 방법에 따라 다각형에 내접하는 원을 그리고 외접하는 원을 그리면서 π를 예측하고 더욱 정확한 어림값을 경쟁하는 수업을 진행할 수 있다. 그러나 학생들의 수준에서 정다각형을 구성하는 게 실제적으로 어렵다. 따라서 '원에 내접하고 외접하는 다각형이 정다각형일 필요가 없다'에 대하여 이야기를 구성한 뒤 아르키메데스를 찬성했던 분위기를 바꾸어 바르톨로뮤를 찬성하는 쪽으로 이야기를 꾸며보자.

그러나 바르톨로뮤는 은퇴 전에 어떻게 해서든 아르키메데스에게 한 가지를 지적해주었다. 사실 아르키메데스가 상당히 똑똑한 것은 사실이지만, 대칭에 집착하는 성향이 있었다. 아르키메데스의 삶 어떤 것도 모두 대칭적이었다. 그는 글쓰기를 배울 때에도 대칭성에 대한 강박관념 때문에 양손으로 글을 썼다. 이러한 그의 집착 때문에, 아르키메데스가 원을 측정하려 시작할 때 엄청난 시간 동안 원에 내접하고 외접하는 다각형을 정확히 대칭적으로 만들려고 노력했다. 그래서 그는 지금의 정다각형이라 부르는 것을 만들었다. 이때, 바르톨로뮤도 아르키메데스의 방법을 천천히 실행해보았다. 그 결과 바르톨로뮤 역시 이 기술에 아주 익숙해졌고 이 방법으로 원의 둘레를 쉽게 구할 수 있었다. 이상한 것은 바르톨로뮤가 아르키메데스보다 원의 둘레를 훨씬 빠르게 측정하는 것 같았다. 바르톨로뮤의 측정을 지켜본 아르키메데스는 바르톨로뮤의 방법은 수준이 낮기 때문에 더 빠르게 원의 둘레를 측정한 거라고 생각했다(여기서 바르톨로뮤는 아르키메데스와 다르게 정다각형이 아닌 다각형을 이용했다). 그러나 아르키메데스가 분명히 알아야 할 것은 원의 둘레를 정확히 측정하기 위해 원에 내접하고 외접하는 다각형이 정다각형일 필요가 없다는 것이다. 그렇다면 바르톨로뮤의 방법이 옳을까?

여기서 아주 훌륭한 활동이 이어진다. 학생들은 원에 내접·외접하는 사각형으로 네 변의 길이가 똑같은 사각형을 그리기도 하고 그렇지 않은 사각형을 그리기도 하는 등 다양한 사각형을 직접 그려본다. 그러고 나서 이 사각형들의 둘레의 길이를 측정하여 평균을 낸다. 같은 방법으로 오각형, 육각형 등도 시행한다. 이때, 학생들은 정다각형을 만들기 위해 정확히 정다각형을 만들 수 있는 수치가 찍힌 자나 각도기와 같은 도구를 사용하면 안 된다.■ 아마도 몇 개의 다각형은 훨씬 정다각형처럼 보일 것이다. 학생들의 결과와 아이디어를 조합한 후에 이야기를 계속한다.

나중에 알고 보니 바르톨로뮤의 지적이 옳았다. 간혹 바르톨로뮤는 원의 둘레를 정확히 측정하기 위해 더 많은 변의 다각형을 그려야 했다. 그러나 정다각형을 그리지 않았기에 다각형을 쉽게 그릴 수 있었다. 바르톨로뮤는 자신의 방법을 이용해 상당히 많은 돈을 벌었고 일을 그만둔 후에 이 돈으로 자메이카에 가서 여생을 편해 보냈다. 그 동안 시라쿠사에서 아르키메데스는 자신의 일에 매진하고 있었다. 결과적으로 아르키메데스는 자신의 열정을 담은 문제 — 원의 둘레와 지름 사이의 특별한 관계인 원주율 π의 값 구하기 — 를 소개할 수 있었다.

아르키메데스가 드디어 원주율을 찾았기 때문에 여기서 위의 이야기를 멈추려 한다. 부수적으로 원주율 π를 계산한 아르키메데스 방법은 17세기까지 가장 정확한 값이었고 미적분이 연구되면서 원주율을 더욱 정확하게 측정하였다(이러한 사실을 위의 이야기에 추가하여 이야기를 전개할 수도 있다). 다각형을 원에 내접하고 외접하는 방법으로 아르키메데스는 소수점 둘째 자리까지 π를 정확하게 측정하였다. 기원전 약 300년경에 아르키메데스가 측정한 π의 값은 다음과 같다.

■ 이렇게 자나 각도기를 사용하지 않는 이유는 아마도 아르키메데스와 바르톨로뮤가 살았던 당시에 이러한 정확한 측정 도구가 없었고 학생들도 이러한 분위기처럼 사용하지 않아야 한다고 본 것 같다.

$$3\frac{1}{7} > \frac{14688}{4678\frac{1}{2}} > \pi > \frac{6336}{2017\frac{1}{4}} > 3\frac{10}{71}$$

소수 여섯째자리로 계산하면

$$3.142857 > 3.142827 > \pi > 3.140910 > 3.140845$$

이고 소수 둘째자리까지 π의 값으로 사용되는 3.14와 정확히 같음을 알 수 있다.

사실, 많은 수학자들은 π의 정확한 값을 결정하는데 상당한 관심을 가졌다. 오늘날 π는 무리수이고 비순환무한소수(소수점 아래 수가 끝없이 계속 나열되며 반복되는 패턴이 따로 있지 않은 수)라 가르친다. 사람들은 슈퍼컴퓨터와 복잡한 알고리즘으로 π를 계산하여 소수점 아래 수만 개의 수를 찾았다. 아치형 문을 짓거나 비행기와 우주선을 디자인하기 위해 π를 이렇게까지 알 필요는 없다. 그러나 사람들은 소수점 아래의 더 많은 수를 계산하고자 하는 강한 궁금함에 이끌려 계속해서 π를 계산하는 것이다. 궁금함과 관련한 부분은 다음에 논의하기로 하자.

아르키메데스와 바르톨로뮤의 이야기는 몇 가지 이중대립이 확인된다. 엉성한 구성 대 정교한 구성, 대칭다각형 대 비대칭다각형, 지루한 계산 대 능률적인 계산. 이러한 특성들을 활용해 '단순히 무언가를 소개하기 위한 이야기'가 '활동을 함께 이끄는 이야기'로 그리고 교과 내용을 더욱 깊이 있게 고민하는 이야기로 어떻게 확장 가능한지를 설명하였다.

6

도입을 위한 스토리

개념과 아이디어를 도입할 때 상당히 도움이 되는 스토리가 있다. 그리고 수학적 활동을 안내하거나 유발하는데 사용되는 스토리도 있다. 많은 스토리들이 개념과 활동을 도입하는데 활용될 수 있다. 이 장에서는 몇 가지 그런 종류의 스토리를 소개한다.

아노의 신기한 곱셈 병

- 계승에 대한 스토리 -

개념을 도입하기 위한 스토리의 예로써 《항아리 속 이야기》을 생각해보자. 이 책은 큼직한 그림과 약간의 글이 담긴 너무도 멋진 동화책으로, 출렁이는 바다를 떠다니는 병(jar)에 대하여 이야기하고 있다.

바다에 어떤 섬 하나가 있다. 이 섬에는 2개의 나라가 있다. 각 나라에는 3개의 산이 있다. 각 산에는 4개의 성벽으로 둘러싸인 왕궁이 있다. 각 왕궁에는 5개의 마을이 있다. 각 마을에는 6개의 집이 있다. 각 집에는 7개의 방이 있다. 각 방에는 8개의 찬장이 있다. 각 찬장에는 9개의 상자가 있다. 각 상자에는 10개의 병이 있다.

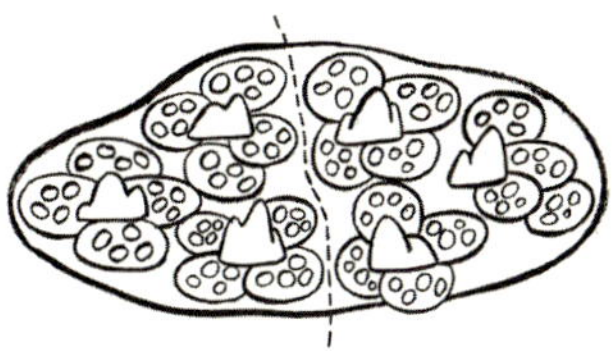

그렇다면 이 섬에는 몇 개의 병이 모든 상자에 담겨 있을까? 이 질문은 책 읽기를 잠시 멈추게 하는 시점이 된다. 이 책은 계속해서 계승의 아이디어와 수학적 기호(!)를 소개할 것이다. 그래도 학생들은 이즈음에서 잠시 책 읽기를 멈추고 병의 개수가 모두 몇 개인지 생각해야 한다. 규칙성과 개념은 다음과 같이 체계적으로 전개될 수 있다.

$2 \times 1 = 2! = 2$	나라의 수
$3 \times 2 \times 1 = 3! = 6$	산의 수
$4 \times 3 \times 2 \times 1 = 4! = 24$	왕국의 수

나머지를 계속 연장하여 놀랄 만큼 커다란 수 3,628,800을 소개할 수 있다.

$$10 \times 9 \times 8 \times 7 \times 6 \times 5 \times 4 \times 3 \times 2 \times 1 = 10! = 3{,}628{,}800$$

학생들이 이야기의 상황을 그림으로 그리면서 집의 수, 방의 수 등이 엄청나게 많아진다는 것을 확인했을 때, 기호 !가 큰 수를 아주 간단히 표현한 기호임을 이해하게 된다. 더불어 2!, 5! 등의 계산 값이 얼마나 큰지 상상하려 한다. 물론, 교사가 가르치는 시간을 줄이고 싶어 계승의 개념을 한 줄로 정의하여 소개할 수도 있다.

$n!$이란 1부터 n까지의 자연수의 곱이다

$$n! = 1 \times 2 \times 3 \times \cdots \times n$$

그러나 학생은 스토리를 읽으면서 그 안에 포함된 개념을 분명하게 이해한다. 따라서 수학을 지도하기 위해 스토리텔링, 즉 스토리를 선택하고 들려주는 시간이 상당히 중요하다.

일단 학생들이 계승의 아이디어를 이해하면, 관련된 스토리에 소개된 5!, 8!, 10!나 12! 등을 계산한다. 다음은 실제로 있었던 이야기이다.

오래전, 컴퓨터가 최초로 만들어졌을 때에는 지금과 같이 무릎 위에 올려놓거나 손으로 잡을 수 있는 정도의 크기가 아니었다. 컴퓨터들이 몇 개의 방에 놓여 있었다. 시간이 지나 20세기 중반 즈음, 수학적으로 마음이 맞는 어느 학생 그룹이 상당히 놀라운 컴퓨터 프로그래밍■ 을 소개하였다. 이 방법은 컴퓨터에서 실행하지 않아도 되는 방법이었다. 그 대신, 프로그램을 종이 위에 작성하고 명령어(command)에 따라 점검하고 작성된 과정을 컴퓨터가 어떻게 처리할 것인지를 예측해야 했다.

어느 날 이 학생들은 지역 대학의 컴퓨터과를 방문할 수 있게 되었고, 컴퓨터과의 커다란 컴퓨터에 자신들이 작성해온 프로그램을 실행시킬 수 있는 기회를 가졌다. 이곳의 컴퓨터는 외부에서 보기 힘든 컴퓨터였고 가격도 매우 비쌌기 때문에 학생들에게 정말 좋은 기회였다. 물론 컴퓨터과에서 실습할 수 있는 시간이 정해져 있었기에 교사의 지시에 따라 학생들은 프로그램을 조심스럽게 실행하였다. 그러나 항상 일어나는 상황처럼 학생 중의 한 명이 다른 친구들보다 프로그램 실행을 먼저 끝냈고 기다리기 지겨워진 나머지 100!을 계산할 수 있는 프로그램을 컴퓨터에 지정한 것이다. 이 학생이 작성한 프로그램은 다음과 같이 간단했다.

```
counter = 1
factorial = 1
    while counter < 101
        factorial = factorial * counter
        counter = counter + 1
end
```

그런데 큰 컴퓨터가 이상해졌다. 컴퓨터가 처리하기에는 그 수가 너무도 컸기 때문이다. 컴퓨터 수리공이 다시 정상적으로 컴퓨터가 작동하도록 수리하는데 몇 시간이 걸렸다. 결국 이 학생은

■ 베이직(Basic)과 같은 프로그램언어가 이 프로그래밍의 일종이다. 중등에서 지도하는 '알고리즘과 순서도'가 그 예이다.

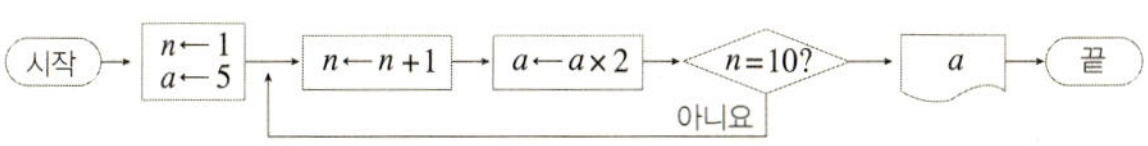

이때, 문제의 해답에 이르는 유한 번의 계산 절차 또는 처리 순서를 그 문제에 대한 알고리즘(algorithm)이라 하고, 알고리즘을 알아보기 쉽게 그림으로 나타낸 것을 순서도라고 한다(교과서 참고).

컴퓨터 수업에서 제명되었다. 그리고 학생을 인솔했던 교사가 다시 학생들과 함께 이 대학의 컴퓨터과를 방문한 것은 3년 뒤였다. 믿거나 말거나, 이 이야기는 실제 이야기이다.

100! 라는 수는 우리가 상상하기 힘든 수이기도 하기만 컴퓨터가 계산하기도 쉽지 않은 수이다. 지금의 컴퓨터는 100!을 계산한다고 망가지지는 않는다. 하지만 1,000,000!에 대해서는 오류가 날 수도 있다. 학생들은 간혹 자신의 계산기가 어디까지 계산할 수 있는지 시험하고 싶어 한다. 다행히도 계산기가 실행할 수 없는 연산을 계산기에 기록해도 계산기는 더 이상 망가지지 않는다. 그냥 오류(error) 메시지만 생긴다.

다음 이야기 또한 큰 수를 소개하는 이야기이다. 이 수는 적은 수에서 빠르게 큰 수로 늘어나는 수이다.

체스판의 곡식

-지수적 성장에 대한 스토리-

큰 수는 매력의 근원이다. 어린 아이들은 '가장 큰 수란 무엇일까' 그리고 '가장 큰 수를 세어보는데 얼마나 오랜 시간이 걸릴까' 하는 것을 궁금해한다. 어떤 아이들은 단순한 규칙에 따라 큰 수가 빠르게 얻어지는 것에 놀라기도 한다. 그런 규칙 중의 하나인 지수적인 성장은 오랫동안 자연수가 무한히 많다는 생각을 가진 사람들도 궁금해하던 대상이다. 지수적 성장의 아이디어를 소개하는 이야기는 아주 많다. 다음의 이야기에는 슬프고 삶이 따분한 왕과 체스게임을 만든 기발한 발명가가 나온다.

옛날 옛적에 왕이 있었다. 이 왕은 매우 지루했고 그래서 재미있는 오락물과 지적으로 도전할 수 있는 어떤 것을 찾고 있었다. 또는 이 왕은 이웃 왕국으로부터 침략을 받았지만 이 전쟁에서 큰 승리를 거뒀다. 그러나 이 전쟁에서 아들의 목숨을 잃어 상당한 슬픔에 잠겨 있었다. 왕의 충신은 왕을 즐겁게 할 방법을 찾고 있었다. 아마도 왕의 신하이기에 해야 할 임무일 수도 있고 아니면 왕이 너무 슬퍼한 나머지 왕궁을 돌보지 않을까 하는 걱정에서일 수도 있다. 이 또한 어떠하든 많은 사람들이 왕을 즐겁게 할 여러 매력적인 것을 가지고 왔다. 2개의 머리를 가진 뱀, 발가락으로 맥주병 18개를 들 수 있는 난쟁이 그리고 7개의 조종 장치로 작동이 되는 닌텐도 비디오 게임 등. 그러나 왕은 어떤 것도 흥미로워 하지 않았다. 어떤 남자가 체스 게임을 가지고 오기 전까지.

만약 아들의 목숨을 잃은 왕에 대한 이야기로 줄거리를 전개하려면, 체스게임을 좀 더 친근하게 느끼도록 돕기 위해 '전쟁에서 이기기 위해서는 장교가 희생되어야 한다는 것을 왕에게 설득시키기 위해 체스게임이 만들어졌다'■를 추가할 수도 있다.

왕은 게임을 사랑했다. 아니, 사랑한 것뿐 아니라 찬양했고 완전히 중독되었다. 그리고 자신의 모든 신하와 가족들에게 체스게임을 배우라고 지시했으며 명망 있는 체스게임 시합을 주최하였다. 전해 내려오는 이야기에 의하면 이 왕의 후손 중의 한 명이 바비 피셔◆ 라고 한다.

그래서 왕은 체스 발명가를 불러 고마움에 대해 선물을 고를 수 있는 기회를 주었다. 그러나 그는 어느 것도 원하지 않았다. 그가 원하는 것은 단지 조금의 곡식이었다. 특히 그는 체스판 위의

■ 체스게임은 두 왕국이 서로의 땅을 차지하는 게임이다. 따라서 상대방의 땅을 차지하려면 분명히 장교와 같은 누군가가 희생이 되어야 한다. 만약 이 이야기에 이러한 의미의 글을 추가하면 좀 더 체스게임을 쉽게 이해할 수 있을 것으로 저자는 지적한 것이다.

◆ Bobby Fischer(본명:로버트 제임스 피셔). 미국 체스의 대가(1943~2008). 전미 선수권 8연패를 하였고, 소련의 보 리스 스파스키(Boris Spassky)를 물리치고 세계 선수권을 차지(1972~1975)했다.

첫 번째 칸에 밀 한 톨, 체스판 위의 두 번째 칸에 밀 두 톨, 세 번째 칸에 밀 4톨, 네 번째 칸에 밀 8톨, 다섯 번째 칸에 밀 16톨, 그 다음 칸에 밀 32톨 등을 원했다. 왕은 그의 겸손한 제안에 상당히 놀랐다. 왕은 즉시 신하를 불러 체스 발명가에게 주어야 하는 밀의 양을 계산하도록 지시를 내렸다.

여기서 멈추자. 절대 서두르지 마라. 어떤 교사들은 당장 그 답을 학생들에게 제시할 것이다. 그러나 차라리 학생들에게 계산기를 준비하라고 제안해야 한다. 어쨌든 왕의 신하와 다르게 학생들은 계산기를 가지고 있다. 예상컨대, 학생들은 너무도 큰 수에 압박을 느껴 계산을 포기할 것이다. 이즈음 이야기를 다시 시작하여 끝까지 들려주도록 한다.

다음 날 왕은 밀의 양을 계산하도록 지시를 내렸던 신하에게 답이 없음을 알았다. 그 다음 날도. 다섯째 되는 날도 여전히 답이 없었다. 10일이 되는 날 신하는 왕에게 답 대신 이상한 소식을 전하였다.

"왕궁에는 그 사람이 요구한 양의 밀이 존재하지 않습니다."

이제 왕은 어떻게 해야 할까? 제안을 지키지 못하게 되었다고 용서를 구해야 할까? 그 남자의 오만한 요구를 이유로 이 남자를 처형해야 할까? 이 남자를 수학과 게임 문제를 다루는 왕의 개인 신하로 임명해야 할까?

이야기를 전개하는 사람이 위 이야기의 마지막을 결정하면 된다. 위 이야기의 다른 버전으로 《왕의 체스판》이 있다. 이 이야기를 다양하게 바꾸고 확장하는 것은 12장에 소개되어 있다. 또 《쌀알 한 톨》에는 지금 유명하게 읽히고 있는 또 다른 버전의 이야기가 포함되어 있다. 여기에서 체스 발명가는 젊은 여성이며 밀 대신에 쌀이 소개되고,

왕은 100년 동안 체스 발명가의 마을 사람들을 부양한다. 어떤 스토리텔러는 이야기를 이처럼 달리 바꾸어 전개하는 걸 좋아한다. 학생 중에는 이렇게 간단해 보이는 계산이 어떻게 엄청 큰 수가 되는지 오랫동안 궁금해할 수 있다. 예전에 어떤 학생이 위 이야기의 수학적 결과가 무엇인지 찾으려 노력하여 답한 적이 있었다. 그러나 밀의 수를 계속 계산만 했을 뿐 그 수가 얼마나 큰지를 직관적으로 받아들이지는 못했다.

The King's Chessboard, David Birch, 1993.

One Grain of Rice, Demi,

천장의 파리

– 좌표평면에 대한 스토리 –

학교에서 학생들은 데카르트 좌표(Cartesian coordinates)를 x-y축으로 여길 때가 있다. 좌표체계는 실수값 (x, y)와 평면 위의 점 사이에 일대일 대응이 있음을 보여준다. 17세기 데카르트가 소개한 좌표체계는 대수와 기하를 연결하여 현재 해석기하(Analytic Geometry)라고 불리는 영역을 창안하였다.

수학에 데카르트의 이러한 아이디어가 포함되기 전에, 대수와 기하는 서로 관련이 없는 영역인 것처럼 보였다. 좌표체계는 대수 방정식으로 기하 곡선을 나타낼 수 있는 기회가 되었으며 해석기하라는 새로운 영역이 소개된 것이다.

많은 획기적인 발명품들은 이야기를 통해 소개될 수 있다. 앞에서 이미 언급한 아르키메데스와 그의 목욕탕에 대한 이야기도 그렇다. 뉴턴이 사과나무 아래에서 쉬고 있을 때 그의 머리 위로 사과가 하나 떨어졌고 결국 중력법칙을 발명하는 계기가 되었다고 전해진다. 그렇다면 데카르트가 해석기하를 창시한 것에 대해 어떻게 스토리를 전개할 수 있을까?

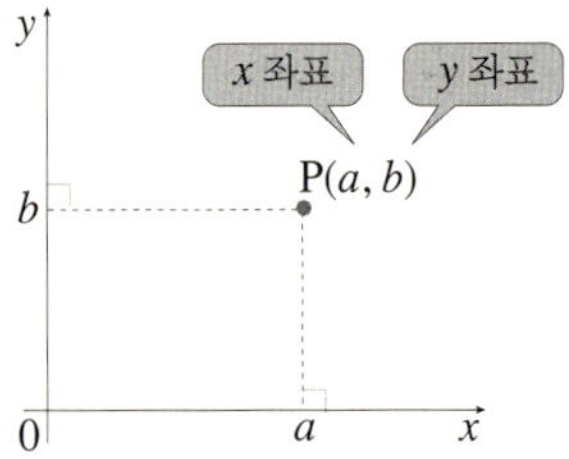

데카르트(René Descartes, 1596~1650)
프랑스의 철학자, 수학자, 물리학자, 생리학자. '근대 철학의 아버지'라 불리며, 합리주의 철학의 길을 열었다. 또한 해석기하학의 창시자이다.

데카르트에 대해 전해 내려오는 이야기에 따르면 데카르트가 침대에 누워 사색에 잠겨 천장을 바라보고 있을 때, 파리 한 마리가 천장을 이리저리 옮겨다니는 것을 알았다. 데카르트는 어떻게 하면 파리의 이동 경로를 잘 표시할 수 있을까 궁금했다. 그는 눈을 감았다 떴다를 여러 번 반복하다 결국 갑작스럽게 아이디어를 얻었다. 가까운 두 벽 위에 거리를 정하면 파리의 위치를 나타낼 수 있다. 이 이야기는 좌표체계의 발명 역사에 따른 것이며, 오늘날 데카르트의 공로를 인정해 데카르트 좌표로 언급하고 있다.

이 이야기의 전후에 활동을 추가할 수도 있다. 교실 중앙에 모래상자가 있고 동전과 같은 보물이 이 안에 묻혀 있다. 보물의 위치를 나타내기 위해 가장 좋은 방법은 무엇일까? 학생들은 이런 물건의 위치를 나타내기 위해 정확한 방향을 정하는 연습을 할 수 있으며, 이후 그래프 종이 위에 순서쌍을 찍어보게 할 수 있다.

천장을 날아다니는 파리가 좌표체계를 소개하는 계기가 되었다. 또한 앞의 이야기들은 침대에 누워 또는 사과나무 아래에 누워 지적인 휴식을 취함으로써 흥미로운 발명이 가능할 수 있다는 것을 말해주기도 한다.

해적과 숨겨둔 보물

– 표준 단위에 대한 이야기 –

수학 교실에서 새로운 개념이 왜 필요한지 학생들이 이해하기 전에 이 개념을 소개하는 경향이 많다. 이는 분명 옳지 않다. 그러나 스토리는 새로운 개념의 필요성을 생각할 수 있도록 돕는다. 땅속에 묻힌 보물에 대한 다음의 이야기를 읽어보자.

죽음을 눈앞에 둔 해적이 아들들에게 속삭였다.

“어둠의 숲 속에 굉장한 보물을 숨겨두었다. 낡은 교회의 뒷문으로 나와 북쪽으로 400걸음 그리고 동쪽으로 300걸음을 가거라. 아마 큰 참나무에 도착할 것이다. 바로 이곳에 보물이 묻혀 있다.”

이 말을 들은 아들들은 어둠의 숲으로 달려갔다. 가장 큰 아들은 낡은 교회의 뒷문으로 나와 북쪽으로 400 걸음 그리고 동쪽으로 300 걸음을 갔다. 그러나 풀밭 한 가운데에 서 있었고 주변에는 참나무가 없었다. 아버지가 환각을 일으켰던 것일까?

막내아들 역시 낡은 교회의 뒷문으로 나와 북쪽으로 400 걸음 그리고 동쪽으로 300 걸음을 갔다. 바로 근처에 참나무가 있었다. 그러나 이 나무는 아주 크지 않았는데, 누가 아나, 아버지에게 커 보였을지. 그래서 막내아들은 땅을 파기 시작했다. 더 깊이 더 깊이. 그러나 어떤 보물도 찾을 수 없었다. 막내아들은 아버지 유언대로 다시 낡은 교회의 뒷문으로 나와 걸었다. 이번에는 나무의 반대쪽에 도달했다. 그러나 역시 보물은 없었다. 아버지가 잊고 말하지 않은 것이 있었던 것일까? 아니면 아버지 목소리가 너무 작아 잘 듣지 못했던 것일까? 혹시 아버지가 말한 숲이 어둠의 숲이 아니라 오크나무 숲이었던 건 아닐까? 아니면 300 걸음이 아니라 600 걸음이었던 게 아닐까?

멈추자. 이즈음 학생들에게 보물을 찾도록 어떻게 도울 수 있는지 질문을 하자. 아마 여러 제안 중에 적어도 한 명쯤 사람의 발자국(보폭)의 크기를 지적할 수 있을 것이다. 분명 아버지는 키가 작은 사람이었다. 그러나 그는 강하고 힘이 있었다. 그래서 아들들이 그를 작다고 생각하지 못했던 것이다. 그렇더라도 그의 보폭은 작았다. 그런데 얼마만큼 작았을까?

이제 학생들이 이야기를 계속 연결할 수 있도록 기회를 주어야 한다. 만약 아들들이 아버지보다 더 작은 보폭으로 걸어 보물을 찾으려 한다면 절대 보물을 찾을 수 없다. 혹시 아들들이 아버지와 키가 똑같은 삼촌에게 가서 '도와주면 보물을 나눠주겠다'고 부탁할 수도 있다. 또는 해적의 유언을 엿들은 키 작은 간호사가 아들들이 보물을 찾으러 가기 전에 보물을 찾아버렸을 수도 있다.

교사는 학생들이 상상할 수 있도록 이야기를 전개하는 것 외에도, 해적의 아들들이 보물을 분명히 찾을 수 있도록 해적이 무어라 유언을 남겼을지 학생들 스스로 생각할 수 있는 질문을 던질 수 있다. 그 결과 학생들은 공동측정단위(a common unit of measure)■에 대한 아이디어를 논의할 것이다. 그리고 좀 더 발전하여 '표준단위(standard unit)' — 한 가족, 한 학급에서 정한 기준 또는 보편적인 기준 — 를 소개하는 수업으로 전개될 수 있다.

해적 이야기는 표준단위에 대한 아이디어와 개념을 소개하는데 활용될 수 있지만, 비율의 개념 및 비율과 관련된 활동을 소개하는데도 활용될 수 있다. (위의 이야기 이후) 아버지의 보폭은 45cm이고 아들의 보폭은 60cm이다. 아버지가 300 걸음을 갈 때, 아들은 몇 걸음을 가야 할까? 물론 아버지가 유언한 지역의 모든 참나무 아래를 다 파볼 수 있다. 그러나 수학적으로 관심을 갖는다면 보물을 찾는 방법을 쉽게 그리고 빠르게 찾을 수 있다.

앞에서 이미 언급한 바와 같이, 스토리를 구분하는 정해진 기준이 따로 있기 때문에

■ 가족들이 서로 측정을 위해 정할 수도 있고, 한 부족이나 지역이 측정을 위해 정할 수도 있다. 예를 들어, 가족들이 정한 지팡이(cane)나 우물을 두르는 줄(rope)의 길이는 모두 가족이 공동으로 측정을 위해 정한 단위가 될 수 있다.

이에 맞추어 스토리를 다양한 범주로 분류한 것이 아니다. 어떤 이야기들은 하나의 범주보다 더 많은 범주로 해석이 가능하기 때문에, 하나의 목표가 아닌 더 많은 목표를 설명하는데 사용될 수 있다.

이 장에서 소개한 해적 이야기는 표준단위를 소개하는데 활용 가능하며 비(proportion)를 사용하여 길이를 구하는 활동을 소개하는데도 활용 가능하다. 7장에서 수학적 활동을 소개하는데 활용 가능한 몇 가지 이야기를 논해보자.

군사 세기

- 위치 십진법에 대한 이야기 -

사람들은 기수법과 표준측정법을 당연하게 여길 뿐, 산술의 발전사에서 위치 십진법(힌두-아라비아 수)의 발명과 문화적 동의 그리고 보급이 엄청난 돌파구였다는 사실을 잊었거나 전혀 모른다. 이러한 돌파구를 재창조하고 강조하기 위해 이건(Egan, 1986)은 '자신의 군사를 세기를 원하는 왕'의 스토리를 소개하였다. 여기에는 단축된 스토리를 소개한다.

왕에게는 아주 멍청한 고문 간부단과 똑똑한 고문 간부단이 있다. 멍청한 고문들은 군사들을 한 명씩 세다 결국 세는 수를 잃어버리곤 했다. 이들은 줄을 맞춰 지나가는 군사 한 명에게 돌을 짝짓는 양치기 법을 사용하였다. 그러나 군사들이 야영하고 있는 장소에는 모든 군사들을 세는데 사용할 수 있는 충분한 만큼의 돌이 없었다. 멍청한 고문들이 반복해서 서투르게 행동하는 것을 지켜본 왕은 가장 똑똑한 고문에게 군사가 모두 몇 명인지 세어오도록 명령했다. 똑똑한 고문은 다음의 전략을 시행했다.

멍청한 고문 한 명 한 명에게 10개의 조약돌과 빈 그릇을 주었다. 때마침 군인들이 행진을 시작했다. 첫 번째 고문은 군인이 한 명씩 지나갈 때마다 그릇 안에 조약돌 1개를 넣었다. 이 고문이 10개의 조약돌을 그릇 안에 모두 넣었을 때 10개의 조약돌을 그릇 밖으로 모두 뺀다. 그리고 다시 군인이 지나갈 때 그릇 안으로 조약돌 1개를 넣었다. 이 고문은 하루 종일 너무도 바쁘게 조약돌을 하나씩 넣었다가 10개가 모두 그릇 안에 모이면 다시 빼고를 반복했다. 이 첫 번째 고문이 조약돌 10개가 모인 그릇 안의 조약돌을 그릇 밖으로 뺄 때마다 이 고문의 왼쪽에 위치한 멍청한 고문이 자신의 그릇에 조약돌 1개를 넣었다. 두 번째 고문이 10개의 조약돌을 그릇 안에 모두 넣으면 다시 10개의 조약돌을 그릇 밖으로 모두 뺀다. 그리고 첫 번째 고문이 10개의 조약돌을 그릇 안에서 뺄 때 다시 자신의 조약돌 1개를 그릇에 넣었다. 두 번째 고문의 왼쪽에 위치한 세 번째 고문은 두 번째 고문을 계속 주시해야 했다. 왜냐하면 두 번째 고문이 10개의 조약돌을 그릇 밖으로 모두 뺄 때 자신의 그릇에 1개의 조약돌을 넣어야 했기 때문이다. 이러한 행동을 남은 고문들도 계속했다.

모든 군사들이 지나간 후, 가장 왼쪽에 있는 고문의 그릇 속에는 조약돌이 1개 있었고, 그 다음 고문의 그릇 속에는 2개, 그 다음은 7개, 그 다음은 6개 그리고 첫 번째 고문의 그릇 속에는 조약돌이 3개 있었다. 따라서 군인은 모두 12,763명이었다. 왕은 똑똑한 고문이 단지 50개의 조약돌로 모든 군인의 수를 세었다는 것에 기뻐했다.

이 이야기를 듣고 있는 학생들은 멍청한 고문 대 똑똑한 고문 또는 비효율적인 수 세기법 대 능률적인 수 세기법을 비교해보면서 똑똑한 고문이 사용한 기발한 전략을 더욱 효과적으로 이해하게 된다. 더불어 이 이야기는 자리값(place value)의 아이디어를 소개할 때 사용할 수도 있다.

교사는 학생들이 발명 결과를 단지 인정하는 수업을 진행하기보다, 스스로가 훌륭한 발명가가 될 수 있는 기회를 제공하는 수업을 진행해야 한다. 학생에게 똑똑한 고문이 사용한 아이디어를 소개만 하기보다 큰 양을 직접 세어보기 위한 전략을 학생이 직접 제시할 수 있는 기회를 제공해야 한다. 이야기의 배경은 충분히 다양하게 바뀔 수 있다. 다음은 그 중의 하나이다.

1장에서 소개한 암줄라와 그의 양 이야기를 다시 해보자. 이야기 시작 부분에, 암줄라는 양이 우리를 나갈 때마다 각각의 양 한 마리에 조약돌 1개를 짝지어 가방에 넣었고 저녁에 양이 다시 우리 안으로 들어올 때 각각의 양 한 마리에 조약돌 1개를 가방에서 빼면서 모든 양이 우리 안으로 들어왔는지 확인하였다. 이 전략은 후손들에게까지 전해졌다. 양은 상당히 유익한 동물이어서 상당히 그 수가 많아졌고 결국 잘라족 사람들은 수 세기를 배웠다. 어느날 양치기 우두머리가 얼마나 많은 양이 있는지 알고 싶었다. 그는 양들이 우리 밖으로 나갈 때 양을 세어보기 시작했다. 그러나 계속해서 헛갈렸다. 결국 그는 조약돌을 준비하여 양이 우리 밖으로 나갈 때 조약돌을 가방 안에 넣기 시작했다.

학생들에게 많은 양의 물건(공깃돌, 콩, 아이스캔디 스틱 등)을 제공하라. 여기서 '많은' 양이란 학생들의 수준에 따라 약 40에서 1000을 넘을 수도 있다. 학생들이 해결해야 할 과제는 단지 물건을 세어보는 게 아니다. 여기서 학생들은 상대방이 쉽게 계산결과를 확인할 수 있는 방법으로 그 물건들을 정리하는 것이다. 아마 학생들은 반드시 10개씩 묶지 않더라도 무엇인가를 '묶어야 한다'는 아이디어를 제시할 수 있다. 예를 들어, 콩이 47개 있음을 상대방에게 분명히 확인시키려면, 9개씩 5로 묶고 2개가 남았다고 정리할 수 있다. 학생들은 물건을 묶어 정리하는 다양한 방법을 생각하면서 그리고 쉽게 세어보는데 도움이 되는 나열법을 다양하게 경험하면서 결과적으로 10개씩 묶는 것을 고려하게 된다. 어떤 측면에서는 10개로 묶은 결과값이 너무 클 수도 있다. 바라건대, 이즈음 어느 학생이 '10개짜리 묶음 10개가 100개 한 묶음이 된다'고 제안했으면 한다.

축하합니다. 십진기수법이 완전히 재발명되었다. 십진기수법은 많은 양을 세어보기 위해서 그리고 계산한 결과를 확인하기 위해서 재발명된 것이다. 그리고 이 기발한 십진기수법은 똑똑한 고문이 아닌 학생들이 재발명한 것이다.

펜타 행성

– 오진 기수법■에 대한 이야기 –

기수(base)를 달리하여 계산하는 것은 모든 학생들이 배워야 하는 공통 학교 교육과정에 포함되지 않는다. 그러나 특별히 수준이 높은 교실에서는 사용 가능한 주제이다. 또한 예비교사를 위한 수업에 많이 선보이는 주제이기도 하다.

기수를 달리하는 아이디어를 어떻게 소개할 수 있을까? 학생들이 여러 행성을 여행하는데 참여하도록 해보자.

펜타라고 불리는 행성은 — 펜타라는 이름말고 다른 이름을 붙이는 것도 좋다 — 지구와 비슷하며, 생각하는 능력을 가진 생명체가 살고 있다. 놀랍게도 이 생명체는 인간과 매우 유사하다. 이들은 피자도 먹고 운전도 하며 아이들을 학교로 데려다주기도 한다. 그 모습도 사람과 매우 흡사했지만 유일하게 다른 점이라면 양쪽 다리에 발가락이 모두 없으며 손은 하나뿐인 점이다. 그러나 우리처럼 손가락은 5개이다. 인간과 비슷하게 펜타에 사는 생명체는 5개 손가락을 사용한 자릿값 계산법을 발명했다. 그래서 이 생명체는 1, 2, 3, 4 이후 5 대신 10이라 말한다.

위 이야기 이후, 오진법으로 물건을 세어보거나 오진법으로 나타낸 수를 십진법으로 나타낸 수로 바꾸거나 오진법에 맞추어 수의 연산을 실행해보는 등의 활동을 할 수 있다. 예를 들어, 어느 사람이 '신문 생활 광고'를 보고 펜타 행성을 방문했고 42세인 여성을 찾았다. 이 나이는 당연히 오진법으로 나타낸 수이다. 그렇다면 정말로 몇 살인

■ 중학교 교과에서는 '오진 기수법'이라는 단어보다 '오진법'이라는 단어를 사용한다.

가? (십진법으로 나타낸 수는 몇일까?) 또는 어떤 교수가 방문 강연을 위해 펜타 행성을 방문했는데, 약 240명의 사람들이 강연을 들으려 참석했다. 교수가 연설하는 장소는 아주 큰 강당일까 조그만 교실일까? 얼마나 많은 프린트를 준비해야 할까? 어떤 문제들은 재미있는 상황을 포함하도록 수정할 수 있다. 펜타 행성을 탐험하고 있는 여행자들은 또 다른 행성을 여행할 계획을 가지고 있으며 오진법이 아닌 다른 기수법을 연습할 수 있다.

요 약

5장과 6장에서는 '수학을 간단히 소개만 하는 스토리'와 '스토리 내에 수학이 섞여 전개되는 스토리'의 차이점을 논의하였다. 그리고 이러한 스토리가 학습자들의 수학적 탐구를 부추긴다는 것도 확인하였다. 이 때, 함께 다룬 '수학'은 크게 다음과 같다.

특정한 수학적 알고리즘(가우스의 짝짓기법), 개념(π, 지수적 성장, 10진 기수법, 계승) 또는 활동(탱그램). 더불어 생각하는 법(이전에 풀었던 문제에 의존하기) 또는 아이디어를 떠올리기 위한 인간의 도구(표준 단위).

7

설명을 위한 스토리

개념을 설명하기 위한 스토리

혼란스러움을 명료하게 하기 위해 스토리 바꾸기

요약

학생들은 수학을 사실이나 기능(skill)의 모임으로 보는 경향이 있다. 사실과 기능은 직관에 어긋나는 것처럼 보인다. 이러한 상황에서 학생들의 공통반응은 공식을 무의미하게 암기하는 것이다. 오랫동안 학생들을 지도해온 교사는 학생들이 어느 부분에서 무의미하게 암기하는지 지적할 수 있다. 학생들은 자신의 수준에서 이해하기 어려운 수학적 지식을 암기하며 지금까지 공식으로만 배운 지식을 무의미하게 암기한다. 그러나 이렇게 암기하기보다 스토리를 통해 설명하는 것이 효과적이라 제안한다. 즉, '설명을 위한 스토리'를 소개하려 한다. 0으로 나누기, 분수의 나눗셈 그리고 음의 정수의 곱셈은 모두 학생들이 쉽게 이해하지 못하며 교사 또한 설명하기 힘든 개념의 예이다. 그리고 각각의 이야기에서 수 바꾸기를 여러 번 확인하여, 이야기의 내용을 다양하게 바꾸는 활동이 학습에 얼마나 도움이 되는지 확인할 것이다.

개념을 설명하기 위한 스토리

분수의 나눗셈과 혼란스러워하는 재단사

연산의 방법만으로 볼 때 분수의 나눗셈은 어려운 문제가 아니다. 왜 그런지 묻지 않고 그냥 역수로 바꾸어 곱하면 되기 때문이다. 그러나 개념적으로 분수의 나눗셈은 상당히 어려운 문제이며 학생들은 분수의 나눗셈 공식을 무조건 암기할 뿐 아니라 수학이란 이렇게 공식들의 모임이라고 강하게 인식하게 된다. 분수의 나눗셈 공식은 '먼저 두 분수를 포개고 분모의 역수를 분모와 분자 각각에 곱한다(다음에 나오는 식 참고)' 라는 기계적인 절차로 설명 가능하며, 이 설명은 분수의 나눗셈을 해결하는 좋은 '지름

길'이 된다. 그 예는 다음과 같다.

$$\frac{3}{4} \div \frac{5}{6} = \frac{\frac{3}{4}}{\frac{5}{6}} = \frac{\frac{3}{4} \times \frac{6}{5}}{\frac{5}{6} \times \frac{6}{5}} = \frac{\frac{3}{4} \times \frac{6}{5}}{1} = \frac{3}{4} \times \frac{6}{5}$$

사실, 위 공식의 기계적 절차는 수학적으로 간단명료하다. 그러나 분수의 나눗셈은 여전히 이상해 보인다. 이상하게 여겨지는 부분으로는, 자연수의 나눗셈을 경험하면서 '나누면 작아진다'고 직관적으로 당연하게 여겨졌는데 분수의 나눗셈은 이러한 인식에 맞지 않는다는 것이다. 수에 대한 다양한 연구에서도, 많은 학생들이 '나누면 작아진다'를 강하게 믿고 있으며 '나누어도 작아지지 않는다'라는 사실에 대하여 인지적 갈등(cognitive conflict)이 있음을 지적하고 있다. 이상하게 여겨지는 다른 부분으로는, 많은 사람들이 분수의 나눗셈이 이루어지는 상황을 어렵게 생각하는 것이다. 밸(Bal, 1990)은 $2\frac{1}{2} \div \frac{1}{3}$을 식으로 세워 값을 얻어야 하는 문제를 하나 만들어보도록 초등학교 교사들에게 제안하였다. 밸의 연구에 참여한 소수의 교사들만이 절적한 문제를 성공적으로 만들었다. 그리고 수학에 대하여 어느 정도 기초가 잡혀 있는 사람들도 이 문제를 어려워했다. 분수의 나눗셈을 식으로 갖는 문제를 작성하라는 제안에 대해 많은 사람들은 분수의 곱셈으로 식이 세워지는 이야기를 만들었다.

우선 많은 사람들이 간단해 보이는 위의 과제에 왜 잘못된 답을 제시하는지 그 이유를 이해하기 위해 스토리텔링이 아닌 두 종류의 나눗셈 상황을 먼저 고민해 보아야 한다. 그러기 위해 잠시 40 ÷ 8을 해결할 수 있는 이야기 문제를 하나 준비했다. 왜냐하면 간단한 것을 다루면 갑자기 무언가 떠오를 수 있기 때문이다. 짧게라도 이 과제를 고민해보도록 하자.

지금부터 두 종류의 나눗셈 — 포함제와 등분제■를 설명해보자. 하나의 바구니에 4개의 사과가 담긴 5개의 바구니를 상상해보자. 5개의 바구니에 담긴 사과는 모두 몇 개인가? 곱셈 4 × 5로 20개임을 알 수 있다. 그러나 만약 전체 개수를 안다면, 다음과 같은 2개의 다른 나눗셈 문제를 생각할 수 있다.

1. 20개의 사과를 5개의 바구니에 나누어 담으려 한다. 각 바구니에 담긴 사과의 개수는 몇 개인가(모든 바구니에는 같은 개수의 사과가 담긴다고 가정한다)?

2. 20개의 사과를 몇 개의 바구니에 나누어 담으려 하는데, 각각의 바구니에는 4개의 사과를 담을 것이다. 그렇다면 몇 개의 바구니가 필요한가?

문제 1은 등분제의 예이다. 전체 양(20개의 사과)은 똑같이 분할되어(몇 개의 바구니에) 정리되어야 한다. 분할의 개수는 알려져 있고(5), 질문은 각 분할에 포함될 양을 묻는 것이다. 이 종류의 문제는 '나누기 모델'로 불리기도 한다.

문제 2는 포함제의 예이다. 전체 양(20개의 사과)은 분할되어(몇 개의 바구니에) 정리되어야 한다. 그러나 분할의 개수는 전혀 모른다. 알려진 것은 각 분할에 포함된 양이다. 이 종류의 문제는 '측정 모델'로 불리기도 한다(그리고 어떤 상황에서는 '숟가락 모델'이라 불리기도 한다).

이제 분수의 나눗셈을 다시 고민해 보자. 대부분의 사람들은 등분제 또는 나누기 모델을 더욱 직관적인 방법으로 여긴다. 따라서 나눗셈을 해야 하는 상황에서 많은 사람들은 등분제를 떠올린다. 앞서 언급한 40 ÷ 8을 해결하라는 과제에 대해서도 대부분의

■ 나눗셈 상황에는 포함제(包含除; quotitive division = measurement division)와 등분제(等分除, partitive division=sharing division)의 두 가지가 있다. 이 두 용어는 코펠랜드(Richard W. Copeland, 1984)가 《How children learn mathematics: teaching implications of Piaget's research》에서 처음으로 사용한 것이다(Schwieger, 1999. Teaching elementary school mathematics. Belmont, CA: Wadworth Publishing Company).
포함제는 어떤 일정한 양을 주어진 크기의 양으로 측정하면 몇 번 포함되는지를 구하는 것이다. 이것은 본질적으로 동수누감(同數累減)의 상황이다. 이를테면 "탁구공이 30개 있다. 한 상자에 6개씩 담아서 정리하려고 한다. 상자는 모두 몇 개가 필요한가?"의 상황이 포함제이다. 포함제는 종류가 같은 양끼리의 나눗셈이다. 레이스 등(Robert E. Reys, et al., 1999)은 포함제 대신 포함 상황(measurement situation)이라 소개한다.(여기서 measurement는 일정한 크기의 양을 주어진 크기의 양으로 '측정'한다는 것을 의미하기 위해 사용한 것이다. 등분제는 어떤 크기의 양을 몇으로 똑같이 나누었을 때의 한 몫의 크기를 구하는 것이다. 이를테면 "사과 36개를 4개의 상자에 똑같이 담으려고 한다. 상자 1개에는 사과를 몇 개씩 담아야 하는가?"의 상황이 등분제이다. 등분제는 서로 다른 양끼리의 나눗셈이다. 한편, 레이스 등(Robert E. Reys, et al., 1999)은 등분제 대신 등분 상황(partition situation)이라 소개한다.

사람들이 등분제 모델을 이용하여 문제를 만들었을 것이다. 40명의 사람들이 8개의 탁자에 둘러앉는다거나 40개의 사탕을 8명의 친구가 서로 나누어 갖는다. 이 두 범자연수의 나눗셈은 분수의 나눗셈 문제를 해결하는데 좋은 자료가 된다. 이제부터 소개할 스토리는 익숙한 범자연수의 나눗셈 문제로 시작하여 점차 수를 바꾸어 분수의 나눗셈을 소개하는 방향으로 전개된다. 단 포함제(측정) 모델을 활용할 것이다.

재단사는 축제 의상을 만들어야 하는 주문을 받아 400야드의 원단을 준비했다. 그는 각 의상을 만드는데 50야드가 필요하다고 결정했다. 몇 개의 의상을 만들 수 있을까?

전체 원단(40)을 의상을 만드는데 필요한 원단(5)으로 나누면 답은 분명히 8이 된다. 이 풀이는 포함제의 예이다. 이제 이야기를 좀 더 바꿔보자.

재단사는 의상이 좀 더 작아야 한다는 것을 알았고 하나의 의상을 만드는데 40야드가 필요했다. 이제 얼마나 많은 의상을 만들 수 있을까? 그런데 재단사가 원단을 막 자르려 할 때, 주문을 바꾸겠다는 전화가 왔다. 이제 재단사는 축제 의상 대신에 드레스를 만들게 되었고 각 드레스는 2야드의 원단이 필요했다. 그런데 주문이 또 바뀌어 드레스가 아니라 치마였고 각각의 치마는 1야드의 원단이 필요했다…

이처럼 우선 익숙한 범자연수 상황에서 시작하여, 전체 야드의 원단을 의상, 드레스, 치마 등을 만들기 위해 4야드, 2야드, 1야드로 나누면서 각각의 개수를 찾아본다. 각각은 다음과 같이 기록된다.

$$40 \div 5 = 8$$
$$40 \div 4 = 10$$
$$40 \div 2 = 20$$
$$40 \div 1 = 40$$

이제 분수로 이동할 준비가 되었다. 주문한 물건이 치마가 아니라 손수건이었고 각 손수건은 1야드의 반(1/2)만큼의 원단이 필요했다. 얼마나 많은 손수건을 만들 수 있을까? 이 상황은 앞에서 이야기했던 상황과 전혀 다르지 않으며 이야기 내에서 자연스럽게 분수의 나눗셈 $40 \div 1/2$를 소개하고 있다. 이 시점에서 주문하는 물건을 다양하게 바꾸어 각 물건을 만드는데 필요한 원단의 양을 다양하게 할 수 있다. 학생들이 이러한 활동에 직접 참여하도록 기회를 준비하는 것은 어떨까? 즉, 재단사가 만들어야 하는 물건으로 넥타이, 스카프, 손수건 등을 고르고 각 물건을 1야드에 대한 분수로 나타내보는 것이다. 이러한 나눗셈 과제를 통해 $40 \div 1/2$, $40 \times 1/3$, $40 \div 2/3$, $40 \div 2/4$ 등을 경험하고 그 결과를 계산하게 된다.

무엇보다 중요한 것은 '역수를 취하고 곱해라'라는 기계적 절차를 학생들에게 소개하기 전에, 학생들 스스로가 만든 위의 문제들을 직접 해결할 수 있도록 충분한 시간적 여유를 주어야 한다. 특히 학생들에게 단위 분수■의 나눗셈이 곱셈으로 연결되는 것($4 \div 1/2 = 4 \times 2 = 8$)은 분명해 보일 수 있지만 그 외의 분수는 이해하기 쉽지 않을 수 있다. 따라서 이야기 내에서 분수를 조금씩 바꾸어 제공해주어야 하며 하루에 모두 소개하지 않을 수도 있다. 이렇게 이야기를 이용하면 분수의 나눗셈이라는 어려운 개념을 유의미하게 소개하는 게 가능하다. 더불어 다른 중요한 목표에 도달할 수도 있다. 나눈 결과가 나누려는 수보다 분명히 커지는 상황에 학생들이 몰입하게 되면서 "나누면 작아진다"라는 기대를 떨치는데 도움을 받게 된다.

■ 분자가 1인 분수, 예를 들어 $\frac{1}{2}$, $\frac{1}{3}$, $\frac{1}{10}$ 등.

0으로 나누기와 왕의 다이아몬드

'0으로 나누기'는 어느 나이를 막론하고 누구나 어려워하는 문제 중의 하나이다. 또한 '0으로 나누기'는 Y2K■ 문제의 중요한 원인이기도 했다. 그러나 새천년도 시간이 흐르면서 점점 잊어가는 것 같기도 하다.

'0으로 수를 나누기(△ ÷ 0)'와 '어떤 수로 0을 나누기(0 ÷ △)'가 비슷해 보여 구분이 애매하기 때문에 0으로 나눈 결과가 0이라는 잘못된 믿음을 갖기도 한다.◆ 수학적으로 볼 때, '0으로 나누기'는 정의가 불가능하다. 학생들은 0으로 나눈 결과를 부적절하게 설명하는 경우가 자주 있는데, 0으로 나눈 결과를 '오류', '무한대', '불가능' 또는 '허락되지 않은'으로 답하는 경우가 있다. 이 답 모두가 잘못된 해석이다.

- 계산기 사용에서 계산 결과가 바르지 못할 때 '오류(error)' 메시지가 나타난다. 학생들이 계산기 위에 0으로 어떤 수를 나누는 식을 세워 결과를 묻게 되면 역시 '오류'라는 메시지가 나타난다. 바로 이 경험 때문에 학생들 중 0으로 나눈 결과가 '오류'라고 답하는 것이다.
- 어떤 계산기는 0으로 나눈 결과를 '무한대'로 나타내기도 한다. 그 이유는 계산

■ 2000년 문제 : Y는 연도(year), K는 1000을 뜻하는 킬로(kilo)를 의미하며, 연도의 마지막 두 자리만 사용한 컴퓨터 프로그램으로 2000년을 1900년으로 인식하는 컴퓨터 프로그램의 오류

◆ 왜냐하면 0을 어떤 수로 나누면 그 결과가 0이기 때문이다.

기를 만든 프로그래머가 '극한'의 아이디어를 잘못 사용하였기 때문이다. 즉, 수열 $\frac{a}{n}$($n \in N$, a 는 임의의 실수)의 극한값 $\lim_{n \to 0^+} \frac{a}{n}$ 이 무한대임을 계산기에 프로그램화하였기 때문이다.

- '불가능'하다는 반응은 언젠가는 0으로 나누기가 가능해지지 않겠는가라는 기대 때문이다. 예를 들어 '2 – 5'는 음수가 소개되기 전까지 불가능했고 '5 ÷ 2'는 분수가 소개되기 전까지 불가능했다. 하지만 음수를 알고 난 후 그리고 분수를 알고 난 후 계산이 가능해진다. 이처럼 0으로 나눈 결과 역시 무엇인가를 알게 되면 옳은 답이 될 것이므로 현재까지는 '불가능'하다고 보는 것이다.
- '허락되지 않는'이라는 답이 가장 말도 안 되는 대답이다. 누가 허락하지 않는다는 것일까? 무슨 벌을 받게 되는데? '허락되지 않는' 많은 것들을 주변에서 찾을 수 있다. 예를 들어, 주차금지 구역에 주차하기, 금연구역에서 담배 피우기 등이다. 특히 학교에서 교사들은 수업시간에 친구와 이야기하기, 껌 씹기, 복도 달리기, 숙제 제출일을 넘기기와 같은 많은 것들을 허락하지 않기 때문에 학생들에게 '허락되지 않는'이라는 단어는 특히 더 불편한 용어인 것이다. '0으로 나누기'는 교사가 정한 법칙 중의 하나인가? 행정적으로 반드시 지켜야 하는 법칙 중의 하나인가? 만약 지키지 않으면 벌을 받아야 할까?

'0으로 나누기'를 학생들이 정말로 이해할 수 있을까 궁금하지만 이야기를 이용해 이해시킬 수 있다.

지금 죽음을 앞둔 왕이 유언을 하고 있다고 해보자. 그는 자식들에게 12개의 다이아몬드를 똑같이 나누어가지라고 유언을 했다. 이때, 자식은 모두 6명이라고 해보자(12개의 과자를 준비한 할머니와 할머니 댁을 방문할 6명의 손자로 이야기를 전개해도 좋다). 분명히 한 명의 자식마다 2개의 다이아몬드를 갖게 된다(12 ÷ 6). 이제부터 이야기를 바꾸기 전에 이 2개의 다이아몬드에 집중해야 한다. 질문에 대한 답은 "다이아몬드 2개"이고 질문은 "각 자식이 갖게 되는 다이아몬드의 수는?"이었다. 이 질문을 잘 이용해서 문제를 다양하게 바꾸어보도록 하자.

이제 4명의 자식이 있다고 해보자. 왜 6명이 아니라 4명이지? 이야기를 전개하는 사람이 어떻게 이야기를 전개하고 구성하느냐에 달려 있다. 아마 자식 중 2명이 산사태로 죽었는지 모른다. 또는 가장 먼저 태어난 큰 형이 다이아몬드를 똑같이 나누는 것에 불만을 품고 12개 모두는 아니지만 대부분을 가져야 한다고 생각했고, 그래서 동생들 음료수에 독을 살짝 넣은 결과 2명의 동생을 살해하는데 성공했다고 이야기할 수도 있다. 이야기가 어떻게 전개되든, 분명한 사실은 자식의 수가 6명에서 4명으로 줄어든 것이다. 이제 4명의 자식들 각각 가져야 하는 다이아몬드 수는 몇 개인가? 다이아몬드의 수(12)를 자식들의 수(4)로 나누면 3이 된다. 이제 이야기를 계속 이어간다.

이야기를 듣는 학생들에게 기회를 넘겨주기 위해, 각각의 상속자에게 무슨 일이 일어났는지 학생들이 제안할 수 있도록 한다. 자동차 사고? 칼에 맞았나? 외계인이 유괴했나? 왕의 죽음에 너무도 슬퍼한 나머지 자식 중 한 명이 울다 죽은 것일까? 종종 학생들은 허리케인, 테러리스트의 공격 또는 가오리가 심장을 찌르는 등과 같은 최근에 일어난 사건을 소개하기도 한다. 자식들이 죽는 불행한 사건이 어떻게 전개되어도 좋다. 이제 3명의 자식들이 남았고 각각은 4개의 다이아몬드를 갖게 됨(12 ÷ 3)을 쉽게 알 수 있다. 만약 자식이 둘이라면 각각 6개씩 다이아몬드를 갖는다. 만약 왕의 자식이 한 명이라면 12개 모두를 갖는다(12 ÷ 1 = 12).

지금까지는 수학적으로 별로 특별해 보이는 게 없다. 그러나 이제 분위기를 바꾸어 보자. 즉, 이야기에 비극적인 결말을 전개할 시간이다. 그 왕의 마지막 아들마저도 아버지의 장례식에 가는 도중에 비행기 사고로 죽고 만다. 더 이상 왕에게는 남은 자식이 없다. 이 시점에 왕이 남긴 유언은 불분명해졌고 수학적으로도 불분명해졌다. 결국 12개의 다이아몬드는 여전히 남아 있지만 "각각의 자식이 갖게 되는 다이아몬드의 수는?"에 더 이상 답을 할 수 없다. 만약 할머니의 손자 중 누구도 할머니 집에 찾아오지 않는다면 "손자 한 명이 먹게 되는 과자의 수는?"에 절대로 답할 수 없다. 그렇다면 왕관을 만드는데 다이아몬드를 사용할 수도 있고, 할머니가 모든 과자를 혼자 먹거나 이웃과 나누어 먹을 수도 있다. 우리가 질문했던 문제는 아직도 답이 없으며, '0으로 나누

기'는 정의되지 않게(undefined) 된다.

이렇게 스토리를 이용하면, 어려운 문제인 '0으로 나누기'를 학생이 분명하게 이해하도록 도울 수 있다. 뿐만 아니라 '0으로 어떤 수를 나누는 것'과 '어떤 수로 0을 나누는 것'이 어떻게 다른지에 대한 혼란을 줄일 수 있다. 물론 스토리를 이용해 '0으로 나누기'를 설명하는 것만이 이 내용을 설명하는 유일한 방법은 아니다. 다음의 추가적인 설명처럼, 규칙과 관계에 대한 인간의 감각을 이용하여 설명하는 것도 가능하다. 어떤 설명이 더 나을까? 이에 대한 답은 읽는 이가 어떤 방법을 더욱 선호하느냐 그리고 어떤 방법이 더욱 유용하고 설명력 있는 힘을 가졌느냐에 따라 달라질 수 있다. 따라서 우리는 '러시아 포병대 전략' (많이 쏘다보면 언젠가는 어떤 장소든 분명히 맞게 된다) 처럼 다양한 기회를 학생들에게 제공해줄 것을 제안한다.

일반적으로, 익숙한 것에서 시작하여 점차 목표에 도달하는 방향으로 전개한다. 이에 따라 곱셈과 나눗셈 사이의 익숙한 관계를 강조하면서 시작한다. 다음의 빈 칸을 채워보자.

$12 \div 3 = \square$ → $\underline{4} \times 3 = 12$

$10 \div 5 = \square$ → $\underline{2} \times 5 = 10$

$24 \div 8 = \square$ → $\underline{3} \times 8 = 24$

첫 번째에서, 3을 곱한 결과가 12가 되는 그 수를 찾아야 한다. 즉, 3 곱하기 무엇은 12인가를 묻고 있다. 그 답은 4이고 12 ÷ 3의 결과인 것이다. 이 결과는 곱셈과 나눗셈 사이의 관계를 이해해야 가능하다. 몇 개의 예를 이용해 위의 관계를 이해하도록 도운 뒤, 다음의 빈 칸을 채우도록 기회를 제공한다.

$$18 \div 0 = \square \quad \rightarrow \quad \square \times 0 = 18$$

앞의 예에서 확인 가능한 규칙을 따른다면 어떤 수에 0을 곱해 18이 되는가를 묻고 있다. 이 수는 0으로 18을 나눈 몫을 의미한다. 그러나 그런 수는 어디에도 없다. 어떤 수에 0을 곱해 18이 되는 수는 정의할 수 없다. 따라서 우리는 '정의할 수 없는'으로 답해야 한다.

앞에서 언급한 러시아 포병대 전략처럼 또 다른 예를 소개하려 하는데, 나눗셈이 동일한 수를 계속 빼는 것임을 이용할 수 있다. 곱셈을 동수누가(repeated addition)로 소개하는 것은 일반적인 지도법이다. 그러나 나눗셈은 곱셈의 역의 연산으로 소개하고 있다. 곱셈과 같이 본다면, 나눗셈 또한 동수누감(repeated subtraction)으로 볼 수 있다. $28 \div 7 = 4$를 생각해보자. 앞에서 이야기한 등분제로 볼 때, 28개의 어떤 대상을 똑같이 7부분으로 구분했을 때 한 부분의 개수이다. 포함제로 본다면, 7개 물건을 하나의 묶음으로 볼 때, 얼마나 많은 묶음이 있는지를 묻게 된다. 이 상황은 처음 28로부터 7개를 계속해서 제거하거나 7개를 단위로 28을 계산할 수 있다. 수학적으로는 $28 \div 7$, 즉 처음 28에서 7을 얼마나 제거할 수 있는가를 묻는 것이다. 수치적으로 이 상황은 $28 - 7 - 7 - 7 - 7 = 0$ 이 된다. 따라서 7을 4번 제거하게 된다.

$15 \div 3$을 생각해보자. 이 나눗셈은 15가 0이 될 때까지 3을 몇 번 제거하면 되는가이다. $15 - 3 - 3 - 3 - 3 - 3 = 0$으로 3을 다섯 번 제거하면 된다.

여기서 단어 선택에 상당히 주의해야 한다. "15에서 3을 얼마나 많이 뺄 수 있나요?" 라고 질문하면 장난스럽게 다음과 같이 대답할 수 있다.

"내가 원하는 만큼 계속해서 15에서 3을 뺄 수 있지요.

그래봤자 매번 12만이 나오겠지만요.■"

농담이야 어떻든 $15 \div 0$이 무엇인지 답하기 위해 15에서 0을 제거해야 한다. 그렇다면

$$15-0-0-0-0-0-0-0-0-0-0-\cdots???$$

다시 주제로 돌아가 "얼마나 많은"에 대한 질문의 답은 존재하지 않는다. 즉, 0으로 나눈 결과는 정의되지 않는다.

음수의 곱셈과 온도의 변화

음수의 곱셈 또한 교사가 설명하기 어려운 내용 중의 하나이다. "음수 곱하기 음수는 양수이다"라는 설명은 단지 '법칙에 따른' 것이다. 사실, 이런 공식을 그냥 따르는 것이 그리 나쁘다고 볼 수는 없다. 분명 정확한 답을 얻을 수 있고 좋은 결과가 뒤따른다. 그러나 법칙을 반복하는 게 아니라 왜 그런 공식이 나왔는지 논리적으로 설명해야 한다. 음수의 덧셈은 수직선을 모델로 사용하여 쉽게 설명되는데, 곱셈은 좀 더 고민을 해야 하는 수학적 지식이다.

교과서에서 정수의 곱셈을 설명할 때 일반적으로 규칙을 사용한다. 예를 들어, 3의 배수를 사용하면

$$4 \times 3 = 12$$

$$3 \times 3 = 9$$

$$2 \times 3 = 6$$

■ 수학적으로는 15에서 3을 5번 뺀다. 그러나 '15에서 3을 얼마나 많이 뺄 수 있나'라는 질문에 장난스럽게 15-3, 15-3, 15-3, …과 같이 '15-3'을 원하는 만큼 계속해서 뺀다고 답할 수 있다. 따라서 그 결과도 모두 12라는 것이다.

$$1 \times 3 = 3$$

$$0 \times 3 = 0$$

$$-1 \times 3 = \square$$

$$-2 \times 3 = \square$$

와 같은 규칙■을 이끌 수 있다.

우선 학생들은 곱셈표를 채우게 되고, 그러면서 알게 된 규칙(4, 3, 2, 1로 1씩 줄어듦에 따라 결과 값이 12, 9, 6, 3으로 3씩 줄어든다)이 음수의 연산에서도 가능할 것 같다는 강한 느낌을 가진다. 교사는 이 규칙에 따라 "음수 곱하기 양수는 음수이다"는 일반적인 공식을 쉽게 설명한다. 이후 학생이 위의 공식을 일단 이해하면, 교사는 이와 비슷한 전략으로 "음수 곱하기 음수"를 다음과 같이 전개한다.

$$4 \times (-3) = -12$$

$$3 \times (-3) = -9$$

$$2 \times (-3) = -6$$

$$1 \times (-3) = -3$$

$$0 \times (-3) = 0$$

$$-1 \times (-3) = \square$$

$$-2 \times (-3) = \square$$

위 식에서 왼쪽의 수 4, 3, 2, 1이 1씩 감소함에 따라 (중간의 수는 -3으로 고정되어 있고) 그 결과가 3씩 커진다. 위 과정을 유지하면 $-1 \times (-3)$은 0보다 3 큰 $+3$이고 $-2 \times (-3)$은 $+3$보다 큰 $+6$이며, 결국 음수와 음수를 곱한 결과는 양수임을 확인할 수 있다.

■ 교과서에서 '귀납적 외삽법'이라 불리는 방법이다.

위의 예를 바탕으로 학생들이 규칙성과 안정성에 대한 느낌을 가지도록 강조하여 '음수 곱하기 음수가 양수이다'를 어느 정도 확신하도록 도울 수 있다. 하지만 아직 '왜 음수 곱하기 음수가 양수인가'를 설명한 것은 아니다. 그래서 이야기를 이용해 그 이유를 알아봐야 한다.

일반적으로 패턴은 익숙한 수로 시작한다. 한 시간에 2도씩 올라가는 온도계를 준비한다. 지금 온도는 0도이다. 5시간 이후 온도는 얼마인가? 이 상황을 수식으로 나타내면 $2 \times 5 = 10$이며, 5시간 이후 온도는 10도이다. 이 상황에서 '시간당 온도의 변화'와 '온도가 변하는 시간'은 모두 양수이다. 시간이 흘러가면서 0도에서 5시간 동안 온도가 계속 올라가게 된다. 이제 이야기를 다양하게 바꾸어 보자. 즉, '시간당 온도의 변화'와 '온도가 변하는 시간' 모두 음수가 되도록 이야기를 바꾼다. 우선 두 조건 중 하나만을 변화시켜 이야기를 바꾸고 난 뒤, 두 조건을 동시에 바꾸어 이야기를 바꾼다.

[변화 1]

한 시간에 2도씩 온도가 줄어드는 화학 반응이 있다. 현재 온도는 0도이다. 앞으로 5시간 지나면 온도는 몇 도가 되겠는가? 한 시간에 온도가 2도씩 줄어들고 있으므로 이 상황을 수식으로 나타내면 $(-2) \times 5 = (-10)$이다.

[변화 2]

한 시간에 2도씩 온도가 올라가는 화학 반응이 있다. 현재 온도는 0도이다. 5시간 전에 온도는 몇 도였을까? 여기서 시간을 거슬러 내려가야 한다. [변화 1]에서 '앞으로 5시간 지나면'을 '+5'로 나타내었기에 '5시간 전'을 (−5)로 나타낼 수 있다. 따라서 이 상황을 수식으로 나타내면 $2 \times (-5) = (-10)$이다.

[변화 3]

한 시간에 2도씩 온도가 줄어드는 화학 반응이 있다. 현재 온도가 0도이다. 5시간 전에 온도는 몇 도였을까? 한 시간에 2도씩 다섯 번 온도가 줄어들어 0도가 되어야 하므로, 분명 5시간 전에 온도는 10도였다. 앞의 [변화 1]과 [변화 2]의 수식을 따르면 이 상황은 $(-2) \times (-5)$가 된다. 그리고 온도가 10도였다는 사실과 수식 $(-2) \times (-5)$를 연결하면 $(-2) \times (-5) = 10$이 된다.

물론 앞의 변화 세 가지는 모두 '공식'과 똑같다. 그러나 이와 같이 스토리를 사용하여 공식을 유도하고 사용한다면, 정확한 답을 얻는 것 이상을 학생들이 경험하게 되고 획득하게 된다.

수 바꾸기

앞에서 탐구한 세 가지 예는 몇 가지 공통점을 가진다. 우선 앞에서 다룬 수학적 아이디어들은 모두 학생들이 어려워한다고 알려진 것들이다. 따라서 세 가지 아이디어 모두 이야기를 이용해 설명하려 시도했다. 그리고 일반적으로 스토리는 처음, 중간, 끝(서론, 본론, 결론)으로 전개되는데 세 가지 이야기들은 모두 그렇게 전개되고 있지 않다. 그 대신 가르치려는 수학적 아이디어에 맞추어 상황을 설명하거나 상황을 바꾸어 이야기가 전개되고 있다. 위 이야기들은 우선 간단하고 어렵지 않는 시나리오로 시작했다. 그러고 난 후, 수를 몇 번씩 반복해서 바꾸었다. 수학적 아이디어를 전달하기에 적합한 수로 스토리를 바꾸어 학생들이 연산이나 규칙(pattern)과 같은 일반적인 수학적 원형(template)을 이해하도록 돕는다. 일단 일반적인 구조를 이해하면, 분수, 0, 음수와 같이 학생들이 어려워하는 수들을 소개한다. 즉, 수 바꾸기를 점진적으로 진행하여, 어려운 문제를 자연스럽게 일반적인 원형에 근거하여 이해하도록 그리고 원하는 관계를 이해하도록 돕는다.

수를 바꾸면서 스토리를 전개하면, 학생들이 어려운 아이디어를 쉽게 이해하도록 그리고 여러 종류의 문제를 해결하도록 도울 수 있다. 이제부터 구조적 본질을 유지하면서 수를 바꾸는 '수 바꾸기'가 주어진 문제를 해결하는 통로로 유용한 전략이 됨을 보여주려 한다.

혼란스러움을 명료하게 하기 위해 스토리 바꾸기

일반화를 하기 위한 수단으로 '수 바꾸기'를 소개하기 위해 전통적인 퍼즐 2개와 교과서에서 많이 확인되는 어려운 문제 2개를 논해보자.

닭, 계란과 곡식

잘 알려진 수수께끼를 읽어보자.

하루하고 반나절에 닭 한 마리 반이 달걀 하나하고 반 개를 낳는다. 한 마리의 닭이 한 개의 달걀을 낳는데 며칠이 걸리는가?

대부분의 학생들은 '하루요'라고 답하거나 '불가능한 터무니없는 문제예요'라고 답할 것이다. 아주 소수의 학생들만이 이렇게 답하려는 것을 억누르고 활용 가능한 정보를 이용해 답을 찾으려 시도할 것이다. 이렇게 꼬여 있는 닭과 달걀 문제를 해결하려면 어떻게 고민해야 할까? 이 글이 끝날 때 즈음, 이 문제의 해결법이 분명해질 것이다. 그러기 위해 우선 좀 더 '현실적인' 문제를 생각해보자.

1파운드에 1.68달러 하는 곡물이 있다. 0.5달러로 얼마만큼의 곡물을 살 수 있을까?

분명, 위 문제는 스토리가 아니다. 교과서에서 확인 가능한 '기본적인' 문제이다. 하지만 위 문제를 스토리로 바꾸는 것은 아주 쉽다. '용과 왕자가 살았다고 하자. 그리고 이 문제에 소개된 곡물은 사랑의 묘약이다' 또는 '아주 위험한 병에 걸린 할머니를 치료해줄 수 있는 특별한 곡물 한 컵이 필요한 가난한 소년이 살고 있다고 하자. 이 소년은 곡물을 직접 재배하는 마법 농부를 찾아가서 한 파운드에 1.68달러 하는 이 곡물을 사려 한다. 그러나 우리의 주인공, 소년의 주머니에는 0.5달러밖에 없다.' 다음 장에서 보겠지만, 어떤 기본적인 교과서 문제도 스토리로 전개될 수 있다.

다시 앞에서 고민했던 문제로 돌아가자. 이 문제를 중학교 학생부터 예비 교사까지 풀어보게 하였을 때, 대부분 '1.68로 0.5를 나누기'보다 '0.5로 1.68을 나누기'라는 실수를 범했다. 이들이 문제를 바르게 해결할 수 있도록 돕는 방법이 없을까? 물론 참여자들이 이러한 실수를 보였다는 것이 앞의 문제 해결에 도움이 되는 것 또한 아니다. 위 문제를 해결하기 위해 학습자가 인지해야 하는 일반적인 곱셈 구조는 다음과 같다.

한 파운드 곡물의 가격은 X이다. 가격 Y로 얼마나 많은 곡물을 살 수 있을까?

이 설명은 X를 몇 번 반복해야 Y가 되겠는가 또는 Y는 X를 단위로 할 때 그 결과가 얼마인가를 결정하는 나눗셈 구조인 포함제(측정)의 예시이다.

일단 위 문제를 해결하기 위한 구조가 이해되면, 문제의 답은 Y÷X가 된다. 그러나 문제 해결자가 위와 같은 특정 문제를 해결하기 위해 일반적인 구조를 이해하도록 어떻게 안내할 수 있을까?(Mason & Pimm, 1984) 수를 바꾸어 도움을 줄 수 있다.

1파운드에 2달러 하는 곡물이 있다. 6달러로 얼마만큼의 곡물을 살 수 있을까?
1파운드에 2달러 하는 곡물이 있다. 20달러로 얼마만큼의 곡물을 살 수 있을까?

이 문제들에 소개된 수는 계산하기 쉽고 계산이 간단하다. 학생들이 위 문제를 거의 어려움 없이 해결할 수 있기에 앞의 문제해결을 위한 시작점으로 위 문제를 사용하는 것은 도움이 된다. 일단 일반적인 구조가 이해되면, 분수를 포함한 '좀 더 복잡한' 수로 문제를 바꾸는 게 가능하다.

1파운드에 2달러 하는 곡물이 있다. 0.50달러로 얼마만큼의 곡물을 살 수 있을까?

그러고 나서 점진적으로 처음 문제가 되도록 글을 바꾼다. 이제 할머니는 살아날 수 있을까? 이 전략은 구조를 쉽게 이해할 목적으로 점진적으로 수를 바꾸는 "구조화된 변화 격자판(Mason, 2001, 2007)"의 수정된 전략처럼 보인다. 그렇다면 수를 적절히 바꾸면 그렇지 않을 때보다 구조를 더욱 즉시 알게 되는 이유가 무엇일까? 구조를 즉시 아는 게 힘든 원인은 '허용변화의 감지범위' 때문이다. 즉, 학생들이 지금까지 경험했던 문제해결의 범위와 비교할 때, 초기 문제에 포함된 수를 포함제로 연결하여 해결하기에 그 범위가 너무 벗어난 것이다. 주어진 문제에 수를 바꾸면, 유사성을 알게 되고 일반적인 구조로 확장이 가능하며 해답을 구하기 위해 필요한 단계를 알게 된다.

잠시 앞에서 풀기 어려웠던 닭과 계란 문제로 돌아가 보자.

6마리의 닭이 하루에 6개의 알을 낳는다고 한다. 그렇다면 한 마리의 닭이 1개의 알을 낳는데 얼마나 걸리는가?

이 문장의 '닭 한 마리'를 유지하면서 다음과 같이 바꿀 수 있다.

6마리의 닭이 6일 하고 반 일 동안 6개의 알을 낳는다고 한다. 그렇다면 한 마리의 닭이 1개의 알을 낳는데 얼마나 걸리는가?

또는

6마리의 닭이 6개의 달걀을 6일 동안 낳는다고 한다. 그렇다면 한 마리의 닭이 1개의 알을 낳는데 얼마나 걸리는가?

이 문제들은 앞서 나온 수수께끼와 상당히 유사하므로 답을 안내하는 통로가 된다. 그러나 경험상, 이러한 안내에도 불구하고 많은 학생들에게 이 문제는 여전히 도전적인 문제이다.

'큰' 퍼센트

누군가가 '프로젝트에 참여하여 120%의 에너지를 발휘했다'고 주장하거나 '무엇인가에 대하여 200% 확신한다'와 같이 주장할 때 웃는다. 왜냐하면 이러한 주장들은 정확하게 측정한 결과값이라기보다 노력이나 확실함을 지나치게 강조한 경향의 예이기 때문이다. 전체를 100%라고 할 때, 100%보다 더 큰 %가 의미하는 게 무엇일까? 높은 수치의 %가 수학적 문제 상황에 포함되면 학생들은 이 문제해결의 아이디어를 바르게 인지하지 못한다. 다음의 문제를 예시로 생각해보자.

10달러 하는 캔커피가 있다. 가격이 400% 올랐다면 캔커피의 가격은 얼마인가?

예비 초등학교 교사 집단에서, 반 정도의 학생들이 캔커피의 가격으로 40달러를 제시하였고, 그 이유로 400%가 4배를 의미하기 때문이라고 설명했다. 다시 한 번, '수 바꾸기'를 이용해 위의 문제를 해결하기 위한 전략을 세워보자.

10달러 하는 캔커피가 있다. 가격이 20% 올랐다면 캔커피의 가격은 얼마인가?

10달러 하는 캔커피가 있다. 가격이 35% 올랐다면 캔커피의 가격은 얼마인가?

10달러 하는 캔커피가 있다. 가격이 100% 올랐다면 캔커피의 가격은 얼마인가?

다시 한 번 지적하건대, 가장 주된 문제는 '허용변화의 감지범위'이다. 20%, 35% 또는 100% 정도는 일상생활 문맥과 수학 교실 문맥 모두에서 생각할 수 있는 값들이다. 하지만 400% 증가했다는 것은 '타당한' 허용범위를 벗어나 보인다. 400%라는 수나 비슷한 수는 터무니없는 물가상승에 대한 스토리나 가격을 부당하게 올리는 스토리에서 점진적으로 사용될 수 있다. 예를 들어, 더운 날 생수 값을 올려 받아 평판이 그리 좋지 않은 놀이 공원으로 현장학습을 가는데, 바로 그 날이 일 년 중에 가장 더운 날이라는 이야기를 소개할 수 있다. 또는 마시면 힘과 인내력이 갑자기 생기는 음료수에 대해 이야기할 수도 있다.

학생들은 스토리 내에서 20%, 35%, 또는 100%로 수를 점차 늘려 400%까지 %의 수를 바꾸어 위의 문제 상황을 좀 더 쉽게 이해하게 된다. 또 다른 유명한 수수께끼를 읽고 '수 바꾸기'를 좀 더 설명해보자.

잃어버린 달러 수수께끼

'잃어버린 달러 수수께끼' 또는 '잃어버린 달러 패러독스'는 수학적 문제를 수록한 많은 출판물에 소개된 유명한 퍼즐이다. 이 수수께끼는 호텔에 투숙하는 세 사람으로 이야기가 시작된다.

세 명의 숙박객은 30달러를 내고 한 방에 투숙하려 한다. 그래서 각각 10달러를 내고 방으로 올라갔다. 그 때, 관리자가 원래 25달러인데 너무 돈을 많이 받았음을 알았다. 그래서 관리자는 벨보이에서 5달러를 세 사람에게 되돌려 주고 오도록 시켰다. 그러나 벨보이는 자신이 2달러를 갖고 세 사람 각자에게 1달러를 돌려주기로 결심했다. 결국, 이 방에 투숙하기 위해 세 사람은 각각 9달러를 지불했고(3 × 9달러 = 27달러) 벨보이가 2달러를 챙겼다(27달러 + 2달러 = 29달러). 처음에 세 사람은 30달러를 지불했는데, 그렇다면, 잃어버린 달러는 어디에 있는 것일까?

이 이야기에서 수(constant)는 유지한 채 상황과 인물을 바꾸어보자.

세 여성이 식사를 하기 위해 식당을 방문했다. 이들은 30달러 계산서를 받았다. 세 여성 각각은 식탁 위에 10달러를 올려놓았고 웨이터는 돈을 모아 계산하러 갔다. 지배인은 웨이터에게 음식 값이 총 25달러이므로 5달러를 돌려주어야 한다고 제안하면서 1달러 동전 5개를 주었다. 웨이터가 세 여성의 식탁으로 돌아가는 중, 세 여성이 동전 5개를 똑같이 나눌 수 없음을 알았다. 또

한 세 여성은 수정된 계산서의 음식값을 모르기에 웨이터는 자신이 2달러를 갖고 나머지 3달러를 세 여성에게 1달러씩 나누어주기로 했다. 결국 세 여성은 각자 1달러씩 돌려받아 식사비용으로 9달러를 계산한 것이다. 9달러가 세 번이면 27달러이고 웨이터가 챙긴 돈은 2달러이다. 즉, 2달러 더하기 27달러는 29달러이다. 처음에 세 여성은 30달러를 식사비용으로 계산하였다. 그렇다면 잃어버린 달러는 어디에 있는 것일까?

위의 이야기에서 이야기의 상황과 등장인물은 바뀌었지만 서로 주고받는 돈은 바뀌지 않았다. 따라서 잘못 계산한 결과값(29달러)이 초기값(30달러)과 매우 근사하고 그래서 이 문제를 패러독스로 보는 것이다. 여러 웹사이트나 공개 토론회에서 많은 전문가들이 이 문제에서 잘못 계산된 부분을 설명하려 한다. 우리도 이 문제를 명확히 해결할 수 있다. 그러나 다른 전문가들이 위 문제를 명확히 해결하려는데 관심을 갖는 반면, 이번에는 '수 바꾸기'를 이용해 다양하게 스토리를 바꾸고 바꾼 스토리를 이용해 이 문제를 다양하게 경험하려 한다.

'잃어버린 달러 패러독스'는 여성들 또는 남성들이 낸 27달러에 웨이터나 벨보이가 챙긴 2달러를 더하게 되어 있다. 그러나 이 두 값을 더하는 것은 옳지 않다. 왜냐하면 호텔의 관리자나 음식점의 지배인에게 내야 하는 금액이 27에서 2를 뺀 결과이기 때문이다.

아마도 27에서 2를 빼야 하는 설명이 아직도 이해되지 않을 수 있다. '잃어버린 달러 패러독스'를 접한 사람들은 여전히 30달러와 29달러가 왜 차이가 나는지 궁금하여 잃어버린 1달러를 찾으려 한다. 그러기에 오랫동안 많은 사람들이 이 패러독스를 즐기는 것이며, 앞으로도 많은 사람들이 궁금한 마음으로 이 패러독스를 접하게 될 것이다. 그러더라도 이 패러독스를 좀 더 잘 이해하고 싶는 사람을 위해 '잃어버린 달러 패러독스'에 수를 바꾸어 다르게 이야기를 만들어보자.

방값이 원래 패러독스와 다르게 20달러이고 그래서 벨보이가 세 사람에게 10달러를 돌려주어야 한다고 이야기를 시작하자. 이때, 벨보이가 세 사람에게 나누어주기 편하도록 자신이 1달러를 챙기고 각 사람에게 3달러를 되돌려주었다. 결국 세 사람 각각은 7달러를 지불하여 총 21을 지불한 게 된다. 그리고 벨보이가 1달러를 챙겼다. 세 사람이 지불한 금액과 벨보이가 챙긴 금액을 합하면 22달러이다. 처음 30달러에서 어떻게 8달러가 사라진 것일까?

이래도 이 패러독스가 잘 이해되지 않는다면, 또 수를 바꾸어 다시 이야기를 전개해보자. 호텔에 투숙한 세 사람이 "1/3가격으로 이 호텔에 머물 수 있음" 쿠폰을 가져왔고 그래서 벨보이가 20달러를 돌려주어야 했다. 이제 잘 알겠지만, 벨보이는 세 사람에게 공평하게 돈을 나누어주고 싶어 2달러를 챙기고 세 사람 각각에게 6달러를 돌려주었다. 결국 세 사람 각각은 4달러를 지불하여 총 18달러를 지불한 게 된다. 그리고 벨보이가 2달러를 챙겼다. 세 사람이 지불한 금액과 벨보이가 챙긴 금액을 합하면 14달러이다. 그렇다면 처음 30달러에서 어떻게 16달러가 사라진 것일까?

이렇게 수를 다양하게 바꾸면서 이야기를 전개하면 복잡한 수수께끼나 패러독스와 같은 상황을 이해하는 센스를 갖는데 도움이 된다. 즉, 이러한 상황을 곧바로 설명하려 시도하는 것보다 훨씬 강한 확신을 갖게 된다.

'잃어버린 달러 패러독스'에서 잃어버린 달러의 모순은 지불한 금액과 몰래 챙긴 금액을 합했기 때문에 생겼음을 알 수 있었다. 만약 '잃어버린 돈'이 지불한 금액과 몰래 챙긴 금액을 합했기 때문에 생겼음을 전혀 이해하지 못한다면, 다양하게 바꾼 이야기들 역시 전혀 이해하지 못할 것이다.

와인과 물의 혼합: 이산적으로 '수 바꾸기'

퍼즐로 자주 소개되는 또 다른 유명한 수학 문제가 '와인과 물의 혼합' 문제이다.

유리잔 2개가 있고, 각 유리잔에는 같은 양의 물과 와인이 각각 들어 있다. 이제 와인 컵에서 와인 한 스푼을 떠 물 컵에 넣고, 물과 와인이 섞인 물 컵에서 다시 한 스푼을 떠 와인 컵에 넣는다. 그렇다면 물에 와인이 더 많이 섞여 있을까, 와인에 물이 더 많이 섞여 있을까?

혹시 와인에 물을 넣어 맛없는 와인이 되는 걸 원치 않는 사람이나 와인과 같은 술을 좋아하지 않는 사람은 다른 종류의 음료를 선택해 문제를 수정할 수 있다. 예를 들어, 많이 알려진 다른 문제로는 빨간색 페인트와 파란색 페인트를 '와인과 물의 혼합'과 같이 섞는 문제이다. 혹시 이 문제가 생소하다면 잠시 해결해보는 시간을 갖는 건 어떨까?

이 문제의 답은 '물에 와인을 섞은 양과 와인에 물을 섞은 양이 같다'는 것이다. 그러나 많은 사람들은 이 답에 의아해한다. 또한 직관적으로 답을 이해하기보다 좀 더 명확한 답을 얻기 위해 대수적으로 계산을 한다. 이 문제를 대수적으로 해결하는 것이 답을 찾는데 가장 좋은 방법이다. 그러나 우리는 '수 바꾸기'를 이용해 이 문제의 답을 직관적으로 이해하려 한다.

유리잔에 물과 와인이 들어 있거나 병에 빨간색 페인트와 파란색 페인트가 들어 있는 문제보다는 '빨간색 버스와 파란색 버스'로 상황을 바꾸어 이야기를 전개하려 한다.

빨간 버스에는 10명의 여학생들이 타고 있고 파란 버스에는 10명의 남학생들이 타고 있다. 20명의 학생들은 특별한 이유로 특정한 장소를 여행하고 있는 중이다(이러한 상황은 이야기를 전개하는 사람이 재미있게 만들면 된다). 잠시 휴식을 위해 두 버스가 멈추었고, 3명의 여학생들이 파란 버스를 방문했다.

어느 정도 시간이 흘렀을 때, 버스가 다시 출발한다고 연락이 왔다(이러한 상황도 이야기를 전개하는 사람이 재미있게 만들면 된다). 그래서 파란 버스에 타고 있던 3명의 학생들(이 3명은 처음에 빨간 버스에 타고 있던 그 여학생들이 아니어도 된다)이 뛰어가 빨간 버스에 탔다. 버스에는 정확히 10개의 의자가 있다. 그렇다면 빨간 버스에 타고 있는 남학생이 많을까 파란 버스에 타고 있는 여학생이 많을까?

물론 답은 '파란 버스에서 내려 빨간 버스로 옮겨 탄 3명의 학생이 어떤 학생들이냐'에 따라 달라진다. 만약 3명 모두 여학생들이라면 처음 버스가 멈추기 전과 똑같아진다. 만약 3명 모두 남학생들이라면 빨간 버스에는 남학생이 3명 타고 있으며, 파란 버스에는 여학생이 3명 타고 있다. 만약 여학생 2명과 남학생 1명이 빨간 버스로 옮겨 탔다면, 빨간 버스에는 남학생이 1명 타고 있으며 파란 버스에는 여학생 2명이 남아 있게 된다.

어떠한 방법으로 3명의 학생들이 빨간 버스로 옮겨 타든, 빨간 버스에 타고 있는 남학생과 파란 버스에 타고 있는 여학생의 수는 똑같다. 정말로 그런지 너무 궁금하다면, 좀 더 상황을 달리한 예를 들어보아도 좋다. 즉 버스에 타고 있는 학생의 수를 10명이 아닌 20명이나 50명으로 바꾸거나 버스가 잠시 멈추었을 때 다른 버스로 옮겨 타는 학생의 수를 3명이 아니라 2명이나 5명으로 바꾸어 보자.

와인과 물의 혼합이 여학생과 남학생의 혼합과 다를 수 있다. 그러나 수를 좀 더 간단히 바꾸어 비슷하게 스토리를 전개하는 것이 원래의 문제를 이해하는데 도움이 된다.■

■ 저자는 물과 와인의 혼합을 '연속'적인 상황으로, 학생들의 혼합을 '이산'적인 상황으로 분류했으며, 연속적인 상황의 문제를 이산적인 상황으로 바꾸어도 그 해결에 도움이 된다고 지적하고 있다.

상황 바꾸기: 가게에서 달러 바꾸기

지금까지는 스토리 내에서 수를 바꾸는 '수 바꾸기'에 대해 논했다. 이번에는 '상황 바꾸기'에 대해 논해보자.

여기 실제 일어났던 이야기가 있다. 지금까지 소개했던 이야기들도 일어날 수 있을 법한 이야기들이었지만 이 이야기는 정말로 있었던 이야기이다.

어느 날, 나는 몇 개의 식료품을 사려고 중심가의 큰 마트에 들렀다. 평소 이 마트에서 물건을 사지 않지만, 이 날은 집으로 가는 길에 몇 개만 사려고 들린 것이다. 물건을 다 고른 후 계산을 하려는데, "미국달러 환전: 27 %"라 쓰인 표시가 보였다. 나는 순간 이게 무슨 뜻일까 생각하면서 가슴이 뛰었다. 나는 '세상을 교육하고 모든 시민에게 기본적 계산력을 주입시켜야 한다'는 기분이 들었다. 그래서 이 표시는 전혀 의미가 없으며 '$ 1 US = $ 1.27 CAD(미화 1달러가 캐나다 1.27달러와 같다)'라고 하는 게 올바른 표현이라 설명하려 노력했다. 계산원은 "당신 멍청한 거 아니야"라는 듯이 나를 쳐다봤다. 그러고는 나를 제외한 모든 사람들이 이 표시를 정확히 이해하며 오늘, 어제 그리고 지금까지도 환전을 계속 했고 아무도 불평을 하거나 혼란스러워하지 않았다고 말했다. 나를 제외한 그 누구도.

나는 포기할 수 없었다. 나는 프랑스 어투로 말을 하는 중년의 나이쯤으로 보이는 관리자에게 이야기를 하러 갔다. 나는 최선을 다해 이 표시에 대해 설명했다. "이 표시는 여러 가지로 해석이 될 수 있으니 환율을 다시 확인하셔서 정확하게 표현해주셨으면 합니다." 관리자는 즉시 내가 수학자인지 물었고 내가 지적한 바를 이해한 듯 보였다. 관리자는 나에게 "알려줘서 고맙다, 당신의 관심에 감사하다"고 인사하면서, 꼭 표시를 바꾸겠다고 약속했다. 나는 너무도 기분 좋게 마트를 나왔고, 마치 더 좋은 세상으로 만들었다는, 최소한 '수리적 사고가 강한' 세상으로 만들었다는 자부심과 믿음을 가졌다. 며칠 뒤 같은 마트를 방문했고 이 표시는 분명히 바뀌어 있었다. "미국달러 환전: 28%"

이 이야기를 예비 교사인 학생들과 함께 나누었다. 학생들은 별로 깊은 인상을 받지 않은 듯 보였다. 무엇보다도 학생들 모두 어떻게 돈을 교환하는지, 특히 미국달러를 캐나다달러로 교환하는 걸 알고 있다. 그래서 네가 무엇을 이야기하려는지 다시 알려주기 위해 다른 이야기를 시작했다. 우선 학생들에게 교사 교육 프로그램 중의 하나로 화성에 가는 것을 선택했다고 가정했다. 학생 교환 프로그램이 대중화되어 다른 팀은 멕시코나 잉글랜드에 갈지도 모르지만 너는 목적지로 화성에 가게 되었다. 이제 여행을 준비하기 위해 캐나다달러를 화성달러로 바꾸어야 한다. 그때, "화성달러 환전: 37% "이라는 표시를 읽었다. 캐나다달러는 화성달러로 얼마인가?

이 문제의 답은 다양하다. 100달러의 37%라고 해서 37달러라 답할 수도 있고 100달러에 100달러의 37%를 더해 137달러라 답하거나 달러에서 37%를 빼어 63달러라 답할 수도 있다. 이처럼 상황을 바꾸면 "미국달러 환전: 37%"가 왜 틀렸는지 이해하는데 도움이 되며, 부정확한 정보를 포함한 주장을 찬성하는데 도움이 된다.

지금까지 예를 들었던 이야기들과 다르게, 수를 바꾸거나 상황을 바꾼 결과 혼란스러움이 해결되기보다 더욱더 혼란스러워질 수도 있다. 그러나 이러한 혼란스러움은 정보가 적절히 제시되지 않았기 때문이며 바라건대 누구나 경험할 수 있는 잘못된 해석을 알아차릴 수 있기를 희망한다.

요 약

지금까지 교사가 설명하기 어려워하고 학생들이 이해하기 어려워하는 몇 가지 수학적 아이디어를 설명하는 스토리와 문제 상황을 소개하였다. 이 이야기들 모두는 반복이라는 아이디어 또는 수나 상황을 바꾸는 반복을 공통적으로 포함한다. 골디락스■가 가장 편안한 의자나 딱 먹기 좋은 죽을 한 번에 찾은 건 아니다. 또 왕자가 신데렐라가 잃어버린 유리 구두의 주인을 한 번에 찾은 건 아니다. 수나 상황을 바꾸어 이야기를 반복하면 최종적으로 원하는 결과에 도달하게 된다. 바로 수학을 이해할 때와 아주 동일하다.

앞서 제시한 이야기들은 모두 아주 단순하고 친근한 상황에서 어려운 상황으로 줄거리가 바뀐다. 무조건 암기하는 개념이나 단순히 모방하는 법칙들도 스토리 내에서 수나 상황을 바꾸고 이미 잘 알고 있는 지식을 논리적으로 확장하여 전개하였다.

'수 바꾸기'는 수학을 지도할 때 실용적인 전략이다. 이 전략은 우선 간단하고 적합한 수로 시작하며, 일단 문제나 상황이 확실히 이해되면 점점 복잡한 수나 이상한 수로 바꾼다. 또한 '반대 방향으로 수 바꾸기', 즉 처음에 이해가 되지 않는 상황으로 시작하여 숨겨진 구조를 드러내기 위해 수를 다양하게 바꾸는 것도 도움이 된다는 의견도 있다. 이러한 접근은 폴리아(Polya, 1945, 1988)가 제시한 "단순하면서 유사한 문제 고려하기" 발견술과 유사하다. 주어진 문제를 단순하면서 유사하게 바꾸면 답을 찾는데 도움이 되며 이야기의 시나리오를 단순하면서 유사하게 바꾸면 어려운 개념이나 반직관적인 결과를 이해하는데 도움이 된다. 또한 앞에서 활용한 이야기의 상황 바꾸기도 (비슷하지만 꼭 단순하게 바꿀 필요는 없다) 학생들이 수학에 집중할 수 있도록 돕는다.

■ 골디락스는 영국의 전래동화 〈골디락스와 곰 세 마리(Goldilocks and the Three Bears)〉의 주인공인 금발 소녀의 이름이다.

8

질문을 포함한 스토리

수학 교과서에는 많은 '연습문제(exercises)'와 '문제(problem)'가 있다. 이 중 '연습문제'는 반복과 연습에 사용되는 문제이며, 수학적 법칙이나 알고리즘을 강화하는데 도움이 된다.

'문제'는 연습문제와 목적은 비슷하지만, 형태가 매우 다르다. '문제'는 기호보다 글로 전개되어 있으며, 이 글을 수학적 문장으로 바꾸어 관련된 알고리즘을 정확하게 적용하여 최종 해답을 이끄는 복합적인 노력이 포함되어 있다.

예를 들어, '3 + 5를 계산한 결과는?'과 같은 문제가 '연습문제'이며, '3 + 5를 계산한 결과는?'과 같은 연습문제에 여러 상황을 포함시키고 특별한 대상을 추가하여 표현하면 '문제'가 된다.

'문제'의 조건에 맞는 문제들은 일반적으로 교과서의 매 단원이나 장의 마지막에 소개되고 가장 최근에 배운 지식을 활용해야 해결된다.

학교 수학시간에 자주 언급하는 '문제'와 수학적 활동으로 소개되는 '문제해결'은 상당히 다른 아이디어다.

수학교육 문헌에서 사용하는 '수학적 문제'란 어떤 알고리즘이나 정해진 접근법이 즉시 떠오르지 않는 과제를 의미한다. 따라서 문제란 결국 해결하는 사람의 지식과 사전 경험에 관계되는 과제이다.

'진짜' 수학 문제와 다르게, 학교에서 다루는 문제는 문장제 문제(word-problems)나 이야기식 문제(story-problems)를 의미하는 것 같다. 그러나 이러한 이야기식 문제는 스토리를 구성하는 상세한 부분이 모두 제거되고 남은 나머지만을 이용해 만든 것일 뿐이다.

지금부터 학교에서 자주 다루는 문장제 문제가 스토리 내에서 어떻게 다시 소개되는지 논해보자.

옷 입기

다음에 전개되는 이야기는 수학적 아이디어를 소개하는데 사용될 뿐 아니라 이 아이디어를 확장하는 데에도 사용될 수 있다. 우선 문장제 문제를 소개한다. 그러고 나서 이 문제가 어떻게 이야기로 바뀌는지 그리고 더욱 흥미진진한 수학적 활동으로 전개되는지 소개한다.

문제(전통적인 문장):

집합 A의 원소가 3개이고 집합 B의 원소가 4개일 때, 집합 A와 집합 B의 곱집합 A×B의 원소는 모두 몇 개인가?

수학에서 사용하는 어려운 전문용어를 쉽게 풀어 위의 문제를 다음과 같이 소개할 수 있다.

집합 A의 원소는 3개이며 집합 B의 원소는 4개이다. 당신은 집합 A의 원소와 집합 B의 원소를 이용해 집합 C를 만들어야 한다. 집합 C의 원소들은 모두 (a, b)꼴이며, 첫 번째 자리 a는 집합 A의 원소이고, 두 번째 자리 b는 집합 B의 원소이다. C의 원소들은 모두 몇 개인가?

위 문제는 또한 이야기로 제시될 수 있다. 변형한 문제는 초등학교 교과서에서 쉽게 확인이 가능하다.

이야기로 제시한 문제:

케시는 치마가 3개이고 블라우스가 4개이다. 케시가 차려입을 수 있는 옷 한 벌은 모두 몇 가지인가(치마 3개 중 하나와 블라우스 4개 중 하나를 선택해 치마와 블라우스를 한 벌을 입는다)?

그러나 위의 이야기보다 더욱 정교하게 이야기를 꾸며 제시할 필요가 있다. 3장에서 이미 소개한 바와 같이, 스토리텔링에 학생들이 직접 참여하는 몇 가지 방법이 있다. 다음 이야기 또한 스토리텔링에 학생들을 직접 참여시킨 예이다. 너무 특별하게 꾸미지는 말고, 여성의 목소리로 이 이야기를 읽어보았으면 한다.

나는 오늘 학교에 조금 늦었어. 너 알았니? 몰랐다고? 내가 왜 늦었는지 너에게 이야기해줄게. 알람시계가 늘 울리던 그 시간에 울려 나는 잠에서 깼고, 아침밥은 늘 먹던 그 시간에 먹었고, 옷은 늘 입던 그 시간에 입기 시작했어. 그런데 내가 옷장을 여는 순간 어떻게 해야 할지 문제가 생긴 거야. 옷장에는 치마 3개와 블라우스 3개가 있었고, 어떤 치마와 블라우스를 선택해서 입을지 딜레마에 빠진 거야. 검은색 치마, 청색 치마 그리고 초록색 치마가 있었고, 하얀색, 분홍색, 빨간색과 노란색 블라우스가 있었어. 내가 검은색 치마와 하얀색 블라우스를 입어야 할까? 아니면 초록색 치마와 분홍색 블라우스? 너라면 어떻게 입을 거니? (기다린다) 거봐, 너도 결정하기 힘들잖아. 나 또한 결정할 수 없었어. 그래서 학교에 늦은 거야. 혹시 내가 치마와 블라우스를 선택해서 한 벌로 입을 수 있는 방법이 모두 몇 가지인지 너는 아니?

바로 이즈음 학생들이 질문을 고민할 수 있도록 이야기를 멈추고 답할 수 있는 기회를 제공한다. 나이가 어린 학생들은 진짜 이야기 속의 색깔 옷을 (종이 위에 3가지 색

의 치마와 4가지 색의 블라우스를 그려 제공할 수 있다.) 맞춰보는 활동에 참여할 수 있다. 좀 큰 학생들은 상황을 적절한 기호로 바꾸어 리스트를 작성하는 전략을 사용할 수 있다.

학생들의 나이나 수학적 능력에 따라, 기호로 표시하는 것이 여러 가지로 달라질 수 있다. 예를 들어, 검은색 치마(Black Skirt), 청색 치마(Navy Skirt), 초록색 치마(Green Skirt)를 SB, SN, SG로 표시하거나 또는 치마(Skirt) 3개에 번호(1, 2, 3)를 붙여 S1, S2, S3로 블라우스(Blouse) 4개(1, 2, 3, 4)에 번호를 붙여 B1, B2, B3, B4로 구분할 수 있다. 번호를 짝지으면 다음과 같이 12가지이다.

S1 – B1	S2 – B1	S3 – B1
S1 – B2	S2 – B2	S3 – B2
S1 – B3	S2 – B3	S3 – B3
S1 – B4	S2 – B4	S3 – B4

이렇게 기호를 붙이면 아무리 선택해야 하는 항목이 많아도 충분히 체계적으로 리스트를 작성할 수 있다. 이제 중요한 수학적 아이디어를 소개하기 위해 스토리를 확장할 시간이다.

나는 옷을 입을 때, 꼭 재킷을 입어. 나에게는 2개의 재킷이 있지. 그렇다면 내가 치마와 블라우스 그리고 재킷을 선택해서 한 벌로 입을 수 있는 방법이 모두 몇 가지인지 너는 아니? 그리고 당연히 신발 없이는 학교에 올 수 없지. 나는 12쌍의 신발이 있어. 그렇다면 내가 치마, 블라우스, 재킷 그리고 신발을 선택해서 한 벌로 입을 수 있는 방법은 모두 몇 가지일까?

블라우스나 신발의 개수에 잠시 주목해보자. 처음 이야기와 첫 번째 수정된 이야기는 리스트를 만들어 '모두 세어보기(모든 가능한 것을 체계적으로 세어보는 것)' 전략을 이용해 해결하는 게 가능했다.

치마와 블라우스에 재킷을 추가하여 한 벌로 입는 방법을 묻는 문제에서도 '모두 세어보기 전략'을 이용해 24개를 찾아내는 것은 그리 어렵지 않다. 그러나 '더 큰' 수를 선택하여 이야기를 전개하고 문제를 해결하는 다음 단계에서는 학생들이 이 문제해결 방법을 일반화할 수 있도록 분위기를 조성해야 한다.

이야기를 좀 더 진행하여, 학생들에게 모자를 추가해 한 벌을 생각해보도록 안내하자. 그런데 모자가 37개 있다. 모자 37개라는 말에 많은 학생들이 웃을 것이다. 농담이냐고? 물론 농담이다. 그러나 이렇게 농담처럼 수를 상당히 과장해서 제시하면 학생들은 더 이상 모두 세어보거나 리스트를 작성하기보다 이런 종류의 문제를 해결하는 일반적인 방법을 찾는데 관심을 갖게 된다. 좀 더 함께 입을 수 있는 양말, 스카프, 장갑, 목걸이, 안경 등을 추가해 이야기를 전개한다. 또는 다음과 같이 이야기를 바꿀 수도 있다.

나는 바지가 5벌 있어. 그러나 나는 바지와 치마를 같이 입지 않아. 그렇다면 한 벌로 입을 수 있는 방법은 모두 몇 가지일까?

이러한 경험을 바탕으로, 학생들은 '정답은 한 벌로 입을 블라우스와 치마 등의 수를 모두 곱한다'를 얻는다. 수학적 언어를 이용하면, 정답은 '각 집합의 원소의 개수를 곱한 결과값'이다. 좀 더 형식화한 일반적인 전략은 다음과 같다. 우리가 계속해서 집합을 추가할 때마다, 추가한 순서대로 선택할 수 있는 모든 방법의 수는 각 집합의 원소의 개수를 곱한 결과값이다.

그리고 교사는 다음과 같이 이야기를 계속할 수 있다.

이 정리는 수학에서 아주 중요한데요, 그래서 부르는 이름이 있어요. '계산의 기본 원리■'라고 합니다. 뭐라고요, 계산의 기본 원리(이 단어에서 목소리를 크게 키운다). 그래도 이 이름을 잊어버렸다면, 그냥 간단히 "우리 선생님의 아침 딜레마"라고 부르세요.

다시 한 번 언급하지만, '이야기하기(telling)'의 개념에 집중해야 한다. 이제 '이야기하기'란 간단한 예술적 이야기하기가 아니라 역동적 이야기하기이다. 교사는 이야기의 전개 틀을 제공하고, 학생은 한 벌로 차려입을 대상을 추가하여 이야기를 어떻게 확장할지 결정하면서 이야기에 직접 참여한다. 결국, 이야기는 아주 어린 학생들도 직접 탐구할 수 있는 단순한 상황에서 시작하여, 다양한 수학 문제를 해결하는데 도움이 되는 일반적인 정리로 전개된다.

파티를 위해

한 벌로 입을 수 있는 모든 경우를 고려해본 앞의 문제와 비슷한 '악수 문제'를 다뤄

■ 계산의 기본 원리(fundamental principle of counting): 확률에 대한 개념을 이해하기 위해서 가장 기본적으로 사건의 경우의 수에 대한 명확한 개념이 필요하다. 이에, 보아스(Mary L. Boas)는 다음을 '계산의 기본 원리'라고 소개하였다. 어떤 것을 N_1가지 방법으로 셀 수 있고, 그 후에 다른 것을 N_2가지 방법으로 셀 수 있다면 이들을 순서대로 셀 수 있는 방법은 $N_1 \times N_2$가지이다. 이 방법은 그 이상으로도 확장할 수 있어서 첫 번째 것은 N_1가지 방법으로, 두 번째의 것은 N_2가지 방법으로, 세 번째의 것은 N_3가지 방법으로, … 셀 수 있다면 이 순서대로 셀 수 있는 전체 방법의 수는 $N_1 \times N_2 \times N_3 \times \cdots$이다.

보자.

어제 우리는 파티를 했어. 아주 멋졌지. DJ가 107개의 다른 곡을 틀어주었고, 일곱 종류의 칵테일이 준비되었어. 다진 간 요리와 바닷가재 꼬리 샐러드가 포함된 네 종류의 메뉴가 저녁식사로 제공되었어.

아마 이 설명 이후, 저녁식사로 선택할 수 있는 메뉴는 모두 몇 가지인가, 당신이 마실 수 있는 칵테일의 종류는 모두 몇 가지인가, 저녁식사 메뉴 한 가지와 DJ가 틀어준 노래 1개를 골라 짝지으면 모두 몇 가지인가 등을 학생들과 이야기할 수도 있다. 그러나 이번에는 손님을 맞이하고 소개하는데 초점을 맞춰보자.

손님들이 도착했을 때, 파티에 모인 사람들이 손님들과 악수를 했어.

몇 번의 악수가 오고 갔을까? 평범한 질문이다. 물론 정답은 파티에 모인 사람의 수에 따라 다르다. 전통적인 수학 교실이라면 이 질문이 한 문장으로 제시된다. "여기 ○명(사람 수)이 모여 서로서로 꼭 한 번씩 악수를 합니다." 그러나 우리는 파티에 대해 이야기하면서 질문을 함께 한다.

그렇다면 전통적인 수학 교실에서 제시하는 질문을 스토리 내에서 제시하는 게 무슨 도움이 될까? 학생들에게는 훌륭한 도구가 된다. 즉, 스토리 내에서 문제와 문제풀이가 쉽게 기억되며, 앞서 소개한 '모두 몇 가지인가?'와 같은 문제를 관련지을 수 있다. 교사에게는 다양하게 수업을 전개할 수 있는 기회가 된다. 예를 들어 '파티 준비가 끝날 때 즈음 손님 한 명이 도착해 서로 악수를 했습니다. 이후에도 손님은 한 명씩 도착했고 서로서로 악수를 꼭 한 번씩 했다면 모두 몇 번 악수를 했을까요'라고 이야기를 바꾸어 수업을 전개할 수 있다. 또는 '손님이 모두 도착해 둥글게 모여 서로 악수를 꼭 한 번씩 했다면, 모두 몇 번 악수를 했는지 어떻게 세어볼 수 있을까요'라고 이야기를 바꾸어 결과값을 탐구해보도록 수업을 전개할 수 있다.

'한 벌로 옷 입기'와 '악수하기' 두 이야기에는 개인화(personalization)라는 스토리텔링의 중요한 특징이 확인된다. 즉, 교사가 빨간 망토 아가씨, 가우스 또는 퀸트가 아닌 자신의 이야기를 하고 있다. 결과적으로 이야기가 시작될 때 학생들은 교사의 이야기가 수업을 위한 계획된 부분이었는지 전혀 모른다.

문제를 해결하는 연기자인 학생들

- 솔로몬 왕과 시바 여왕 -

앞에서 스토리에 학생들을 직접 참여시키는 몇 가지 방법을 이미 언급했다. 예를 들어, 먼저 이야기를 시작하고 이야기 내의 반복되는 부분을 학생들이 추가하거나, 이야기 구성원의 이름을 학생들이 직접 선택했다. 또는 옷을 선택하는 이야기에서 선택할 수 있는 물건을 학생 스스로 결정했다. 그리고 학생들이 이야기의 주인공이 되어보는 것도 중요하다고 언급했다. 이 방법은 영화 '해리포터 시리즈'가 성공한 이유이기도 하다. 더불어 스토리텔러(이야기를 하는 사람)가 이야기의 등장인물 중의 한 명이 되는 것 또한 도움이 된다. 학생들이 이야기에 더욱 관심을 갖도록 활용 가능한 전략으로는 학생들을 이야기의 영웅이나 등장인물로 설정하는 것이다.

앞서 소개한 〈수를 셀 줄 모르는 양치기 암줄라 이야기〉를 다시 활용해보자. 암줄라는 아침에 데리고 나간 양이 저녁에 모두 돌아왔는지 어떻게 알았을까? 학생들에게 이 질문만을 제시하기보다 학생들이 직접 암줄라가 되는 기회를 함께 제공해본다. 학생들에게 "이 양치기는 어떻게 그 수를 확인할 수 있을까?"라고 질문하기보다 "네가 이 양치기라면 어떻게 할 거니?"라고 질문한다. 그리고 나면 학생들은 '어떻게 했을 것이다'라고 반응을 보이기보다 '저라면 이렇게 했을 것 같습니다'라고 반응을 보일 수 있다. 경험상, 이렇게 학생들에게 질문을 하면, 학생들은 이 질문에 더욱 관심을 가질 뿐 아니라 더욱 책임감을 갖고 이 질문에 반응을 보인다. 즉, 학생은 문제의 주인공이 자신일 뿐 아니라 이 문제의 답을 찾아야 하는 것도 자신이라는 주인의식을 갖는다. 결국 문제는 더 이상 암줄라의 문제, 왕자의 문제 또는 오이디푸스의 문제가 아니라 바로 학생 자신의 문제이다. 자기 스스로 문제를 읽고 이해하며 자기 스스로 문제를 해결한다. 다음은 학생들이 이야기와 문제에 더욱 관심을 가지는 세 가지 예시 중 한 가지이다.

솔로몬 왕은 가장 현명한 사람으로 잘 알려져 있다. 성서에 소개된 유명한 스토리는 두 여인이 갓난아기의 엄마라고 서로 논쟁하는 장면에 대한 것이다.

솔로몬 왕은 아기를 반으로 자르라 명령한다. 이러한 명령에 한 여인은 동의하고 다른 여인은 아기를 살리기 위해 자신이 아기를 포기한다. 이러한 고결한 결정은 아기의 진짜 엄마이기에 가능하며 결국 솔로몬은 이 여인을 아기의 엄마로 결정하고 아기를 키우도록 허락한다.

그리 잘 알려지지는 않았지만 〈솔로몬 왕과 시바 여왕에 대한 스토리〉가 있다. 여기서 많은 여성과의 결혼에 항상 성공했던 솔로몬 왕은 시바 여왕과 너무도 결혼하고 싶어한다.

솔로몬 왕이 시바 여왕에게 결혼을 청했을 때, 시바 여왕은 하인에게 10개의 은화가 들어 있는 그릇 하나와 10개의 금화가 들어 있는 그릇 하나를 가져오게 했다. 시바 여왕은 솔로몬에게 눈을 가리고 2개의 그릇 중에 하나를 선택해 동전 하나를 꺼낼 것을 요청했다. 그러고는 시바 여왕이 솔로몬 왕에게 "만약 당신이 금화를 꺼낸다면 결혼하겠어요"라고 말했다.

솔로몬 왕은 잠시 승산을 고민한 후, 눈을 가리기 전에 2개의 그릇에 들어 있는 금화를 섞은 뒤 10개씩 각각의 그릇에 다시 담아도 되는지 물었다. 시바 여왕은 이러한 솔로몬 왕의 제안에 놀랐다. 그릇 하나에는 금화 10개가 들어 있고 다른 하나에는 은화 10개가 들어 있으니 금화를 선택할 가능성은 1/2이다. 하지만 두 그릇을 섞어 각각의 그릇에 5개의 금화와 5개의 은화가 들어 있게 된다면… 여왕은 이후의 상황이 어떻게 변할지 알 수 없었다. 그렇다면 시바 여왕은 솔로몬 왕의 제안을 허락해야 할까?

여기에서 이야기를 멈추고 학생들에게 기회를 넘긴다. "네가 시바 여왕이라 해보자. 솔로몬 왕의 제안을 허락하겠니? 왜? 왜 아닌데?", "네가 솔로몬 왕이라 해보자. 너는 왜 동전을 섞으려 하니? 동전을 섞어 금화를 선택하는 문제와 시바 여왕이 제시한 문제와 어떻게 다른데?" 학생들에게 솔로몬 왕의 제안은 이상해 보인다. 왜냐하면 우선 '금화와 은화를 섞어 다시 담아도 각 그릇에는 10개의 동전이 들어 있는데'라고 생각하기 때문이다. 솔로몬의 제안 역시도 금화를 선택할 가능성이 1/2이다. 그러나 그릇 안에 담긴 동전의 수가 달라진다면 그 가능성 또한 분명히 바뀐다. 솔로몬 왕이 시바 여왕에게 제시할 수 있는 또 다른 제안은 '그릇 하나에 금화 하나만을 남기고 나머지 9개의 금화와 10개의 은화를 다른 그릇에 넣는다'이다. 이 문제를 수학적으로 해결하려면 '조건부 확률(conditional probability)■'이 필요하다. 이렇게 금화와 은화를 그릇에 담으면 초등학생도 함께 그 답을 예측할 수 있을 정도로 어려워보이지 않는다.

만약 솔로몬 왕이 금화가 하나 들어 있는 그릇을 선택하면 금화를 선택할 가능성은 100%이다. 만약 솔로몬 왕이 금화와 은화가 섞인 그릇을 선택한다면 금화를 선택할 가

■ 사건 A가 일어났다는 제약 아래에 사건 B가 일어나는 확률을 조건부 확률이라 한다.

능성은 9/19가 되며 47%를 약간 넘어 거의 1/2이 된다. 따라서 솔로몬 왕이 금화를 선택할 가능성은 거의 3/4이 된다.

이렇게 동전을 섞어 금화를 선택하도록 문제를 제시하면, 솔로몬 왕이 시바 여왕과 결혼할 가능성이 상당히 높아지는 것이다. 더불어 학생들이 직접 왕과 왕비가 되어 서로 결혼할 수 있는 가능성을 높이기(또는 낮추기) 위한 방법을 찾을 수도 있다.

그리고 역사에 따르면 솔로몬 왕은 시바 여왕과 결혼을 하여 에티오피아의 첫 번째 왕이 된 아들을 얻었다고 한다.

문제를 해결하는 연기자인 학생들

– 유목민의 유언 –

다음의 유명한 이야기도 다양하게 바뀌어 소개되고 있다. 그 중 하나는 다음과 같다.

옛날에 나이 많은 유목민과 그의 세 아들이 있었다.

아마 이 문장만 제시해도 이야기를 이해하는데 필요한 몇 가지 질문이 오고갈 수 있다. 유목민이 누군가요? (옮겨 다니면서 목축 생활을 하는 부족) 이들은 어디에 사나요? (동아시아와 북아프리카) 이들은 어떻게 여행을 하나요? (낙타로). 이러한 의문이 해결되면 이야기를 계속 이어갈 수 있다.

두말할 필요도 없이 낙타는 유목민에게 가장 중요하다. 낙타는 유목민들이 여행을 하거나 여러 지역으로 물품을 수송하는데 사용될 뿐 아니라, 낙타의 가죽으로 멋진 코트나 천막에 까는 융단을 만든다. 더불어 낙타는 몇 주를 살아갈 수 있는 음식과 물을 몸 속에 담아둘 수 있기에 사막을 여행하는데 아주 좋은 동물이다. 우리는 낙타와 나이 많은 유목민 그리고 세 아들에 대하여 이야기한다.

나이 많은 사람들에게 매번 일어나는 것처럼, 나이 많은 유목민은 결국 죽는다. 그리고 매번 일어나는 것처럼, 세 명의 아들이 아버지가 남긴 보물을 어떻게 나눌까 하는 좋은 방법을 고민하고 있다. 그런데 아버지가 남긴 보물은 무엇이지? 바로 낙타이다. 아버지는 큰 아들에게 낙타의 1/2을, 두 번째 아들에게 낙타의 1/3을 그리고 막내아들에게 낙타의 1/9을 나누어 가지도록 유언했다. 지금 낙타가 17마리 있다.

결국 세 아들은 매우 어려운 문제를 해결해야 했다. 낙타를 잘라 나눌 수도 없고, 돈을 주고 팔아 이 돈을 나눌 수도 없었다. 특히 돈을 주고 파는 것은 자신들의 부족에서 있을 수 없는 일이며 아버지의 유언을 무시하는 생각이다. 그래서 세 아들은 생각하고 생각하고 또 생각하고… 그러나 해답을 얻을 수 없었다. 그래서 자기 부족의 가장 현명한 어르신을 찾아가 조언을 구하기로 결정했다. 이 어르신을 사방팔방으로 찾아다녔고 결국 낙타와 함께 나무 밑에서 쉬고 있는 어르신을 찾았다. 세 아들은 자신들의 문제가 전혀 풀리지 않았고 그래서 어떻게 해결하면 좋을지 조언을 구하러 왔다고 이야기했다.

이 어르신은 절대 싸울 필요 없다고 이야기하며, 자신의 낙타를 가져가 당신들의 낙타 무리에 포함시키라고 알려주었다. 이 얼마나 고마운 일인가. 아들들은 전혀 기대하지 못했던 친절함을 이해할 수가 없었다. 그러나 현명한 어르신은 다음과 같이 이야기했다.

우선 큰 아들이 9마리의 낙타를 가져가면 18의 1/2이고, 둘째 아들이 6마리의 낙타를 가져가면 18의 1/3 그리고 막내아들이 2마리를 가져가면 18의 1/9가 되네. 그러고 난 후, 나는 사랑하는 나의 낙타를 다시 찾아올 걸세. 나무 밑에서 좀 쉬어야 하지 않겠나. 여행을 한 후라 매우 피곤할 테니 말일세.

문제는 해결되었지만 이야기는 아직 끝나지 않았다. 이제 학생들에게 질문할 차례이다. 현명한 노인이 제안하여 아들들이 받아들인 낙타를 나누는 방법이 정말 아버지가 남긴 유언에 따른 것인가? 무엇보다 17에서 9는 17의 반이 아니며 17에서 6은 17의 3분의 1이 아니다. 학생들이 서로 논의하면서 얻어야 하는 결론은 아버지가 남긴 유언으로는 세 아들이 나눈 낙타의 수를 모두 합한 결과가 반드시 17이 될 수가 없다는 것이다. 다시 말해, 어느 누구도 하나의 1/2을 한 아들에게 주고 3/4을 다른 아들에게 줄 수 없다. 왜냐하면 하나의 1/2와 3/4의 합은 하나보다 분명히 크기 때문이다. 어쨌든, 현명한 노인이 제안한 해법은 아버지의 유언에 따른 것은 아니지만 17마리의 낙타를 나누는 상황에서는 가장 비슷하게 나눈 것이다.

Malba Tahan, The Man Who Counted, 1972.■

비슷한 이야기가 말바 타한이 쓴 《셈하는 남자》에 소개되어 있다.

두 명의 여행자가 하나의 낙타로 여행을 하는 중에, 앞의 유목민의 세 아들과 비슷한 어려움에 직면한 세 형제를 만난다. 세 형제는 35마리의 낙타를 각각 1/2, 1/3 그리고 1/9로 나누어야 한다. 두 명의 여행자 중 한 명이 자신들의 낙타를 추가하여 문제를 해결하라고 제안한다. 이에 다른 여행자는 상당히 황당해하며 앞으로 계속해서 여행을 할 수 없을 거라 생각한다. 그러나 큰아들이 36의 1/2인 18마리의 낙타를, 둘째 아들이 36의 1/3인 12마리의 낙타를 그리고 막내아들이 36의 1/9인 4마리의 낙타를 갖게 되어 낙타가 모두 34마리가 된다. 놀라워할 수 있겠지만, 여행자는 한 마리의 낙타를 돌려받았으며 현명한 해결에 대한 선물로 한 마리를 더 받았다. 그래서 두 사람은 서로 다른 낙타를 타고 여행을 계속 할 수 있었다.

■ 브라질의 수학교사가 말바 타한이란 필명으로 쓴 유명한 동화집이다. 13세기 페르시아의 지혜로운 목동 베레미즈를 주인공으로 수학과 관련된 매혹적인 이야기를 하고 있다. (국내 번역서는 《셈도사 베레미즈의 모험》으로 출간)

앞의 두 이야기에 포함된 수학적 아이디어를 좀 더 잘 이해하기 위해 학생들이 자신의 '낙타 이야기'를 써보도록 안내할 수 있다. 비슷한 해법으로 해결 가능한 비슷한 이야기가 전개될 수 있도록 수를 바꾸어 이야기를 써보는 과제를 내어보자. 이렇게 이야기를 몇 번 바꾸어 본 뒤 일반화를 해본다. '좋은' 낙타 이야기를 만들기 위해 어떤 분수가 사용되면 좋을까? 또한 학생들이 낙타 이야기에 대하여 관심이 증폭될 즈음, 수뿐 아니라 시나리오도 다양하게 바꿀 수 있다. 분명한 것은 학생들이 관심을 가져야 하는 수학적 활동은 낙타가 아니라 분수라는 것이다.

세 마리 곰에 대한 다른 스토리

누구나 세 마리 곰에 대한 스토리를 들어왔다. 당연히 아빠 곰, 엄마 곰, 아기 곰에 대한 스토리이다. 그러나 지금부터 다른 스토리가 소개된다. 이 스토리에는 금발소녀도 없고 소녀가 먹은 죽도 없다. 단지 사과를 어떻게 공평하게 나누는지 만이 있다. 즉, 이야기는 다음과 같다.

옛날에 세 마리의 곰이 있었어요. 혹시 세 마리의 곰이 아빠곰, 엄마곰, 아기곰이라 생각하나요? 오늘은 그렇지 않아요. 모두 남매 곰이냐고요? 혹시 세쌍둥이? 삼형제? 암컷 두 마리와 수컷 한 마리? 원하는 대로 결정해도 돼요. 직접 세 마리 곰에게 이름을 지어줘도 되고요. 우선은 미니, 미키, 몰리라고 부를게요.

화창한 어느 날, 삼남매인 곰 세 마리가 숲을 거닐고 있어요. 게임도 하고 딸기도 따고 너무도 즐거워 보이네요. 그런데 너무 재미있게 게임을 하다 보니 깜깜해진 것을 모른 거예요. 갑자기 어두워진 것을 안 곰 세 마리는 깜짝 놀라 집으로 가려 했지만, 집으로 가는 길을 못 찾았어요. 곰 세 마리는 너무도 배고프고 피곤했지요. 결국 나무 밑에서 쉬다가 모두 잠이 들어버렸어요. 그때 착한 요정이 지나가다 곰 세 마리가 배고파하는 것을 보았답니다. 그래서 요정은 사과가 들은 바구니를 남기고는 숲을 계속 지나갔어요. 잠을 자던 미니가 잠시 잠에서 깨어났어요. 미니는 바구니에 담긴 빨간 사과를 보고는 '너무도 고마워라. 사과가 너무도 맛있겠는걸. 배가 너무 고프니 모두 먹어버려야지.'라고 생각했어요. 그러나 두 동생이 자는 게 보였어요. 그리고 엄마곰이 '동생들과 나눠먹어야 한다.'고 한 말이 기억났어요. 그래서 미니는 바구니에 담긴 사과 1/3만을 먹고 다시 잠을 잤답니다.

몇 시간에 지나 미키가 일어났어요. 미키는 바구니의 맛좋아 보이는 빨간 사과를 보며 '너무도 고마워라. 사과가 너무도 맛있겠는걸. 배가 너무 고프니 모두 먹어버려야지.'라고 생각했어요. 그런데 미키는 누나와 동생이 곁에서 자고 있었고, 모두 미키처럼 배고프다는 것을 기억했어요. 또한 엄마 곰이 '항상 나눠먹어야 한다'고 가르쳐주신 것을 기억했어요. 그래서 미키는 바구니에 담긴 사과의 1/3만을 먹고 다시 잠을 잤답니다.

또 몇 시간이 지나….

이 부분은 학생 중의 한 명이 이야기를 계속 전개할 수 있는 좋은 부분이다. 패턴이 너무도 분명하기 때문이다. 곰 한 마리, 다음 기회, 바구니에 담긴 사과의 1/3을 먹다. 이제 마지막 곰 몰리가 사과를 먹고 잠이 들었다는 이야기 이후, 다음의 이야기를 제공한다.

아주 천천히 숲이 환해지면서 해님이 반짝이는 아침이 되었어요. 새들이 노래하고 이 노랫소리에 곰 세 마리가 잠에서 깨어났어요. 곰 세 마리는 나무 밑에 놓여 있는 사과 바구니를 보았어요. 바구니 안의 사과는 어떻게 되었을까요?

이제 학생들이 자신의 의견을 제시할 차례다. 몇몇의 학생들은 "곰 세 마리가 사과의 1/3씩을 먹었으니 바구니가 비어 있어요"라고 답할 것이다. 그러나 다른 학생들은 이 의견에 반대하면서 "곰 세 마리 각각이 먹은 사과의 개수는 바구니에 담겨 있는 개수의 1/3이구요. 따라서 잠에서 깬 곰이 바구니에 담겨 있는 사과의 1/3을 먹었다면, 이 바구니에는 2/3가 남아 있어야 해요"라고 답할 것이다. 학생들 모두가 이러한 의견에 동의할 때, 이제 질문을 던지면 된다. 만약 아침이 되어 곰 세 마리가 잠에서 깨어났을 때 바구니에 최종적으로 8개의 사과가 남아 있었다면, 요정이 곰 세 마리를 위해 나무 밑에 놓아둔 바구니에는 몇 개의 사과가 담겨 있었던 걸까요?

이 이야기를 초등학생부터 예비 교사에게까지 소개할 수 있다. 교사라면 이 문제를 해결하기 위해 방정식을 사용할 수 있다. 그러나 쉽게 해결되지 않는다. 그보다 '거꾸로 생각하기 전략'이나 '그림 그리기 전략'을 사용하는 것이 답을 훨씬 빨리 찾을 수 있으며 설득력 있어 보인다. 아침에 사과 8개가 남아 있었다. 이 8개는 몰리가 잠에서 깨어났을 때 몰리가 본 사과의 2/3이다. 즉, 몰리가 깨어났을 때 바구니에는 12개의 사과가 들어 있었다. 이 12개는 미키가 잠에서 깨어났을 때 바구니에 담겨 있던 사과의 2/3이다. 즉, 미키가 깨어났을 때 바구니에는 18개의 사과가 들어 있었다. 마지막으로 18개는 미니가 잠에서 깨어났을 때 요정이 놓고 간 바구니에 담겨 있던 사과의 2/3이다. 따라서 최초 바구니에 담겨있던 사과는 총 27개였다.

위 문제의 정답을 찾는 게 주요 관심사는 아니다. 지금 가장 논의하고 싶은 것은 '곰 세 마리 이야기는 분수가 가진 아이디어(분수는 전체로 제시된 처음의 양과 관련이 있으며 이 전체량은 바뀔 수도 있다.)를 재미있고 매우 효과적으로 소개하고 있다'는 것이다.

학생들의 "곰 세 마리가 사과의 1/3씩을 먹었으니 바구니가 비어 있어요"라는 반응은 같은 분수로 주어진 양을 늘리고 줄이는 상황에서 많이 보이는 오개념이다. 예를 들어, 가격을 10% 올린 다음 다시 10% 내렸다고 하자. 어떤 모임에 등록자가 전년보다 1/5 늘었고 다음 년에 1/5 줄었다고 하자. 두 상황은 직관적으로 보면 10% 올랐고 다시 10% 내렸으니 그리고 1/5 늘었고 1/5 줄었으니 변화가 없는 것 같다. 그러나 처음

양에서 10%(1/5) 올랐고 그 늘어난 양에서 10%(1/5) 줄었으니 변화되기 전과 후의 양이 달라 최종적인 양이 같을 수 없다. 많은 연구물에 이 오개념이 소개되어 있다. 곰 세 마리와 사과에 대한 이야기를 통해, 학생들이 분수 문제에서 '주어진 전체량'을 고려하는 게 얼마나 중요한지를 다시 한 번 생각하는 계기가 되기를 바란다.

9

농담을 포함한 스토리

수학은 50% 정도가 공식(formulas)이고, 50% 정도가 증명(proof)이며, 50% 정도가 상상(imagination)이다. -어떤 사람이 쓴 글

탈무드에는 "모든 수업은 재미있는 실례로 시작하라(Pesachim, 177a)"라고 적혀 있다. 말하지 않아도 수학 시간에는 절대 불가능하다. 2장에서 스토리텔링을 향상시키는 중요한 요소로 유머를 이미 언급했다. 또한 미소를 머금을 수 있는 상황이나 문구 등을 이용해 유머를 포함시킨 이야기를 몇 가지 예로 소개했다.

이 책을 읽는 동안 유머를 정확히 강조하지는 않았지만, 몇몇의 이야기에 다양한 유머가 살며시 확인이 되었을 것이다. 예를 들어, 옷 한 벌을 입는 이야기에서 모자를 37개 중에 선택해야 한다는 부분이 있었다. 학생들은 "37개의 모자를 가진 사람이 있을까?" 하며 미소를 지으면서 이야기에 포함된 수학적 아이디어를 이해하는데 관심을 갖게 된다.

또한 아르키메데스의 동료인 바르톨로뮤가 자신의 일을 그만 두고 자메이카로 내려가 여행자를 위해 목각 원을 만들겠다는 이야기가 있었다. 물론 아직 소개되지는 않았지만 무수히 많은 방법으로 이야기에 유머를 삽입할 수 있다. 예를 들어, 농부 잭이 헛간으로 돌아오는 까마귀를 기다리는 이야기에서 잭이 무엇을 하며 까마귀를 기다렸나? 너무도 지루할 정도로 헛간에 그냥 앉아 있기만 했을까? 아마 잭은 까마귀 잡는 법을 찾기 위해 인터넷을 검색할 수도 있고 랩을 내려받을 수도 있다. 분명 교사는 농부 잭이 까마귀를 기다리는 동안 할 수 있는 무언가를 선택할 것으로 본다. 당연히 학생들이라면 현재 관심 있어 하는 것 중에서 선택할 것이다.

스토리를 전개할 때 수학적 아이디어와 관련이 없어 보이는 유머를 넣어 재미있는 상황을 추가하면, 학생들은 스토리를 읽는 동안 계속 흥미를 유지할 수 있다.

이 부분은 교육이라는 영역에서 거의 언급되지 않으며 특히 수학 교육에서는 완전히 무시되는 특별한 종류의 짧은 이야기인 '농담'을 강조한다. 신중하게 선택된 농담이 교실 수업에 어떻게 도움이 되는지를 이야기해본다. 농담이 적절하게 선택되어 사용된다면 어떤 종류의 농담도 수업 분위기를 높이고 수업에 참여한 학생의 기분을 즐겁

게 하여 간접적으로 학습력을 신장시키는데 도움이 된다. 특히 수학(수학 학습, 이해, 수학적 언어 그리고 비공식적 평가)과 관련된 특별한 농담을 논해보자.

준 비

세 부류의 수학자가 있다. 수를 셀 수 있는 수학자와 수를 셀 수 없는 수학자.

만약 이 농담을 수학자가 직접 한다면 정말 웃길 것이다. 왜냐하면 이 농담에서 '세 부류'로 수학자를 구분하면서 한 부류는 수를 셀 수 있는 수학자, 또 한 부류는 수를 셀 수 없는 수학자 그리고 나머지 한 부류는 언급이 없기 때문이다. 즉, 이 농담을 소개한 수학자는 셋의 의미도 모르는 수학자인 것이다.

무언가를 기대하면서 이러한 농담을 들었다가 기대가 깨지면서■ 사람들은 결국 웃게 된다.

다음은 그리 어렵지 않으면서도 산술 상황이 포함된 농담들이다.

■ 좀 더 예를 들어보자.
'A는 영어 교사이고 학생들에게 이렇게 수업을 진행하고 있다. 직업을 가지고 이 직업에 종사하는 사람을 영어로 표시한다면 직업에 "er"을 붙이세요. "work"는 "worker"가 되죠. 그런데 예외가 있어요. "doctor"는 "doct"에 "er"이 아니라 "or"을 붙인답니다.
⇒ 누군가 이 글을 읽을 때, '영어 교사니까 영어를 잘 하겠지'하고 기대를 했는데 결국 'doctor'라는 단어조차 모르고 있으니 웃음이 나올 수밖에 없다.

교사 : 북극에 사는 6마리의 동물 이름을 대보세요.

학생 : 바다표범 세 마리하고 북극곰 세 마리요.■

학생 : 옳은 것은? '5 plus 4 is 11' 또는 '5 plus 4 are 11'

교사 : 다 틀려요. 5 더하기 4는 9입니다.◆

프렌 : 아빠, 이 수들의 최대공약수 찾는 걸 좀 도와주세요.

아빠 : 맙소사! 얘네들 아직도 못 찾았데? 아빠가 네 나이일 때부터 얘네들이 최대공약수를 계속 찾았단다. ●

교사 : 만약 네 아빠가 10달러를 가지고 계시고 네가 6달러를 달라고 아빠에게 부탁을 한 거야. 그렇다면 이제 아빠는 몇 달러를 가지고 계실까?

학생 : 10달러요.

교사 : 너 혹시 뺄셈을 모르니?

학생 : 선생님은 저희 아빠를 모르시잖아요.

교사 : 456에 1098을 더하면 너는 답으로 무엇을 가질까?

■ 교사 : Name six animals of the Arctic region.
학생 : Three walruses and three polar bears.
⇒ 영어로 'Name'은 '이름을 말하다'이기도 하지만 '지적하다'이기도 하다. 따라서 학생이 6마리의 동물을 지적해 바다표범 세 마리와 북극곰 세 마리를 지적한 것이다.

◆ 교사 : Which is correct—five plus four is eleven or five plus four are eleven?
학생 : Neither. Five plus four is nine.
⇒ 교사는 '5 더하기 4' 뒤에 올 동사가 단수 'is'인지 복수 'are' 인지를 질문했는데, 학생은 수학적으로 교사의 질문을 수학적으로 풀어 '9'라고 답한 것이다.

학생 : 잘못된 답이요.■

질문 : 왜 수학책이 자살했을까요?

대답 : 너무 문제가 많아서요.◆

이건(Egan, 1997)은 어린이들이 자신들이 사용하는 언어를 반성하도록 그리고 언어를 인지할 수 있도록 도와주는 도구가 농담(joke)이라고 지적했다. 비슷하게, 수학적 농담도 수학적 언어를 예리하게 통찰할 수 있도록 그리고 암묵적으로 숨겨져 있는 가설을 예리하게 통찰할 수 있도록 돕는다. 이러한 견해를 잘 실천하려면, 농담이나 수수께끼를 완전히 이해할 수 있도록 관련된 지식이나 특정 주제에 대한 지식이 준비되어 있어야 한다. 다음의 이야기를 읽어보자.

화난 부인 : 당신은 11시 45분에 도착할 거라고 말했잖아요. 그런데 지금 새벽 3시예요.

수학적인 성향의 남편 : 분명히 12의 1/4(at quarter of 12)에 도착한다고 말했지요. 근데, 봐요. 정확히 도착했잖아요.●

■ 교사 : If you add 456 and 1098, what do you get?
학생 : A wrong answer.
⇒ 위 학생의 대답을 통해 예측하건대, 이 학생은 덧셈을 바르게 할 줄 모른다. 왜냐하면 교사가 'what do you get' 즉 'get'을 사용해서 '가질까'라고 물으니 학생이 '틀린 답을 갖게 된다'고 답을 하고 있기 때문이다.

◆ 질문 : Why did the math book commit suicide?
답 : It had too many problems.
⇒ 전형적인 농담이다. 수학책에는 문제가 많고 문제가 많으면 마음이 편치 못하고, 이러한 분위기를 묻고 답한 농담이다.

● Angry wife : You said you will be home by 11:45, now it is 3am!
Mathematically inclined husband : I said I will arrive at quarter of 12, I'm exactly on time, dear.
⇒ 남편은 'at quarter of 12' 즉, 12의 1/4에 도착한다고 말했는데, 수학적으로 보면 12의 1/4가 3이다. 그리고 11시 45분은 영어로 'quarter to 12'인데 부인이 영어를 착각하여 들었다.

물론 이 농담을 이용해 12의 1/4이 무엇인지 가르치려는 것은 아니다. 그러나 이 농담 안에서, 12의 1/4이 무엇인지 어느 정도 아는 것(선지식이 준비되어 있어야 함)은 상당히 중요하다. 이러한 선지식은 많은 수학적 농담을 음미하기 위해서도 반드시 필요하다.

Q: What is purple and commutes to work?

A: An Abelian grape.■

아마도 아주 소수의 사람만이 이 농담을 재미있어 할 것이다. 왜냐하면 이 이야기를 이해하려면 이 농담을 읽자마다 군(group)의 수학적 구조와 교환법칙 개념을 알고 있어야 하기 때문이다. 그리고 교환 군이 아벨군(Abelian group)◆ 임을 생각해내야 하기 때문이다. 아벨군에서 모든 원소는 a*b=b*a인 교환법칙을 만족하므로 'commute(교환)' 되어야 한다.

이 농담은 유머가 가진 또 다른 특징을 강조한다. 만약 유머가 부수적인 설명이 뒤따라야 한다면, 유머를 듣는 사람에게 전혀 유머로 들리지 않을 것이다. 그럼에도 불구하고 우리가 이 농담을 소개한 이유는 유머를 이해하기 위해서는 선지식이 상당히 중요함을 강조하기 위해서이다.

코헨(Cohen, 1999)은 이러한 종류의 농담을 '기밀(hermetic)'이라 소개한다. 농담을

■ 이 질문은 'Abelian groups'을 포함시켜 수학적 유머를 만든 것 중의 하나이다(Rentein and Dindes, 2005). 몇 가지를 더 소개하면 다음과 같다. (http://mathworld.wolfram.com 참고)

① What is purple and commutes? An Abelian grape

② What is lavender and commutes? An Abelian semigrape.

③ What is purple, commutes, and is worshipped by a limited number of people? A limitely-venerated Abelian grape.

④ What is nutritious and commutes? An Abelian soup.

◆ 명성 있는 노르웨이의 수학자 아벨(Niels Henrik Abel)의 이름을 이용한 군

이해하기 위해 기본적으로 지식이나 믿음이 필요하기 때문이다. 많은 사람들은 '기밀'을 숨겨진 농담으로 안다. 교사가 수업시간에 학생들에게 소개하는 다음의 예를 읽어 보자.

시험에 나오는 문제들은 수업시간에 여러분이 풀이한 문제들과 유사하구요. 물론 문제에 수는 다르죠. 그래도 완전히 다 다르게 바꾸지는 않을 게요. π는 항상 3.14159…이니까요.

이 예는 교사가 π값을 학생들에게 강조하기 위해서가 아니라 π는 상수(constant)로 변하지 않는다는 걸 알려주기 위한 것이다. 즉, 농담은 교사가 비공식적인 평가의 도구로 활용 가능하다.

농담과 언어

왜 6이 7을 무서워할까요?

왜냐하면 7-8-9(영어로 seven ate nine이다)니까요.■

■ Why was 6 afraid of 7?
Because 7–8–9 (seven ate nine)
⇒ 7–8–9를 영어로 읽으면 'seven eight nine'인데 'eight'의 소리가 'ate'와 유사해서 나온 유머이다.

열두 척의 배가 부두에 정착되어 있고,

열두 명의 선장이 부둣가에 모여 있고,

각 선장이 배를 선택하니,

아직도 한 다스의 배가 남아 있구나.■

이렇게 놀리는 듯한 글에도 '수 세기'라든가 '12를 한 다스라고 한다'와 같은 수학적 내용이 들어 있다. 더불어 위의 농담은 동음이의어를 이용하고 있어, 글을 다시 번역하기보다 그냥 말하고 듣는 것이 훨씬 재미있다. 이러한 농담은 수학적 내용을 사용하기는 하지만 수학에 대한 것은 아니다. 또한 이러한 농담이 다른 언어로 번역된다면 이 농담에 담겨 있는 유머를 잃게 된다. 이러한 농담은 수학과 영어를 함께 공부하는데 또는 영어를 좀 더 예리하게 볼 수 있도록 노력해야 하는 영어를 제2국어로 하는 학생들이 공부하는데 가치 있는 예가 된다.

다음의 예는 읽는 소리는 같은데 수학적 의미와 일상적 의미가 달라 웃음을 자아내는 농담이다.

교사 : 부피를 키우려면 어떻게 해야 하나요?

학생 : 손잡이를 돌려요.◆

■ 원 책에서는 다음을 소개하고 있다. 여기서 'pair'과 'pear'는 동음이의어다.
Twelve pairs hanging high,
Twelve knights riding by,
Each knight took a pear,
And yet left a dozen there
⇒ 위 '배'와 '배'는 서로 다른 '배'이다. 첫 줄과 넷째 줄의 배는 'bout'이고 셋째 줄의 배는 'pear'이다.

◆ 교사 : What do we do to increase the volume?
학생 : Turn the knob!
⇒ 교사는 'volume'을 '부피'로 지적하고 질문을 했는데, 학생은 '음량'으로 들은 것이다.

세 명의 손님이 다과회에 왔다. 설탕 바구니에 각설탕 20개가 있다. 세 손님 모두 자신의 찻잔에 홀수개의 각설탕을 넣었다. 세 손님은 모두 20개의 각설탕을 넣었다. 각각의 손님이 자신의 찻잔에 각설탕을 몇 개씩 넣었나?

'7–8–9'나 '배'에 대한 농담은 웃음만을 준다면, 위의 예는 이어지는 활동을 안내한다. 사실, 각설탕 이야기는 짝수와 홀수의 몇 가지 성질을 탐색하고 증명하기 위해 제공되는 예로 자주 소개된다. 몇 분간 답이 무엇일까를 찾으려 노력하면서 학생들은 홀수 3개를 더하면 반드시 홀수가 되어야 하며 그 합이 20이 될 수 없다는 논의를 알게 된다. 그러고는 학생들이 홀수 3개의 합이 20이 될 수 없음을 다른 친구들에게 설득하도록 노력할 수 있게 몇 분의 시간을 줄 수도 있다. 그러고 나서 이렇게 말한다.

"분명 1개, 1개, 18개를 넣었어요."

"그런데 18은 안 돼요. 홀수(odd)가 아니니까요" — 학생들이 반응이 이럴 것이다.

"그렇지 않아요. 하나의 찻잔에 18개의 각설탕을 넣을 수 있을까요? 이렇게 많이 넣는다는 것도 이상하니 18은 이상한(odd) 수인 거죠."■

학생들이 서로 가능한 답을 계속 논의하고 있는데 누군가 이렇게 농담을 던지면 '누굴 놀리나' 하는 기분이 들기도 한다. 이때, 교사가 장난스러운 답을 하나 선택하여 진

■ "Actually, it was 1, 1, and 18."
"But 18 is not an odd number!"
"But it is an odd number of sugar cubes to put into your tea, isn't it?"
⇒ 'odd'는 짝수의 반대인 '홀수'이기도 하지만 '이상한'으로 번역되기도 한다. 마지막 대답은 하나의 찻잔에 18개의 각설탕을 넣을 수 없다는 의미를 담고 있다.

짜 수학적 해법을 소개할 수 있다.

"8개의 작은 각설탕을 녹여 하나의 '큰' 각설탕을 만들어보면 어떠니, 그렇게 하면 1(큰 각설탕), 5, 7로 모두 홀수개잖아."

물론 교사가 학생들에게 이 해법을 소개함으로써, 학생들은 이 해법이 타당한지 아닌지 그리고 의도된 설명인지 아닌지 등에 대해 왕성하게 논의할 수도 있을 것이다.

수학적 문장의 뜻과 질문을 이용해 유머를 포함한 상황을 만들 수 있다.

교사 : 12에서 3을 얼마나 많이 뺄 수 있나요?

학생 : 제가 원하는 대로 얼마든지요. 그래봤자 결과는 항상 9이지만요.

교사가 학생에게 제시한 이 질문은 12에서 3을 몇 번 빼어야 0이 되는지를 이용해 나눗셈을 지도하는데 활용된다. 12 ÷ 3을 설명하기 위해 12개를 3개씩 제거하면 총 몇 번 제거가 되는지를 상상해야 한다. 7장에서 '0으로 나누기'를 소개하면서 이미 이야기해본 것처럼 12 ÷ 3에 대한 이 설명은 포함제이다. 즉 나눗셈을 반복해서 빼기로 설명한 것이다. 12 – 3 – 3 – 3 – 3 = 0. 따라서 교사의 질문에 대한 답은 4이다.

그러나 교사가 원하는 답과 다른 반응을 자랑스럽게 대답하는 학생들이 일반 수학교실에서도 확인이 가능하다. 위 학생의 반응은 이처럼 교사의 의도와 다른 대답이 가능함을 소개하는 좋은 방법이기도 하다.

수학자에 대한 농담

앞에서 이미 소개한 기밀 유머로 잘 알려진 형태가 수학자에 대한 유머이다. 수학자가 어떻게 생각하는지를 기본 지식으로 잘 알고 있어야 하기 때문이다.

기술자, 물리학자 그리고 수힉자가 초원에시 양 무리를 보고 있다. 세 시람은 양 무리를 넣을 가장 짧은 길이의 울타리가 무엇일지 이야기를 나누고 있다. 기술자는, 먼저 원을 그려 그 안에 모든 양들을 넣은 뒤 양 주위에 울타리를 친다고 주장하였다. "이렇게 울타리를 치기 위해 원이 가장 짧을 거 같죠. 이게 가장 적절한 해법이네요." 다음은 물리학자이다. 물리학자는 양 주위에 반지름이 무한히 긴 원형의 울타리를 먼저 만들고 양들이 그 안에 꽉 차도록 울타리를 점점 좁힌다고 주장했다. "양을 모두 넣을 수 있는 가장 작은 원인 것 같아요." 마지막이 수학자의 차례이다. 수학자는 이 문제를 읽고 잠시 생각에 잠긴 뒤, 자신의 주변에 작은 울타리를 만들고 이렇게 주장했다. "내가 이 울타리의 밖에 있다고 정의하면 양은 울타리의 안에 있는 게 되죠!■"

화학자, 물리학자 그리고 수학자가 외딴 섬에 갇혀 오도가도 못 하고 있는데, 음식 캔 하나가 해안가로 굴러왔다. 화학자와 물리학자는 이 캔을 열기 위한 방법을 생각하느라 안간힘을 쓰고 있다. 그런데 갑자기 수학자가 반짝이는 아이디어를 내며 말했다. "우리 이 캔을 딸 수 있는 캔 따개가 있다고 가정해봅시다. 그렇다면…"◆

■ 수학자가 말한 것은 "I define myself to be on the outside and the sheep to be on the inside!"로, 즉, 수학자답게 자신이 밖에 있다고 정의(define)해 버린 결과 양들이 안에 있게 된 것이다. 수학자는 정의하는 것을 좋아한다.

◆ 수학자가 말한 것은 "Assume we have a can opener…"로, 즉, 수학자답게 가정(assume)해 보면 어떨까 하는 반응이다. 수학자는 가정하는 것을 좋아한다.

수학자처럼 생각해야 이해가 되는 재미있는 이야기 농담으로 물을 끓이는 수학자에 대한 것이 있다.

침실에 물주전자가 있고, 부엌에 난로가 있으며, 차를 한 잔 마시고 싶어 물을 끓여야 하는 수학자가 있다. 그래서 이 수학자는 침실에서 주전자를 들고 부엌으로 가 물을 끓여 차를 한 잔 마셨다.

여기까지에는 어디에도 농담을 확인할 수 없다. 이제 나온다.

그런데 문제가 생겼다. 지금 물주전자가 부엌에 있고 이 수학자는 차를 한 잔 더 마시기 위해 물을 끓여야 했다. 이 수학자가 어떻게 할까? 아마, 먼저 물주전자를 침실로 다시 가지고 올 것이다. 그러고 나면 이제 앞서 이미 해결한 문제이다.■

■ 원문은 "Well, he brings the kettle into the bedroom—and now he has a problem he has already solved."이다. 즉, 앞서 차를 한잔 마시기 위해 '① 침실에서 물주전자를 부엌으로 옮기기 ② 물을 넣어 물 끓이기 ③ 차 마시기'의 순서를 활용했다. 따라서 부엌에 있는 물주전자를 침실로만 옮겨놓으면 이 순서를 다시 활용하면 된다. 수학자는 똑같은 절차를 두 번 언급하지 않는다. 그냥 앞의 방법처럼 하면 된다고 이 방법을 일반화하여 사용할 뿐이다.

몇몇의 학생들이 물 끓이기 농담을 들었을 때 거의 어리벙벙해하며, 이 농담을 이해했다기보다 선생님의 노력에 예의를 갖추기 위해 미소를 보이는 것 같았다. 그러나 이 농담은 깊은 수학적인 핵심 경험을 제시한다. 우리는 이미 잘 알고 있는 것에 기인해 새로운 정보를 유도하고, 우리는 이미 잘 알고 있는 것으로부터 새로운 알고리즘을 세우고, 우리는 어려워 보이는 문제를 익숙한 것처럼 보이도록 수정한다. 이미 잘 알고 있는 지식에 기인한 예들은 무수히 많다. 사각형의 넓이 공식을 안다면 이 공식으로부터 삼각형의 넓이 공식을 유도한다, 익숙한 덧셈을 근거로 곱셈을 유도한다, 정수의 연산은 너무도 확실한 범자연수의 연산에 기초한다 등.

이제 1부터 100까지 더한 유명한 가우스 해법을 생각해보자. 가우스가 사용한 짝짓기 방법(둘씩 짝지어 더한 전략)은 짝수개의 수를 합하기 위한 방법으로 확장될 수 있다. 그렇다면 홀수개의 수는 어떻게 합할까? 몇 가지 방법이 있다. 다음은 1부터 17까지를 합하는 방법들이다.

- 1부터 17까지의 합을 구하기 위해, 우선 17을 잠시 빼고 1부터 16까지 가우스 방법으로 더한다. 그러면 $1+16=17$, $2+15=17$, …로 모두 8개의 짝이 생긴다.

$$8 \times 17 + 17 = 153$$

- 이번에는 1을 잠시 빼고 2부터 17까지 가우스 방법으로 더한다. 그러면 $2+17=19$, $3+16=19$, …로 모두 8개의 짝이 생긴다.

$$8 \times 19 + 1 = 153$$

- 1부터 17 중 가장 가운데 수 9를 뺀 나머지 수를 가우스 방법으로 더한다. 그러면 $1+17=18$, $2+16=18$, …로 모두 8개의 짝이 생긴다.

$$8 \times 18 + 9 = 153$$

- 다음과 같이 1부터 17까지 나열한 순서를 바꾸어 17부터 1까지 나열할 수 있다.

1	2	3	4	5	6	7	8	9	10	11	12	13	14	15	16	17
17	16	15	14	13	12	11	10	9	8	7	6	5	4	3	2	1

이제 위 칸의 수에 아래 칸의 수를 더하면 $1+17=18$, $2+16=18$, …로 합이 18인 17개의 짝이 생긴다.

$$18 \times 17 \div 2 = 153$$

이 각각의 전략은 이미 익숙한 가우스의 짝짓기 방법을 이용한 것이다. "비슷하면서 단순한 문제를 생각하라"는 전략은 책《어떻게 풀 것인가(How to Solve it)》(Polya, 1945/1988)에 구체적으로 소개된 강력한 발견술이다. 적어도 이 전략은 순서에 따르는 지시문으로 소개될 수도 있고, 이야기로 소개될 수도 있다. 익숙한 것과 관련을 짓는 것은 수학자들이 문제를 풀 때, 정리(theorem)를 증명할 때, 그리고 물을 끓을 때에도 상당히 도움을 준다.

유머와 농담에 대한 단원인데, 위 이야기는 너무 수학적인 것 같다. 자, 다시 수학적으로 사고하는 방법에 대한 이야기를 읽어보자.

수학자, 생물학자 그리고 물리학자가 커피전문점에 앉아 반대편의 집으로 사람들이 들어가고 나가는 관경을 바라보고 있다. 처음에 이 집으로 두 명이 들어가는 게 보였다. 잠시 후에 이 집에서 세 명이 나오고 있었다.

기 술 자: 잘못 센 것 같아.

생물학자: 번식한 거로군.

수 학 자: 이제 이 집으로 딱 한 명만 들어가면, 이 집은 다시 빈 집이 될 거야.■

■ 기술자는 정확한 측정이 중요하므로 2명 들어가면 2명이 나와야 하는데 혹시 자기가 잘못 센 게 아닌가 의심하고 있다. 생물학자는 2명이 3명으로 늘어났으니 무언가 새롭게 태어난(reproduced) 것으로 반응하고 있다. 수학자는 2명이 들어가 3명이 되는 상황을 수학적으로 해석하여 집은 1명을 빼앗긴(−1) 것으로 보고 있다. 따라서 1명이 집으로 들어가면 집의 (−1)과 들어가는 사람 (+1)이 만나 '0' 즉 집이 비게 된다고 반응하고 있다.

정확하게 판단하는 것 때문에 웃게 되는 스토리

수학적 사고 중 정확성과 엄밀성이라는 대단한 장점을 강조하는 농담도 있다.

생물학자, 통계학자, 수학자 세 사람이 아프리카 동물여행을 하고 있다. 이들은 차를 타고 대초원을 이동하다 멈추고 쌍안경으로 주변을 돌아보고 있었다.

생물학자: 봐요, 얼룩말 무리가 있네요. 그리고 중간이요. 하얀색 얼룩말이요. 정말 멋져요. 하얀색 얼룩말들(여러 마리)이 있어요. 우리는 유명해질 거예요.

통계학자: 별로 중요하지 않아요. 우리는 단 한 마리의 하얀색 얼룩말을 본 것뿐인데요.

수 학 자: 사실, 우리는 단 한 마리의 얼룩말이 존재하고, 이 얼룩말의 한쪽만이 하얗다는 것을 알 뿐이죠.■

학생들이 추론과 측정을 할 때, 정확성이 자주 필요하다. 이때, 우리가 고려해야 할 부분이 있다. 학생들은 정확하게 측정하는 것을 배워야 한다. 그러나 모든 측정 결과물은 근삿값(approximation)이며, 상황에 따라 측정한 결과물의 정확도가 달라질 수 있다는 것을 학생들이 이해할 수 있어야 한다. 학생들이 측정한 결과물의 정확성이 근삿값일 수 있다는 것을 서서히 알아듣고 인정할 수 있으려면, 여러 번 반복해서 이를 설

■ 생물학자는 번식을 생각해서 1마리가 여러 마리가 될 것으로 보고 여러 마리의 얼룩말이 있다고 반응하고 있다. 그에 반해 통계학자는 정확히 한 마리만이 있다고 반응하고 있다. 마지막으로 수학자는 정확히 한 마리의 얼룩말이 존재하고(there exists one zebra) 이 얼룩말의 보이는 한쪽만이 정확히 하얀색이다(which is white on one side)라고 수학적으로 반응하고 있다.

명하거나 농담 같은 것을 이용해 설명할 수도 있다.

한 관람자가 박물관의 안내원에게 질문했다. "이 미라(mummy)가 몇 살 되었나요?"

"5천년하고 3년 4개월 5일입니다." 안내원은 대답했다.

"당신은 어떻게 정확히 미라의 나이를 아나요?"

"제가 여기서 일을 시작한 날, '이 미라는 5000년 되었다'는 표시를 보았거든요. 그리고 제가 일한 날이 3년 4개월 5일이랍니다."

정확성과 관련한 농담은 학생들이 측정해야 하는 상황과 그 결과값을 서로 논의하는데 좋은 출발점이 된다. 더불어 농담은 드러나지 않고도 학생들을 평가하는 도구로 사용되기도 한다. 학생들이 짓는 미소는 '선생님, 저 알아요.'라는 반응을 나타내기도 하며, 학생들의 이러한 반응을 근거로 수학적 내용, 용어 또는 아이디어를 학생들이 얼마나 이해했는지 평가할 수도 있다.

순환과 유머

수학적인 유머를 좀 더 학문적인 입장에서 활용한 것이 순환■(self-reference)이다.

■ 저서에는 'self reference' 즉 '자기지시' 및 '자기언급'이라는 단어로 제시되어 있다. 이 주제에 소개된 농담을 읽어보면 '순환'이 즐거움을 준다는 내용임을 통해 번역자는 '순환(반복)'이라는 단어를 선택했다.

다음의 예를 특정 교과 내용과 관련되지는 않았지만, 읽는 사람에게 미소를 짓게 한다.

부엌에 붙어 있는 글

집안 법칙: #1 엄마는 항상 옳다.

#2 만약 엄마가 옳지 않다면, #1을 참고하라.

호프스태터의 법칙(Hofstadter's Law)

당신이 예상한 것보다 항상 시간이 더 걸린다. 당신이 호프스태터의 법칙을 생각할 때조차도 그러하다.■ (Hofstadter, 1980, p.152)

요 약

이제 웃으며 이 단원을 요약, 정리할 수 있다. 수학적 주제에 적합한 농담을 찾거나 새롭게 만들 수 있기를 기대하는 것은 아니다. 또한 모든 스토리에 유머가 포함되어야 한다고 주장하는 것도 아니다. 그러나 그렇게 할 수 있다면 조금이라도 긍정적인 학습 결과가 가능하지 않을까 기대할 뿐이다.

■ 이 이론을 일반적으로 '재귀이론'이라고 한다. 무엇을 하든 우리가 예상한 것보다 시간이 더 걸린다. 그런데 '무엇을 하든 우리가 예상한 것보다 시간이 더 걸린다.'는 것을 생각하고 고민하는데 처음에 예상했던 것 보다 더 시간이 걸린다. 이처럼 'A이다. 그런데 A 하려면 또 A이다'라는 반복을 통해 웃음을 주는 농담인 것이다.

유머를 포함한 수학적인 짧은 스토리는 브레인티저(brain teaser),◆ 교묘한 질문(trick question) 또는 수수께끼(riddle)로 소개되고 있다. 이러한 스토리는 일반적인 농담보다 훨씬 수학적인 해석이나 설명과 같은 지적인 활동을 포함한다. 결국, 이러한 스토리는 수학과 유머를 잘 연결하는 역할을 하는 것이다. 또한 이러한 스토리는 유머의 주요 특징 중 하나인 분리(유머를 들으면서 무엇이 숨겨 있을까 하는 기대와 막상 이 유머를 해석하고 이해했을 때 기대했던 것과 다른 결과물 사이의 분리)가 확인된다. 즉, 이러한 질문이나 수수께끼의 해답이 보통 의외로 간단하며 일단 그 해답이 이해되면 이 해답이 명확해진다. 즉, '농담에 포함된 핵심(punch line)'의 효과가 포함되어 있다.

"수학과 유머는 모두 지적인 놀이의 형태이다. 수학에서 더 많은 지적인 활동이 포함되어 있고 유머에 더 많은 놀이가 포함되어 있다(Paulos, 1980, p. 10)." 스토리 내에 수학과 유머 모두를 함께 담으면, 유머가 없어 딱딱하고 논리적인 지적인 활동의 문맥에 재미있고 경망스러움을 포함시킬 수 있다. 만약 탈무드의 제안을 따르려 한다면 그리고 매일 수업시간을 유머가 담긴 실례로 시작하기를 바란다면, 이를 실천하는데 사용 가능한 유머가 담긴 예를 찾는 방법과 기회는 아주 많이 있다. 그러나 단지 수업을 시작할 때에만 이러한 예를 사용하는 건 옳지 못하다. 가르치는 모든 내용과 모든 수업 상황에 직접적으로 관련되는 유머가 담긴 예를 사용해야 한다.

◆ 보통 번역 없이 brain teaser라고 하는데, 심각하거나 중요하지 않는 재미로 풀어보는 질문, 문제 또는 퍼즐을 모두 지적하는 단어다. 보통 퍼즐로 본다.

10

스토리 창작하기

스토리 창작 순서

정교한 예제 1: 넓이와 둘레

정교한 예제 2: 시간 말하기

간략한 예제 3: 연산법칙

지금까지 몇 가지 스토리를 직접 읽고 경험했다. 또한 스토리를 흥미진진하게 만들기 위한 요소 — 갈등, 심상, 궁금함 그리고 유머 등 — 를 생각했다. 그런데 스토리는 어디서 온 것일까? 만약 학생들이 수학에 흥미를 갖도록 하는 가장 창의적이고 적절한 방법이 스토리를 이용하는 거라 믿는다면, 좋은 스토리를 어떻게 찾을까? 선택할까? 창작할까?

이 장에서 이러한 궁금함을 고민해보려 한다. 즉, '스토리 창작하기 순서'를 소개하고 특정한 수학 주제나 개념에 대한 지도 과정이 어떻게 계획되고 실행되는지를 설명하려 한다.

우선 스토리 창작하기 순서를 나열하고, 각 순서를 구체적으로 설명한 후, 가르치고 배우는 활동에 대하여 계획을 세우는 예시를 들어본다. 이때, '수업 계획'이라든가 '단원 계획'이라는 용어는 피했다. 왜냐하면 가르치고 배우는 활동은 수업의 일부분, 수업 그 자체여야 하며 또한 여러 단계의 수업으로 확장될 수 있어야 하기 때문이다.

스토리 창작 순서

스토리는 6단계에 따라 창작이 가능하다.

1단계: 목표 확인하기

2단계: 문제 확인하기(수학문제나 문제가 될 수 있는 소재)

3단계: 스토리 확인하기. 학생들이 흥미로워 할 방향으로 줄거리가 전개되고 문제가 제시될 수 있도록 스토리에 포함되어야 하는 적절한 요소들을 탐색하기

4단계: 스토리텔링으로 문제를 어떻게 소개할지 조직하기. 학생들이 흥미를 가질 수 있도록 고민하기

5단계: 초기 문제 상황을 확장하고 다양화하기 (선택사항)

6단계: 결론, 마무리

목표 확인하기

목표를 확인하는 것은 실제 스토리를 계획하기 전에 반드시 해야 하는 것이다. 목표는 상당히 다양하다. 특정한 개념이나 주제와 같은 교과서 내용의 일부일 수 있다. 특정한 공식, 법칙 또는 전략과 관련될 수도 있다. 또한 수학적인 아이디어나 방법의 응용성, 아름다움과 같은 메타 내용(meta-content)일 수 있다. 더 나아가, '규준(standards)'이나 '의도적인 학습 결과물'과 같은 교육과정 연구물을 목표로 놓을 수 있다. 물론, 여러 측면을 동시에 고려해야 하는 목표도 가능하다.

예를 들어, 〈왕의 유언〉(7장) 이야기에서 '0으로 나누기'라는 특정한 개념이 목표이다. 〈해적과 묻혀 있는 보물〉(6장) 이야기에서 '측정을 위한 표준 단위'가 목표 개념이며, 단위의 활용성과 응용성은 메타 내용으로 연결된다. 〈가우스와 선생님〉(2장) 이야기를 초등학교에서 활용하면 패턴과 관련한 주제가 목표이고, 고등학교에서 활용하면 등차수열의 원소의 합이 목표이다. 이 스토리에는 '짝지어 합하기' 방법이 특별한 전략으로 소개되어 있는데, 이 전략에 대한 간략화와 다양한 문제에 적용되는 가능성을 메타 내용으로 하고 있다. 〈체스판 위의 곡식〉(6장) 이야기에서 '지수적 성장에 대한 올바른 이해'가 목표이다.

문제 확인하기

일단 목표로서 교육과정 내용이 확인되면, 다음과 같은 질문을 던질 수 있다. 학생들이 이 내용에 관심을 가질 수 있도록 어떤 수학문제나 수학적 활동이 필요할까? 이 특

정 목표에 대해 학생들이 어려워하는 부분이 어디일까? 문제나 어려운 부분을 어떻게 스토리 형식으로 나타낼 수 있을까? 이러한 질문을 기반으로 하여 자료를 좀 더 찾거나 활용 가능성을 조사할 수 있다.

가장 쉽게 접근할 수 있는 방법은 '개인적 지식'을 이용하는 것이다. 경험이 풍부한 교사는 학생들이 어느 부분에서 어려워하는지 잘 알며 이러한 어려움을 어떻게 해결하는지도 잘 안다. 필요할 때마다 개인적 지식을 찾는 게 쉽지는 않지만, 수학적 이야기와 역사적 일화가 담긴 수학문제나 짧은 사건이 담긴 책, 주변 사람이나 인터넷을 이용할 수 있다.

스토리를 확인하고 적절한 요소 탐색하기

'요점'만 있고 감정적인 상황이 없는 스토리는 딱딱하고 낯설다. 그러나 이러한 '요점'적인 스토리도 흥미로운 스토리나 활동으로 바뀔 수 있다. 이런 줄거리를 한번 생각해보자. "신데렐라는 신발 한 짝을 읽어버렸다. 그리고 왕자는 이 신발을 이용해 신데렐라를 찾고 있다." 내용적인 면에서는 틀린 곳이 하나도 없다. 그러나 감정이 빠져 있다.

비슷하게, 수학 주제도 그렇다. 다음 문제를 생각해보자. "1부터 100까지 수의 합을 구하여라." 대부분의 학생들이 이 문제에 별로 흥미를 보이지 않는다. 가르치는 입장에서도 이러한 '요점'만을 담은 문제나 스토리는 재미없다. 따라서 '요점'만을 담은 문제나 스토리를 재미있고 잊지 못할 문제나 스토리로 바꾸어 학생들의 마음을 사로잡아야 한다. 지금까지 소개한, 논의한 그리고 예시한 스토리나 스토리를 구성하는 요소 모두가 이를 위한 것이었다.

물론 모든 문제나 수업을 흥미롭고 학생들의 마음을 사로잡을 수 있는 문제나 수업으로 바꿀 수 있는 건 아니다. 스토리를 구성하는 모든 요소를 이용하는 것 또한 불가능하다. 그러나 적절하게 몇 가지 요소를 선택하려고 노력해야 한다.

대부분의 모든 수학 문제는 줄거리를 가진 스토리로 다시 표현될 수 있다. 멋진 스토리가 생각나지 않을 수도 있다. 또는 적당한 스토리의 시나리오를 찾은 것만으로 너무도 기쁠 수 있다. 아니면 아주아주 다양한 줄거리가 생각나서 그 중의 하나를 선택해야 할지도 모른다. 줄거리를 선택하는 방법 중에 한 가지는 요즈음 학생들이 필요로 하는 것, 관심을 갖고 있는 것을 이용하면 된다.

궁금증은 스토리의 목표나 선택된 문제에 따라 정해진다. 예를 들어, 원의 넓이를 목표로 정한다면, 원을 직접 측정했을 때 어떠한 규칙이 있을까? 정확하게 측정하는 방법은 무엇일까? 원의 넓이를 직접 연구했던 수학자는 누구일까? 등을 궁금해할 수 있다. 갈등은 좀 더 흥미 있는 상황을 만들어 준다. 어두운 그림은 하얀 배경 위에 그릴 때 더욱 선명한 법이다. 해법은 해결이 되지 않을 것 같은 상황에서 더욱 강력해 보인다. 상담자는 방법이 전혀 없을 것 같은 상황에서 더욱 현명해 보인다.

이미지는 읽는 이가 더욱 기억할 수 있고 더욱 흥미 있어 하는 스토리로 전개하는데 도움을 준다. 어떤 스토리는 유머러스하게 글이 전개되며, 어떤 스토리는 인간적인 면에 초점을 두기도 한다.

목표를 어떻게 잡았느냐에 따라 어떤 요소들을 선택해야 할지가 가능하다. 이렇게 질문해봐라. 목표와 관련이 있는 수학적인 것은 무엇인가? 만약에 찾을 수 없다면? 만약에 다르다면? 이처럼 '만약에 …라면(What if)' 질문을 이용하면 문제 상황을 위한 줄거리를 찾고 궁금함을 추가하는데 도움이 된다.

예를 들어, 초등학교 3학년이나 4학년에게 나눗셈을 가르친다고 가정해보자. 이때 나눗셈의 방법을 강조하는 게 아닌, 관련이 있는 무언가로부터 나눗셈의 의미를 유도하는 과정을 강조하고 싶다. 역사적인 연구물을 통해 '17세기까지 명성 있는 대학에서만 나눗셈을 가르쳤다'는 사실을 활용할 수 있다. 이 사실을 이용하면 아주 멋진 스토리를 만들 수 있을 것 같다.

그러나 불행하게도, 이 역사적 자료는 나눗셈의 방법을 학생들이 쉽게 이해하도록 돕는데 활용될 수 없을 것 같다. 그렇다면 "만약에 그렇지 않다면(What if not)? 만약에 나눗셈 방법이 없다면 528개의 구슬을 6명의 친구에게 어떻게 나누어줄 수 있을까?"와 같이 질문할 수 있다. 그런 뒤, "나눗셈 방법을 이용하지 않고 또는 망가진 나눗셈키의 계산기를 이용해 많은 나눗셈 문제를 어떻게 해결할 수 있을까" 하고 수업을 이끌 수 있다. "계산기를 이용하는 게 도움이 될까? 이 나눗셈 문제들을 모두 해결할 수 있을까?" 이러한 질문을 던져 학생들을 궁금하게 만들어야 한다. 학생들은 참여 수업을 통해 나눗셈 방법을 스스로 발명할 수도 있고, 나눗셈과 곱셈 사이의 연결성에 관심을 가질 수도 있으며, 학교 교육과정에서 별로 강조되지 않는 나눗셈과 빼기 사이의 관계를 탐구해볼 수도 있다.

문제를 포함하여 스토리 전개하기

학생들이 풀어야 하는 문제의 힘은 관련된 스토리가 어떻게 전개되느냐에 따른다. 만약 문제들이 스토리 속에 섞여 있다면 스토리가 어떻게 전개되느냐는 상당히 중요하다. 지금까지 스토리를 상호작용하는 형식으로 전개하려 시도했다. 단순히 책에 소개된 스토리를 읽을 때조차도 상호작용하는 형식을 이용했다.

학생들이 문제와 상호작용하는 몇 가지 방법이 있다. 우선 스토리 읽기(말하기)를 멈추고 학생들이 직접 스토리의 문장을 완성하거나 자신의 의견을 소개하는 것이다. 이러한 '관심 끌기' 상호작용은 3장의 〈까마귀와 농부〉 이야기에서 활용하였다. 이 방법은 학생들이 스토리의 일부를 직접 완성하도록 확장될 수 있다. 만약 스토리가 반복적인 패턴으로 전개된다면 이 방법은 상당히 강력하다. 스토리를 이용해 상호작용하는 이 방법은 근본적으로 수학적이다. 왜냐하면 질문이 주어지면 학생이 답해야 하기 때문이다.

지금까지 다양한 수학 문제와 활동을 확인했다. 예를 들어, 교사가 한 벌로 입을 옷 고르기, 체스판 위의 쌀알 개수 세기 또는 원 안에 내접하는 다각형을 그리고 둘레를 재어보기 등이 있었다.

앞서도 이미 강조했지만 유머러스한 목소리로 문제를 소개하는 방법 또한 상당히 도움이 된다. 만약 스토리의 상황 그 자체가 딱딱하다면 이름, 수 또는 배경을 재미있게 선택해 유머를 채울 수 있다.

스토리 확장하기(초기 문제 상황을 확장하거나 다양화하기)

흥미진진한 스토리를 이용해 무언가를 소개하는 것은 교육과정의 목표를 완성하기 위한 시작일 뿐이다. 왜냐하면 학생들은 문제해결, 탐구활동 그리고 연습도 해야 하기 때문이다. 그러나 무언가를 흥미진진한 스토리로 소개하면 상당히 호감 가는 학습 환경을 만들 수 있고, 문제해결, 탐구활동 그리고 연습도 더욱 매력적으로 만들 수 있다. 이미 언급한 것처럼 어떤 스토리는 단지 주제나 내용을 소개하는 데에만 활용된다. 그러나 다른 스토리는 그 주제나 내용을 바탕으로 새로운 무언가를 엮어 확장하기 위해 활용된다. 이렇게 스토리를 활용하려면 스토리와 관련이 있는 활동이 뒤따라야 한다. 예를 들어, 가우스가 1에서 100까지의 합을 구했던 스토리를 읽은 후 학생들이 다른 수열의 합을 직접 찾아보는 활동을 할 때, "가우스와 친구들이 이 문제를 어떻게 풀었을까?"와 같은 질문을 던질 수 있다.

결론

이제 학생들이 직접 참여한 활동을 초기 문제 상황과 연결하면서 수업을 마무리할 수 있다. 예를 들어, 〈체스판 위의 곡식〉 이야기에서 학생들이 스토리를 읽고, 곡식의 양을 계산하고, 곡식의 양이 엄청나게 크다는 것을 경험하고 나서 "그렇다면 정말로 어떻게 됐을까?" 하면서 체스판을 만든 사람의 요구를 왕이 들어줄 수 있는지 없는지 고려해볼 수 있다. 비슷하게 〈해적과 숨겨진 보물〉 이야기에서, 학생들이 스토리를 읽고, 보물을 찾을 수 있는지 함께 논의하고, 어떤 이유에서 보물을 못 찾은 건지 가설을 세우고 나서야 이 스토리가 끝나게 된다.

또 수업을 마무리하는 다른 방법으로는 학생들이 직접 스토리의 결과를 창작한다거나 스토리를 확장할 수 있고, 관련된 문제를 스스로 찾아 소개할 수도 있으며, 이후의 스토리가 될 수 있는 다음 이야기를 직접 창작할 수도 있다. '다음 날 가우스 반의 분위기는 어땠을까?', '아르키메데스는 목욕탕에서 뛰어나온 다음에 무엇을 했을까?', '만약에 바보 같은 수학자가 물이 아니라 우유를 끓이려 한다면?' 이러한 질문에 대한 답은 역사책에서 절대 찾을 수 없다. 단지 학생들만이 답할 수 있다.

지금까지 소개한 순서가 학생들의 교수학습에 어떻게 활용 가능한지를 설명하기 위해, 두 가지 정교한 예와 한 가지 간략한 예를 소개한다. 더불어 이러한 예들이 여러 학생들의 학습을 위해 잘 적용되고 확장될 수 있는지 제안한다.

정교한 예제 1 : 넓이와 둘레

이제, 앞서 소개한 스토리 창작하기 순서 6단계가 '직사각형의 넓이와 둘레 구하기'와 '이 둘 사이의 관계 찾기'라는 주제에 어떻게 활용되는지 탐구해보자. 여기서 직사각형의 넓이와 둘레를 주제로 선정한 이유는 관련 자료가 풍부하기 때문이다. '문제 확인하기'나 '스토리를 확인하고 적절한 요소 탐색하기'와 같은 단계에 활용 가능한 자료가 풍부하다. 또한 풍부한 자료들을 이용해 여러 수준의 좋은 문제들을 선택할 수도 있다. 직사각형의 넓이와 둘레를 주제로 선정한 또 다른 이유는, 이 주제는 학교 교육과정에서 구체적인 설명이나 부수적인 활동 없이 그냥 지도되는 경향이 강하기 때문이다. 특히 '직사각형의 둘레는 모든 변의 길이의 합이고 넓이는 가로와 세로의 곱이다'라고 그냥 지도한다. 그러나 이러한 지도법에 의해 결국 학생들은 넓이와 둘레의 개념을 바르게 이해하지 못한 상태에서 이 주제와 관련한 문제나 내용을 다루게 된다.

이 주제가 수업시간에 풍부하게 제공되도록, 앞서 소개한 스토리 창작하기 6단계를 충실히 활용하여 멋진 스토리를 만들어보자.

목표 확인하기 : 직사각형의 넓이와 둘레

이미 언급했듯이, 이번 목표는 직사각형의 넓이와 둘레 사이의 관계이다. 이 목표는 삼각형이나 다른 도형을 지도할 때 다시 사용되거나 연결되는 특별한 교육과정 주제이다. 먼저 직사각형의 넓이와 둘레가 각각 무엇이며, 각각을 어떻게 측정하는지에 대한 지식이 전제되어 수업이 이루어진 이후 이 둘 사이의 관계를 탐구하게 된다.

예를 들어 NCTM의 규준집(2000, p. 170)에는 직사각형의 넓이와 둘레에 대한 개념과 관련하여 다음을 언급하고 있다.

- 길이, 넓이, 무게, 부피 그리고 각의 크기와 같은 속성을 이해하고 각 속성을 측정하기 위한 적절한 단위를 선택한다.
- 평면도형의 모양(two-dimensional shape)이 변함에 따라 이 도형의 둘레나 넓이의 측정값이 어떻게 달라지는지 탐구한다.
- 직사각형의 넓이를 구하기 위해 그리고 직사각형과 관련된 삼각형과 평행사변형의 넓이를 구하기 위해 공식을 유도하고 이해하고 사용한다.

문제 확인하기

이제 관심을 갖고 논의할 중요한 이슈는 직사각형의 넓이와 둘레 사이의 관계이다. 다음의 예가 있다.

(a) 두 변의 길이가 3과 4인 직사각형, 두 변의 길이가 2와 6인 직사각형
(b) 두 변의 길이가 1과 7인 직사각형, 두 변의 길이가 2와 6인 직사각형
(c) 두 변의 길이가 2와 11인 직사각형, 두 변의 길이가 4와 6인 직사각형

이 예에서 직사각형의 크기가 더 작거나 더 큰 크다는 것을 확인하거나 크기가 같다

는 것을 확인할 수 있다.

이제 위의 관심을 문장으로 바꾸어야 한다. 이때, 직사각형을 서로 비교하는 주요 방법을 언급하여 문장을 만들어서는 안 된다. 여기에 관심을 갖고 있는 '문제'를 적어보면 다음과 같다. (a) 직사각형의 넓이는 같은데 둘레의 길이는 다르다. (b) 직사각형의 둘레의 길이는 같은데 넓이는 다르다. (c) 가장 놀라운 상황으로, 직사각형의 둘레의 길이는 더 큰데 그 넓이가 더 작다. 연구 결과에 따르면 학생들은 넓이나 둘레와 같은 도형의 속성에 대해 하나의 속성이 더 크면 그에 따라 다른 속성 또한 더 커진다고 가정하는 경향이 있다. 이러한 경향은 "A가 더 ~하면, B가 더 ~한다"는 직관적인 법칙에 따른 것인데, 스테비와 티로시(Stavy and Tirosh, 2000)는 이러한 학생들의 경향에 대한 사례를 좀 더 세부적으로 소개하고 있다.

이와 같이 학생들이 보이는 넓이와 둘레에 대한 경향은 당연해 보인다. 우리의 일상적인 경험에서도 직사각형의 둘레가 더 클수록 그 넓이가 더 커진다는 사실을 지속적으로 접하고 있다. 사실 직사각형이 길고 얇아 이러한 관계가 성립하지 않는 경우는 너무도 극단적인 경우이다. 학생들은 위에서 제시한 3가지 '문제'의 요점(barebone)에 상당히 관심을 가지면서 동의할 수 없다는 의견을 제시하고 서로 왜 그런지를 충분히 논의하게 될 것이다. 결국, 인간의 일반적인 직관과 수학적 사실 사이의 이러한 불일치는 흥미롭고 기억에 남는 스토리를 전개하는데 풍부한 근거가 된다.

스토리를 확인하기

이제 스토리를 창작해야 한다. 이 때 스토리를 전개하는데 포함시킬 수 있는 넓이와 둘레와 관련 있는 상황이 너무나도 많다. 학생들이 가장 흥미로워하는 것은 무엇일까?

수학적인 자료에서 직사각형의 넓이와 둘레를 계산하는 상황은 너무도 많다. 예를 들어, 침실이나 개집을 페인트칠을 하기 위해 얼마나 많은 페인트가 필요한지 계산하거나 생일 선물을 포장하기 위해 포장지가 얼마나 많이 필요한지를 계산하는 상황 등이다. 이러한 응용문제들은 초등학교 수학 내용과 관련하여 확인 가능하다. 또는 교과서나 교사용 지도서에 자주 제시되어 있다. 그러나 학생들이 직사각형의 넓이와 둘레의 문제를 이와 같은 방식으로 경험하는 것은 옳지 않다. 교과서에 소개된 '실제 생활'의 응용문제는 모두 공통점이 있다. 바로 학생들은 절대 '실제 생활' 문제로 생각하지 않는다는 점이다. 이러한 예들이 모두 실제 생활의 한 장면을 포함하고는 있지만, 학생들의 실제 생활과 관련짓는 것은 아니다. 따라서 응용력이 풍부한 문제나 내용이라면 어떤 상황에서도 그 활용이 가능해야 한다. 또한 넓이나 둘레를 계산해야 할 필요가 있을 때마다 적절히 활용이 가능해야 한다.

선택된 주제를 스토리에 포함시키기 위해, 역사적 배경과 수학의 인간적인 측면을 통합한 고대 이집트의 일화를 선택했다. 매년 이집트의 나일 강은 물이 불어 범람하고 주변의 농지를 휩쓸어 버렸다. 따라서 나일 강 물이 모두 빠지고 나면 땅을 다시 측량해 나일 강 주변의 농지들을 재정비해야 했다. 이것에 기하(geometry) — 즉, 땅(geo)과 측량(metry)의 의미 — 의 유래인 것이다.

이집트의 역사적 일화는 흥미로운 스토리로 전개될 수 있을 것 같다. 상당히 간단하게 이 일화를 소개했지만, 2장에서 제시한 스토리의 구성 요소가 확인 가능하다. 수학적인 내용을 응용한다는 것은 스토리를 새롭게 구성하는 데에 다양한 방향을 제공한다. 우선 스토리가 어떻게 전개될 수 있는지 줄거리(plot)를 탐색해야 한다. 이를 위해 제일 먼저 고려해야 할 것은 '학생들이 궁금해하는 것이 무엇인가'를 정하는 것이다. 이집트에는 매년 일어나는 나일 강의 범람에서부터 고대 문명의 위업까지 궁금한 사건들이 너무 많다. 그러나 이집트에 대한 궁금함뿐 아니라 수학에 대한 궁금함도 포함되어야 한다. 우리의 목표는 학생들이 직사각형의 둘레와 넓이 사이의 관계에 대하여 궁금해하는 것이다. 직사각형의 둘레를 정하고, 이 둘레를 가진 직사각형의 넓이를 가능한 한 다양하게 바꿀 수 있다. 그러기 위해 직사각형 모양의 지형의 크기를 측정하기 위해 둘레가 부정확하게 사용되고 있는 상황을 구성할 수 있다. 이제 이야기를 구체적으로 전개하기 위해 갈등을 활용하는 게 가능하다.

농지를 측정하는 것과 관련하여 갈등을 만들어야 한다. 우선, 땅을 사고파는 교역에서 땅의 둘레의 길이가 땅의 크기를 측정하는 단위라고 하는 상황을 선택할 수 있다.

그리고 가장 많은 곡물이 생산되는 농지를 어떻게 하면 살 수 있는지 잘 아는 약삭빠른 상인이 있다고 해보자. 약삭빠른 상인과 맞설 두 번째 인물이 있어야 한다. 땅을 같은 돈을 주고 팔았지만 땅값으로 받은 돈이 너무 적은 것 같다고 의심하는 인물이다. 그래서 이 사람은 상인에게 어떻게 땅의 값을 계산했느냐고 확인하기로 결심한다. 또 다른 갈등 상황으로는 아버지가 남겨주신 땅을 나누어야 하는 두 아들, 또는 세 아들 사이의 갈등이 가능하다. 이야기를 전개하기 위해 활용 가능한 갈등 상황은 너무도 많다. 그러나 이번에 우리는 학생들의 나이와 비슷한 좀 더 현실적인 인물을 선택했다. 이 소년은 농지 크기에 따라 세금을 거두는 관리(tax collector)에 맞서게 된다. 땅의 크기는 땅의 둘레로 측정되는데, 이 소년은 이 방법이 불공평하다고 보고 옳은 방법을 찾으려 노력하는 쪽으로 스토리를 전개했다. 그리고 스토리에 이미지, 유머, 세부적인 것들을 강조하여 스토리를 이야기하는 쪽과 듣는 쪽 모두 관심을 갖도록 하였다.

문제를 포함하여 스토리 전개하기

5000년 전, 지금의 이집트라고 불리는 땅에 메뉴티스라고 불리는 작은 농촌이 있었다. 매년 거대한 나일 강의 물이 불어나 둑을 넘어 메뉴티스의 토지에 흘러들었다. 물이 빠지고 나면 강의 찰지고 영양가 많은 흙이 토지에 남아 메뉴티스의 땅을 기름지게 했고, 결과적으로 이집트에서 멜론이 가장 잘 자라는 지역이 되었다. 메뉴티스는 멜론으로 엄청 유명했다. 메뉴티스는 세상에서 가장 달고 맛있는 멜론이 열리는 지역이기에 이집트의 전역에서 많은 농부들이 메뉴티스로 이주했다. 카쉬타 역시 젊을 때 메뉴티스로 이주해 작은 농토를 사서 오랫동안 멜론을 키워온 농부이다. 카쉬타는 자신의 땅을 너무도 사랑했다. 그는 매일 아침 새로운 오늘을 예고하는 것처럼 자신의 땅 위로 떠오르는 태양을 바라보는 것을 사랑했다. 그리고 자신의 땅 옆에 있는 나일 강의 둑 아래로 지는 태양을 바라보는 것을 사랑했다. 태양이 지평선 아래로 떨어질 즈음, 강을 따라 자라난 갈대밭 여기저기에서 귀뚜라미 울음소리가 들려왔고, 가장 아름다운 멜로디로 카쉬타에게 노래를 부르는 것 같았다. 그러나 그가 세상에서 가장 사랑하는 것은 자신과 함께 멜론을 기르고 하루 일이 끝난 저녁이면 나일 강 둑을 함께 거니는 어린 아들 베센뮤트였다.
몇 년이 지나 카쉬타는 더 이상 젊지 않고 꽤 나이가 들었다. 카쉬타는 아들이 이 땅을 물려받을 시간이 곧 다가올 것을 알고 있었다. 카쉬타는 이 문제를 상당히 고민했다. 사실 베센뮤트는 아홉 살밖에 안 된 어린 아들이다. 카쉬타는 이렇게 작은 소년이 어떻게 농지를 운영할 수 있는지 계속 걱정하였다. 그러나 베센뮤트는 아홉 살이었지만, 상당히 현명했다. 카쉬타는 자신의 어린 아들이 이 농지를 잘 운영할 방법을 찾을 것이라 굳게 믿었다. 시간이 흘러 카쉬타는 너무 나이가 많아 농지를 운영할 수 없게 되어 아들인 베센뮤트에게 가업을 물려주었다.
베센뮤트가 아버지의 땅에서 멜론을 기르는 방법을 터득하는데 그리 오랜 시간이 걸리지는 않았다. 이젠 베센뮤트가 시장에 가져간 멜론이 아버지가 길렀던 멜론만큼 달고 컸다. 카쉬타는 어린 아들이 너무도 자랑스러웠다. 예전에 그랬던 것처럼 하루가 끝난 저녁이면 카쉬타와 베센뮤트는 함께 나일 강 둑을 걸었다. 이젠 귀뚜라미가 메뉴티스에서 최고의 농부인 베센뮤트를 위해 노래하는 것 같았다.
어느 날, 베센뮤트가 시장에서 수확한 것을 팔고 난 후 얼마 지나지 않아, 관리가 일 년 세금을 걷기 위해 집을 방문했다. 관리는 걸으면서 혼잣말을 하는 이상하게 생긴 땅딸보 남자였다. 키도 작고, 뚱뚱했으며, 옷의 여기저기에 음식이 묻어 있는 상당히 단정치 못한 옷차림에, '아니요'라고 말할 때마다 킁킁거리는 이상한 버릇을 가진 남자였다. 사실, 이 관리는 별로 말이 없었다. 그냥 무언가 생각하는 것 같았고 킁킁거리기만 했다. 베센뮤트는 이러한 관리의 모습이 너무도 우스웠다. 베센뮤트가 여덟 살일 때에도 관리가 오늘처럼 방문했는데, 이때는 '세금'을 걷는다는 게 무언지 전혀 몰랐다. 베센뮤트가 관리에게 이 질문 저 질문을 하면, 관리는 단지 킁킁거리면서 '아니요'라고만 대답했을 뿐이었다. 그러나 올해는 전혀 관리의 모습이 우스워 보이지 않았다. 올해 베센뮤트는 전혀 웃기지 않았다. 왜냐하면 이 이상하게 생긴 땅딸보 남자에게 자신이 번 돈의 일부를 주어야 하기 때문이다. 베센뮤트는 지금까지 이렇게 돈을 누군가에게 주어야 한다는 것을 들어본 적이 없었다. 무엇보다도 (진짜 이야기하는 것처럼, 진짜 일어나는 상황인 것처럼), 베센뮤트는 이제 아홉 살밖에 안 되었다. 그래서 자신의 아버지와 관리에게 지금 무엇을 하고 있는 거냐고 묻기 시작했다. 카쉬타는 "음… 매년 메뉴티스에 사는 모든 농부는 우리를 다스리는 사람에게 곡물을 받쳐야 한단다. 그러기 위해 우리가 벌어들인 것의 일부를 이 관리에게 전달하는 거란다."라고 말했다.

베센뮤트는 아버지의 말씀이 이해되지 않았다. 정말로 이해하고 싶었지만 전혀 이해되지 않았다. 그래서 많은 질문을 하기 시작했다. 그러나 관리는 베센뮤트가 너무도 귀찮게 굴어 어린 소년의 질문에 더 이상 참을 수가 없었다. 결국 베센뮤트에게 갑자기 고함을 질렀다. "이봐, 소년. 이 땅에서 농사를 지으려면 세금을 꼬박꼬박 내야 한다고."

"그렇다면 제가 얼마의 세금을 내야 하는데요?" 베센뮤트도 지지 않고 다시 고함을 질렀다.

"너희들은 2개의 농토를 경작하고 있는데, 2개의 농토 둘레를 각각을 티집(tygep) 단위로 계산하면 32 구리 동전을 내야 해." 여기서 티집(tygep) 단위란 고대 이집트에서 거리를 재는 단위였다■. 1티집은 약 스쿨버스 길이 정도이다. 베센뮤트와 그의 아버지는 한 변이 6티집이고, 다른 한 변이 2티집인 직사각형 모양의 농토를 경작하고 있었다.

카쉬타는 어린 아들에게 말했다. "이렇게 하게 공평하단다, 베센뮤트야. 아버지 또한 매년 32 구리 동전을 세금으로 냈단다. 남쪽에 사는 이웃도 매년 32 구리 동전을 세금으로 내고 북쪽에 사는 이웃도 그렇고. 우리 모두는 32 구리 동전을 세금으로 낸단다. 어때, 공평하지,"

베센뮤트의 이웃들도 둘레가 16티집인 농토를 가지고 있다. 남쪽에 사는 이웃은 변이 각각 7티집, 1티집인 농토를 가지고 있으며, 북쪽에 사는 이웃은 변이 각각 4티집, 4티집인 농도를 가지고 있다. 그러나 베센뮤트는 농토의 둘레의 길이로 세금을 거두는 이 방법이 공정하다고 확신하지 않았다. 분명한 것은, 베센뮤트가 시장에 가져가는 멜론의 수보다 남쪽에 사는 이웃이 시장에 가져가는 멜론의 수가 상당히 적었다. 동시에 베센뮤트가 시장에 가져가는 멜론의 수보다 북

■ 현재 사전에는 이 단위가 확인되지 않는다.

쪽에 사는 이웃이 시장에 가져가는 멜론의 수가 훨씬 많았다. 그래서 베센뮤트는 항의했다. "당신들이 사용하고 있는 이 세금 계산법은 공정하지 않아요. 우리가 모두 같은 세금을 내지만 매년 수확하는 멜론의 수가 다르잖아요."

관리가 대답했다. "이게 지금까지 우리가 해온 방법이야. 우리는 항상 이렇게 해왔으니 만약 이 방법이 정말 마음에 들지 않는다면 7일 안에 법원에 가서 세금을 어떻게 내는 게 좋은지 논의를 해."

이즈음 스토리를 잠시 멈추고 학생들에게 질문을 한다. 베센뮤트가 옳은가요? 세금 계산법이 공정하지 않은가요? 그렇다면 공정하게 세금을 내는 방법을 여러분은 찾을 수 있나요? 학생들이 이러한 질문에 충분히 생각할 수 있도록 시간을 제공한다. 학생들이 서로 논의하고 가설을 세우고 해답을 제시하는 것이 이 수업의 목표이다. 학생들은 베센뮤트의 스토리와 관련한 여러 질문들을 조를 편성하여 보고서를 만들 수도 있다. 학생들은 수확한 멜론의 수가 각 농지의 크기를 정확히 나타내는지 아닌지를 논의할 수도 있다. 학생들의 논의가 진행됨에 따라, 위 스토리가 더 구체적으로 전개되어야 할지도 모른다.

베센뮤트는 이 세금 계산법이 분명히 공정하지 못하다고 확신했다. 무엇보다도, 자신의 아버지(지금은 베센뮤트)도 그랬지만, 북쪽에 사는 이웃에게는 상당히 공정하지 못했다. 더불어 남쪽에 사는 이웃에게는 더 없이 좋은 계산법이었다. 농부들이 농사를 짓는 능력이 비슷한데 반해 모두 다른 양의 멜론을 수확하고 있다. 더불어 모든 농토가 비옥하고 기름지다. 베센뮤트에게 어쨌든 각 농토의 크기는 같지 않았다. 베센뮤트는 자신의 주장을 어떻게든 보일 방법이 필요했다. 만약 농토의 크기가 다름을 보일 확실하고 간단한 방법을 베센뮤트가 찾지 못한다면 법원은 그의 이야기를 절대 듣지 않을 것이다. 농토의 주변을 측정하는 방법이 쉽고 모든 사람들이 농토의 주변을 측정할 수 있기 때문에, 여러 해 동안 이 방법이 사용되어온 것이다. 베센뮤트는 이 방법이 잘못되었다는 것을 보이고 싶었고, 농토의 크기를 측정하는 쉽고도 공정한 방법을 찾고 싶었다.

베센뮤트는 농토의 크기를 측정하는 이 방법이 잘못되었다는 것을 어떻게 보일 수 있을까? 농토의 크기를 측정하는 가장 좋은 방법은 무엇일까?

스토리 확장하기(초기 문제 상황을 확장하거나 다양화하기)

여기서 스토리의 전개를 멈추자. 이제 학생들이 이 문제의 해답을 스스로 찾을 수 있도록 시간을 제공하는 것은 교사의 몫이다. 농토가 모두 다른 크기임을 보이는 가장 효과적인 방법은 종이 위에 직접 그려 잘라보는 것이다. 종이 직사각형 2×6을 먼저 그린다. 그리고 2×6 위에 1×7을 그려보면 거의 비슷하게 보인다. 이때, 2×6 보다 튀어 나온 1×7의 조각을 잘라 농토를 측정할 단위로 사용할 수 있다. 이제, 모든 농토의 넓이를 이 측정 단위로 결정할 수 있다. 좀 더 다양한 농토를 선택하면 공식이 유도될 수 있다.

이야기는 다음의 두 가지 상황을 탐구하는 쪽으로 계속 연장될 수 있다. 베센뮤트는 둘레의 길이가 아닌 넓이의 크기가 농토의 크기를 측정하는 방법이라고 법원을 설득해야 하며, 또한 이 방법에 기초하여 새로운 세금 계산법을 해석해야 한다.

다른 접근으로, 넓이를 고정시키고 둘레를 바꾸는 쪽으로 이야기를 바꿀 수도 있다. 그럼으로써 학생들은 앞의 이야기에서와 같이 넓이가 같아도 둘레가 달라질 수 있다는 관계를 다시 경험하게 되고, 이러한 이야기를 처음 접했을 때 특정한 사례나 여러 사례를 찾아보는 방법이 상당히 도움이 된다는 것을 경험하게 된다. 하나의 직사각형을 더 길게 길게 늘이면 넓이는 변하지 않으면서 폭이 점점 더 작아지게 된다. 넓이가 48(ㅁ를 단위로 할 때, 48개)인 모든 직사각형을 생각해보는 시간을 갖도록 한다. 이렇게 넓이를 고정하고 둘레를 바꾸는 상황을 탐구하다보면 새로운 규칙을 발견할 수도 있다. 범자연수는 인수분해가 되며, 소수란 1과 자기 자신만으로 인수분해가 되는 수이다.

결론

지금까지의 수학적 활동을 마무리하는 방법은 다양하다. 앞의 스토리로 돌아간다면, 베센뮤트가 법원에서 자신의 의견을 어떻게 제시했을지 그리고 법원이 베센뮤트의 의견을 어떻게 받아들였을지 스토리를 활용할 수 있다. 그러나 스토리를 마무리하는 것은 교사가 아닌 학생이어야 한다.

스토리를 마무리할 때, 교사는 스토리를 전개하기 위해 독창적으로 선택한 것들을 설명할 필요가 있다. 스토리를 전개하기 위해 사용한 이름들이 모두 사실이고 고대 이집트에서 멜론이 분명히 자랐다는 설명 또는 측정의 단위인 티집은 없었다는 설명. 이 스토리에서는 티집을 단위로 사용하였지만, 학생들이 현재 사용하고 있는 또는 상상할 수 있는 측정 단위를 소개할 수도 있다.

정교한 예제 2 : 시간 말하기

목표와 문제 확인하기: 아날로그시계 읽기

교사들이 소개한 많은 연구물에 따르면, 많은 학생들이 아날로그시계로 시간을 보는 학습을 어려워한다. 그 이유는 아마도 교사가 아날로그시계로 시간을 가르칠 때 시(1시, 2시 등)를 먼저 가르치고, 이후 30분(1/2시간)을 가르치며, 마지막에 25분(1/4시간)을 가르치는 교육과정의 접근 때문인 것 같다. 그 결과 학생이 5 : 30을 가리키는 시계의 시간은 성공적으로 답했지만 5 : 38을 바르게 답하지 못하는 상황이 의외로 많다. 더 나아가 시-분 바늘을 가진 시계 보기를 지도하는 수업에서 학생들은 시를 나타내는 바늘과 분을 나타내는 바늘을 구분하고 읽는 것조차도 혼란스러워하며 교사들 역시 시-바늘과 분-바늘이 어떻게 다른지 충분하게 강조하지 않는다. 따라서 처음에는 바늘 1개를 가진 아날로그시계로 이야기를 시작하는 걸 제안한다.

스토리 확인하고 문제를 스토리 내에 포함시키기

다시 말하지만, 우리는 줄거리가 풍부하게 전개될 수 있는 스토리를 선택해야 한다. 줄거리의 핵심은 다음과 같다. 부족의 우두머리가 부족장 모임의 시간을 정하기 위해 바늘 하나인 시계를 만든다. 이후 좀 더 정확한 시간의 측정이 필요하여 바늘 하나를 더 추가한다. 시계가 인간의 필요에 의해 만들어진 도구라는 것을 강조하면서 학생들에게 스토리를 소개한다.

잘라족의 우두머리는 각 부족장들이 오후에 전체협의를 위해 자신의 텐트로 모였으면 했다. 모든 부족 생활에 대한 중요한 결정이 이 협의에서 이루어지고 있다. 그래서 매일, 우두머리가 낮잠을 자고 일어날 때 깃발을 올려 부족장들이 모두 모이도록 했다. 그러나 부족이 점점 커지고 새로운 잘라 부족들이 우두머리가 있는 마을과 거리가 먼 곳에 근거지를 만들어 더 이상은 깃발을 보고 협의에 올 수가 없었다. 모임을 위한 시간임을 어떻게 알릴 수 있을까?

[대화]

우두머리는 모임을 위해 북을 두드렸다. 그러자 낮잠을 더 자고 싶어 하는 아내와 손자들의 낮잠을 방해하였다. 그래서 이 문제를 어떻게 해결해야 하나 생각하고 또 생각하고 또 생각한 끝에, '시간 알리미 장치'를 발명하였는데 지금으로 말하면 시계인 것이다. 둥글고 1부터 12까지 같은 거리로 원의 모서리에 적혀 있는 장치. 이 장치는 바늘 1개가 일정한 속도로 1, 2, …, 12 위를 돌면서 움직였으며, 해가 뜨고 다음의 해가 다시 뜰 때까지 정확히 두 바퀴를 돌았다. 우두머리는 이 시계의 이름을 '우리들' 시계라고 불렀다. 왜냐하면 언제 '우리들' 모임이 있는지를 사람

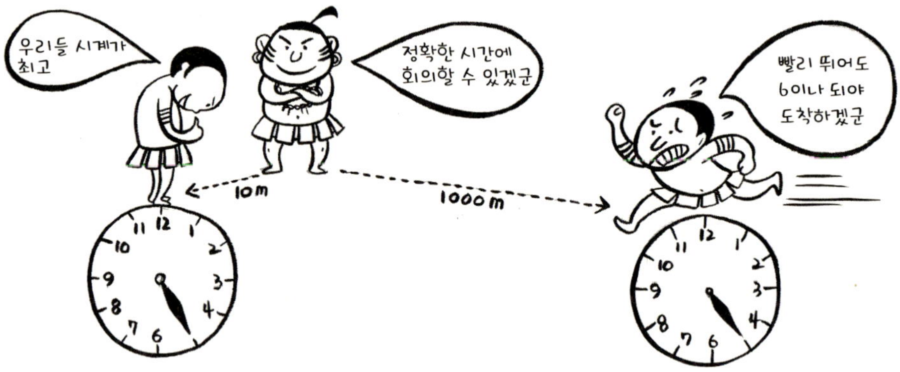

들에게 알려주는 장치이기 때문이었다. 잘라족 우두머리는 각 부족에게 이 장치를 나눠주었고, 부족장은 바늘이 5를 가리킬 때 정확히 모임을 갖는다고 알려주었다. 좋은 방법인 것 같은가?

[대화, 활동]

사실, 우두머리의 텐트와 가까이 사는 부족에게는 아주 좋은 방법이었다. 바늘이 5를 가리킬 때를 기다려, 5가 되면 매우 빨리 우두머리의 텐트로 걸어가면, 도착했을 때 여전히 바늘이 5를 가리키고 있었다. 그러나 먼 거리에 위치한 부족장에게는 바늘이 5를 가리킬 때 정확히 우두머리의 텐트에 도착하는 것이 쉽지 않았다. 바늘이 5를 가리킬 때 출발하여 우두머리의 텐트에 도착하면 바늘이 5와 6 사이에 있었다. 이렇게 늦게 도착한 부족장 때문에 우두머리는 화가 났다. 그래서 다음 모임에는 바늘이 4를 가리킬 때 출발했더니 바늘이 4와 5 사이에 있을 때 도착했다. 결국 우두머리의 낮잠을 방해하는 바람에 우두머리는 더 화가 났다. 어떻게 해야 할까? 혹시 방법을 이야기해줄 수 있나?

[활동]

이야기를 정리하기 전에, 이 마을에 일어났던 어떤 사건을 잠시 이야기하려 한다. 매 몇 년마다 이 마을에 일식이 일어난다. 일식이란? 달이 태양 앞을 지나가면서 몇 분 동안 태양을 가려 밤처럼 어두워지는 상황을 말한다. 전해오는 이야기에 따르면 적도 근처에서는 (잘라족도 이 근처에 산다) 일식이 있는 날에 달걀을 똑바로 세울 수 있다고 한다. 사실, 이 이야기는 전설이 아니다.

진짜로 적도 근처에서 달걀을 똑바로 세울 수 있다. 잘라족 또한 이렇게 달걀을 똑바로 세우는 걸 좋아했다. 잘라족은 달걀 세우기를 너무도 좋아한 나머지 누가 가장 오랫동안 달걀을 똑바로 세울 수 있는지 시합을 해오곤 했다. 처음 시합을 했을 때에는 모든 사람들이 줄을 서서 동시에 자신의 달걀을 세우면 되었기에 시합을 하는 게 어렵지 않았다. 그러나 부족이 점점 커지고 더 커지면서, 모든 사람이 줄을 서서 동시에 달걀을 세우는 게 더욱더 어려워졌다. 많은 마을 사람들 역시 너무 속상했다. 잘라족 우두머리는 자신의 부족원들이 슬퍼하는 것이 싫었다. 그래서 그는 생각하고, 생각하고 또 생각했다. 거의 1년 동안 계속해서 생각했다. 그러다 결국 해답을 얻었다. 우두머리는 부족장들이 정시에 만날 수 있는 시계를 발명했지만 원하는 만큼 만족스럽지 못했다. 그런데 달걀 세우기 시합에서도 비슷했다. 이 시계는 너무 느리게 움직였다. 달걀을 가장 오랫동안 세운 시간은 마을을 한 바퀴 걸어 돌아오는 시간 정도였다. 이 정도의 시간은 시계의 바늘이 두 숫자 사이의 반 정도를 조금 더 지난 것과 같았다. 우두머리는 더 빠르게 움직이는 시계가 필요했다. 그래서 이전의 시계 위에 따로 숫자를 표시하지 않은 다른 시계를 만들었다. 시계에 숫자를 적지 않았지만 그 대신 시계의 원 위에 돌아가면서 60개의 작은 표시를 남겼고, 짧은 바늘이 1에서 2 또는 5에서 6으로 이동할 동안 원의 끝에 거의 닿을 것 같은 긴 바늘이 원을 한 바퀴 돌았다. 우두머리는 이 시계를 미니트(Minit) 시계라고 불렀다. 미니트는 달걀 오래 세우기 시합에서 승리한 잘라족의 용사 이름이다. 우두머리가 만든 이 시계는 굉장했다. 모든 마을 사람들이 이 시계를 사랑했다. 이제 잘라족 사람들은 달걀 세우기 시합에서 긴 바늘이 몇 개의 작은 표시를 지났는지 세어봄으로써 달걀이 얼마나 오랫동안 서 있었는지 시간을 측정할 수 있었다. 또 최고로 오랫동안 달걀을 세운 사람의 시간을 기록할 수 있었다. 바로 미니트 시계

의 작은 표시를 34개 지난 기록이었다.

이제, 다시 짧은 바늘이 5를 가리킬 때 부족장 모두가 우두머리와 만나는 이야기로 돌아가자. 우두머리가 사는 텐트에서 가장 멀리 가는 부족장 한 명은 이 모임에 항상 늦거나 일찍 도착했다. 그래서 그는 자신의 집에서 우두머리의 집까지 얼마나 걸리는지 정확하게 시간을 알아봐야겠다고 결심했다. 그가 어떻게 할 것 같은가?

[활동]

분명, 이 부족장은 걸어가는 동안의 시간을 측정하기 위해 미니트 시계를 사용했다. 그의 집에서 우두머리의 집까지 걸어오는데 40개의 표시를 지났다. 그가 다음날 정확한 시간에 우두머리의 집에 도착하는데 도움이 될까?

[활동]

다음날, 우두머리의 집에서 가장 멀리 사는 부족장이 도착했을 때, '우리들' 시계 위의 작은 바늘이 정확히 5를 가리켜 우두머리는 너무도 기뻤다. 우두머리는 어떻게 했기에 정확히 5에 도착했는지 물었다. 부족장이 우두머리에게 대답했고 우두머리는 이 대답을 다른 부족장들 모두에게 알려주었다. 그리고 다음날, 모든 부족장이 정확한 시간에 모였다. 대단한 아이디어다. 그런데 이 아이디어가 무엇일까?

[활동을 마치고 교과서의 시계 학습으로 이동하기]

이즈음 되면, 위 스토리에 어떤 요소들이 포함되어 있으며 이 요소들이 학생들의 상상력을 자극하고 있음을 쉽게 알아차렸을 것이다. 물론 스토리를 전개하는 사람이 원하는 대로 스토리를 확장하거나 재구성할 수 있다.

위 스토리의 요점을 제시하면서 학생들이 스토리의 어디쯤에서 서로 논의 가능하며 주요 아이디어가 무엇인지 확인했다. 더불어 교사는 이야기에 소개된 시간을 나타내기 위해 시계바늘의 시각적인 이미지를 활용할 수 있다. 또한, 짧은 바늘이 정확히 5를 가리키면 "5시입니다"라는 말로 소개할 수도 있다.

시계 학습의 초기부터 바늘 하나인 시계만을 이용해 정확하게 시간을 지도하는 것은 분명히 피해야 한다. 그보다 학생들이 "5를 조금 지났네요"라거나 "6시와 7시 사이예요"라는 것을 스스로 알도록 수업을 진행해야 한다. 그러고 난 이후 상당히 정확하게 시간을 이야기할 수 있도록 노력해야 한다. "약 5시 30분입니다", "약 5시 45분입니다." 주어진 상황을 정확히 지적하기 위해 분침을 학생들 스스로 발명하는 수업이 진행되어야 한다.

또한 다양한 문제해결 활동을 위해 이야기를 활용할 수 있다. 예를 들어, 아파치 부족장은 우두머리의 텐트까지 걸어서 도착하는데 17분이 걸린다. 5시에 우두머리의 텐트에 정확히 도착하려면 몇 시에 자신의 집에서 출발해야 할까? 또는, 어느날 아파치 부족장은 모임 이후 이리저리 구경하면서 천천히 걸어 집에 돌아가기로 결심했다. 모임에서 6 : 13에 떠나 집에 7 : 05에 도착했다면, 아파치는 얼마나 오랫동안 걸은 것일까? 물론, 문제에 넣을 적절한 수치는 학생들의 수준에 맞게 제공되어야 하며 난이도를 점진적으로 높일 수 있다.

스토리를 확장하고 결론 내리기

위에 소개된 스토리는 자유롭고 제한을 두지 않는 개방적인 이야기이다. 따라서 아날로그시계의 개념과 시간을 보는 방법을 지도하기 위해 그리고 학생들이 더욱 관심을 갖고 노력하는 자세를 갖도록 돕기 위해 다양하게 변형될 수 있다.

학생들은 부족들을 위한 스케줄을 만들 수 있다. 또는 시계를 보면서 자신의 스케줄을 체계적으로 정리할 수도 있다. 아마 우두머리는 "익힌 계란" 시합을 열어 더욱 정확한 시간으로 측정해야 할지 모른다. 또는 달리기 시합이나 화살 갈기 시합을 하기 위해 초침이 달린 시계를 사용해야 할지도 모른다. 어느 경우건, 교과서의 시계보기 내용은 앞에서 소개한 스토리와 잘 연결되어 소개될 수 있다.

간략한 예제 3 : 연산법칙

목표 확인하기

초등학교에서 학생들은 세 가지 연산법칙, 즉 교환법칙, 결합법칙, 분배법칙을 공부한다.

덧셈과 곱셈 각각은 교환법칙과 결합법칙이 성립하며, 분배법칙은 덧셈과 곱셈을 연결한 법칙이다. 세 연산법칙을 문자로 이용해 나타내면 다음과 같다.

교환법칙	$a+b=b+a$		$a\times b=b\times a$
결합법칙	$(a+b)+c=a+(b+c)$		$(a\times b)\times c=a\times(b\times c)$
분배법칙	$a\times(b+c)=a\times b+a\times c$	또는	$(a+b)\times c=a\times c+b\times c$

위의 세 연산법칙을 초등학교에서 직접 가르치지 않을지라도 초등학교 교과서의 여러 수계산 문제에 소개되어 있다.

문제나 문제가 될 만한 것 확인하기

연산법칙은 왜 그런지에 대한 이유 없이 그냥 소개되는 경향이 강하다. 많은 학생들은 이러한 연산법칙을 당연하게 그렇게 되는 걸로 여기고 습관처럼 사용한다. 결국 연산법칙을 이렇게 의미 없는 결과물로 학습한 학생은 "앞으로 이걸 활용하기는 하겠어?"라는 부정적인 마음가짐을 갖게 된다. 이번 목표는 학생들이 연산법칙의 필요성과 유용성을 경험하는 것이다. 교사가 연산법칙을 직접 소개하거나 예시화하기보다 학생들이 교환법칙과 분배법칙을 스스로 발명할 수 있도록 상황을 준비한다. 이를 위해 선택한 문제 상황은 이렇다. 계산기의 숫자 키 하나가 망가졌다. 다행히 다른 키들은 모두 문제가 없다. 그렇다면 계산기를 이용해 어떻게 계산을 해야 할까?

스토리 확인하고 문제를 스토리 내에 포함시키기

다음에 소개되는 스토리는 길지 않다. 그러나 학생이 상상할 수 있는 상황을 바탕으로 학생의 궁금증을 포함하여 스토리를 전개하였다. 계산기의 키 하나가 망가졌다고 상상해보자. 7 키가 망가졌다. 계산기의 키 하나가 망가졌다고 전혀 계산을 못할까? 분명 74를 계산기에 직접 찍을 수는 없다. 그렇다고 74가 되도록 계산을 할 수 없는 것은 아니다.

학생들의 연령과 능력을 먼저 확인하고 그들의 수준에 맞게 어려움을 다양화하여 예를 만들 수 있다. 우선 '145+74=?'를 고민해보자. 계산기로 145와 74를 더할 수 있나? 당연히 145와 74를 더하는 게 너무도 쉬워 벌써 계산했을 것이다. 그러나 망가진 계산기로 145+74를 계산하기 위해 식을 어떻게 바꾸어야 할까?

망가진 7 키를 사용하지 않고 145와 74를 더하기 위해 145+64+10을 계산기에 입력할 수 있다. 가능한 방법을 더 많이 찾아보자. 예를 들어 145+84−10, 145+44+30.

몇 개의 예를 제시한 뒤, 결합법칙을 소개할 수 있다. 사실, 64+10은 74와 같고 145+74를 145+(64+10)으로 쓸 수 있다. 그리고 계산기로 계산할 때에는 145와 64를 먼저 입력하여 더한 뒤 10을 입력하여 더해야 하므로 (145+64)+10이 계산된다. 결국 계산기로 145+74를 계산한 것이다. 그리고 145+(64+10)=(145+64)+10이 된다.

이제 교사는 이 계산식의 법칙을 언제 어떻게 '교환성' 또는 '교환법칙'으로 소개할지 정해야 한다.

물론 학생 중에는 계산기가 아니라 종이와 펜을 이용해 계산하는 게 어떠냐고 반응할 수 있다. 그러나 이런 학생을 위해 문제가 길고 계산하기 싫을 것 같은 문제를 준비해보자. 986,345+777,777이나 567,765+78,787을 7키가 망가진 계산기를 사용하지 않고 종이와 펜으로 계산하는 게 나을까? 만약 학생 중에서 여전히 종이와 펜으로 계산하는 걸 더 좋아한다면, 망가진 계산기로도 그 답이 맞는지 확인해보도록 안내해보자.

초기 문제를 확장하고 다양화하기

가장 간단하게 스토리 상황을 바꾸기 위해 7 키를 고치고 다른 키가 망가졌다고 할 수 있다. 이러한 상황은 덧셈의 법칙들을 연습하고 반복하는데 도움이 된다. 좀 더 도전적인 상황을 준비한다면 망가진 키를 하나가 아닌 좀 더 많이 선정할 수도 있다.

이제 덧셈보다 조금 더 어려우면서 더욱 흥미로운 곱셈으로 확장해보자. 45×27을 계산하면? 앞에서 우리는 7 키가 망가진 계산기를 이용해 덧셈을 어떻게 계산해야 하는지 찾아보았는데, 이번에는 곱셈을 어떻게 계산할 수 있을까? 가능한 방법은 45×9×3을 입력하는 것이고, 결국 곱셈의 결합법칙을 소개하는 기회가 될 수 있고 45×(9×3)=(45×9)×3과 같음을 보여주고 있다.

그렇다면 145×74는? 지금까지 했던 방법을 활용한다면 74는 37×2이므로 계산기에 145×37×2를 입력하면 된다. 그러나 망가진 7 키를 입력할 수 없는데 37은 어떻게 입력하지? 또 다른 계산 방법으로 145×64+145×10 또는 145×69+145×5가 가능하다. 이와 같은 연습은 분배법칙을 소개하는데 도움이 되며 145×(64+10)=(145×64)+(145×10)과 같음을 보여준다.

결론

학생들 스스로 계산연습문제를 작성하고 망가진 계산기를 이용해 계산하는 방법과 계산값을 확인하는 여러 방법을 짝과 함께 찾을 수 있어야 한다. 또한 학생들은 망가진

키를 가진 계산기로 절대 계산이 불가능한 문제나 계산할 수 있는 다른 방법을 절대 찾을 수 없는 문제 등에 관심을 갖고 스스로 찾아보는 시간을 가져야 한다. 77×77은? 이 문제를 계산기로 해결하려면 3개의 연산법칙을 잘 섞어 사용해야 한다.■

■ 77 × 77은 (66 + 11) × (66 + 11)로 계산할 수 있고, 분배법칙을 특별히 사용하여 (66 × 66) + (66 × 11) + (11 × 66) + (11 × 11)로 계산할 수 있다.

교사와 학생들이 직접 만든 스토리

지금부터 수학 수업에서 스토리를 사용하는 것이 얼마나 가치 있는가를 확신시키려고 한다. 그런데 어떻게? 실제 있었던 상황을 이용한다. 캐나다 밴쿠버의 찬드라 발라크리슈난(Chandra Balakrishnan) 교사가 직접 학생들과 수업했던 에피소드를 소개한다. 찬드라 교사는 10장에서 소개한 스토리 창작 순서를 활용해 중학교 1학년 학생들의 수업에 사용할 스토리를 스스로 창작하고 스토리와 함께할 활동도 직접 계획하였으며, 학생들에게 자신만의 스토리를 창작하고 창의적인 문학 활동에 도전해 보도록 수업을 진행했다(Balakrishnan, 2008). 앞에서도 이미 소개한 스토리의 종류 중 찬드라 교사가 활용한 '개념을 소개하기 위한 스토리, 가르치려는 내용이 확인 가능한 스토리, 질문을 포함한 스토리, 활동을 유도하는 스토리'를 소개한다.

에피소드 1 : 개념을 소개하기 위한 스토리

Theonni Pappas, More Joy of Mathematics, 1991.

지수적 성장은 학습자에게 상당히 매력적으로 보인다. 빠르게 늘어나거나 줄어드는 지수적 성장을 처음부터 쉽게 이해할 수는 없다. 6장에 소개된 〈왕의 체스판〉 스토리는 수업에서 지수적 성장을 소개하는데 활용될 수 있다. 그러나 찬드라는 기존의 스토리를 사용하기보다 자신이 직접 스토리를 창작하기로 결심했다. 찬드라는 테오니 파파스가 쓴 《수학의 즐거움》을 읽고 스토리를 어떻게 창작할 것인지 영감을 얻었다. 파파스에 따르면 일본 검은 패턴화된 정교하면서도 일정한 과정에 따라 만들어진다고 한다. 검을 만드는 사람은 강철판을 충분히 달구고, 강철판을 접은 다음 다시 달구고 또 접고를 수차례 한다. 이 과정을 약 22번 반복하면 4백만 겹의 검이 탄생한다(Pappas, 1991). 그렇기에 일본 무사의 검은 상당히 가볍고 그러면서도 가장 밀도가 높은 금속도 충분히 자를 수 있다. 아래에 찬드라 교사가 직접 창작한 스토리를 소개한다. 이 스토리를 읽으면서 시나리오가 어떻게 전개될지 그리고 읽는 사람의 목소리나 억양이 어떨지 상상해보자. 그리고 속도와 톤을 바꾸어도 보고 스토리를 듣는 청중의 반응을 상상해 보는 것도 좋다.

땅에서는 김이 올라오고, 대단한 전사는 피비린내 나는 들판 위를 말을 타고 거닐고 있다. 생고기와 내장의 냄새 때문에 몸이 꼬이고 토할 것 같은… 그러나 치카라 니배(Chikara Ni Bai)는 그렇지 않았다. 그는 최고의 무사이며 대장으로써 이러한 죽음이 당연해보였다. 지금 막 싸움이 끝났다. 니배는 당장 집으로 달려가 사랑하는 아들을 한 팔에 안고 싶었다. 니배는 모든 군사들을 이끌고 고향인 텐고쿠 노 타니(Tengoku No Tani)로 돌아가는 긴 여행을 시작했다. 니배는 검을 잘 쓰는 무사로 아주 유명하다. 누군가는 니배가 이렇게 검을 잘 쓰는 이유로 어렸을 때 신이 선물로 주셨다고 말하지만, 사실 니배는 검술의 달인인 고군야마구치(Gogun Yamaguchi)의 제자였다. 니배는 계속 아들과 놀고, 장난도 치고, 게임도 하고, 용돈도 주는 그냥 열한 살 아들의 평범한 아버지로 돌아가는 것만을 생각했다. 거의 고향에 도착했을 때쯤 니배의 견습생 중의 한 명인 차초(Chacho)가 미친 듯이 비명을 질렀다[학생 한 명이 직접 소리 지르는 걸 기다린다]. 바로 저기, 초원에 연기가 피어올라왔다. 바로 니배의 고향인 마을에서 올라오고 있었다. "내 아들!" 니배가 소리 질렀다. 마을 전체가 완전히 파괴되었다. 니배의 군사가 멀리 떠나 있는 동안, 한때 니배의 견습생이었고 지금은 끔찍한 적수인 아쿠마 노 니산(Akuma No Niisan)이 니배의 마을을 이렇게 만든 것이다. 남아 있는 게 하나도 없었다. 여성들은 모두 죽고 남성들은 모두 끌려갔고 동물은 모두 거세되었다. 니배는 이 마을의 중심에 있는 자신의 집으로 달려갔다. 입구에 아내가 누워 있었다. 칼에 찔려 죽었다. 피가 여기저기 뿜어져 나왔다. 그러나 니배의 마음에는 아들 생각뿐이었다. 니배는 아들 방으로 달려갔다. 그리고 무릎을 꿇어버렸다. 차가운 마룻바닥에 누워 있는 아들, 그런데 머리가 없었다. 니배는 아들 옆으로 쓰러졌다. 거의 아들처럼. 그러고는 미친 듯이 비명을 질렀다[학생 한 명이 직접 소리 지르는 걸 기다린다]. 아들의 주검 옆에 무언가 적혀 있는 종이 한 장이 있었다. "내가 너의 아들 머리를 가져간다." 니배는 복수, 복수, 복수만을 생각했다. 그러나 적을 무찌르려면 도움이 필요했다. 사람이나 짐승의 도움이 아니다. 니배는 검… 완전히 강하고 빠른 검이 필요했다. 이런 검을 만들 수 있는 사람이 딱 한 명 있다. 지고쿠비 한조(Jigokubi Hanzo)이다. 한조는 검을 잘 만들기로 유명하다. 사람들은 한조가 만든 검을 가진 누구든 절대로 패하지 않는다고 믿었다. 니배는 즉시 며칠이 걸려 한조의 마을로 갔다. 니배가 한조의 집에 도착했을 때, 문이 열려 있었고 니배의 군사 한 명이 한조를 밟고 있었다. 한조는 미친 듯이 비명을 질렀다[학생들이 소리 지르는 걸 기다린다]. "당신이 아들의 죽음에 복수하기 위해 나를 찾아왔다고 들었네." 한조는 말하기 시작했다. "나 또한 사랑하는 사람을 잃는다는 게 어떤 건지 잘 알지. 아버지를 잃은 적이 있지. 그때 아버지는 야채 가게에 계셨어. 잠시 호박을 고르고 계셨는데 갑자기 아버지가 사라진 거야. 더 큰 문제는 호박도 함께 없어진 거야. 매주 이 상점 사람들이 호박 값을 받으려고 나를 찾아와…" 이때 니배가 한조의 말을 가로막았다. "네가 여기 온 이유는…" "기다리게. 나는 당신이 여기에 온 이유를 잘 아네." 한조가 말했다. "당신은 검을 원하지. 다른 사람의 검과 완전히 다른 그런 특별한 검을. 보기만 해도 두려워지는 치명적인 검. 세상에서 가장 딱딱한 것도 자를 수 있는 강력한 검. 재빨리 휘두를 수 있는 가벼운 검." 니배는 "그런 검을 만들 수 있나?"고 물었다. 한조는 "오늘밤부터 시작하겠네."라고 말했다. 이날 밤, 한조는 강철판을 골라 불에 달구기 시작했다. 이 불은 지옥불보다 더 뜨거웠다. 강철판은 빨갛게 달아오르기 시작했고 점점 파랗게 그러고는 점점 하얗게. 한조는 미친 듯이 소리를 질렀다[학생들을 기다린다]. 그러고는 잘 달궈진 강철판을 힘껏 두드렸다. 자신의 모든 정신을 담아 망치로 두들기고 또 두들겼다. 어느 정도 두들긴 다음 이 강철판을 반으로 접고 또 두들겼다. [몇 겹일까요? 몇 번 접었죠?] 다시 한조는 철판을 반으로 접고 불에 달구면서… 다시 미친 듯이 소리를 질렀다[학생들을 기다린다]. 다시 한 번 한조는 잘 달궈진 강철판을 힘껏 두들겼다. 그리고 다시 한 번 더 강철판을 접었다. [지금까지 몇 겹일까요? 몇 번 접었나요? 한조가 이러한 과정을 몇 번 더 할 거라 생각하나요?] 한조는 21번 이러한 방법으로 강철판을 계속 다루었다. [이제 몇 번 접었나요? 몇 겹일까요?] 7일 낮과 7일 밤을 보낸 후, 한조는 혼신을 다해 만든 최고의 검을 들고 나타났다. "이걸 드립니다. 테츠 노 타마시(Tetsu No Tamashi, 철의 정신이라는 뜻).” 니배는 이 검을 받아 하늘로 높이 들었다. 검을 따라 미광이 비쳤다. “조심하게나, 니배… 이 검을 보기만해도 피를 흘리게 된다네.” 한조는 말했다. 니배는 승리의 환호성을 질렀다, “아아아아아에에에에에이이이이이오오오오.” 한조는 그의 말 위로 뛰어 올라 적수 노니산을 만나러 달려갔다. 분명히 엄청난 전쟁이 될 것이다… 테츠 노 타마시를 앞 세워…

위 스토리는 2장에서 세부적으로 논의한 스토리를 구성하는 여러 요소를 담고 있다. 긴장감 넘치는 상황 속에 수학적인 패턴을 잘 포함시킨 흥미진진한 줄거리, 상상력을 자극하는 시나리오의 상세한 설명, 전설의 무사와 맞서는 무시무시한 적, 갈등과 갈등의 해결법.

위 스토리를 읽는 사람은 니배가 자신의 죽은 아들을 복수하기 위해 한조를 찾아가는 등과 같이 스토리 내에서 니배를 직접 따라다닌다. 찬드라 교사는 일본인 동료 교사의 도움을 받아 갈등의 국면을 정확히 보여주기 위해 스토리의 인물과 장소에 적절한 이름을 고안하였다.

Chikara Ni Bai(대단한 전사) — 힘이 2배로 강한(Strength Times 2)
Akuma No Niisan(니배의 끔찍한 적수) — 악마의 큰 형(Devil's Oldest Brother)
Jigokubi Hanzo(검을 만든 사람) — 지옥의 불 한조(Hellfire Hanzo)
Tengoku No Tani(니배의 마을) — 천국의 골짜기(Heaven's Valley)
Ja Aku No Donzoku(니산의 마을) — 악의 구렁텅이(Evil Abyss)
Tetsu No Tamashi(니배의 검) — 철의 정신(Iron Spirit)

또한, 찬드라 교사는 스토리 내용을 번역했을 때 쉽지 않았을 유머를 잘 강조하여 표현했다. 그리고 위 스토리를 학생들에게 이야기한 이후, 찬드라 교사는 학생들에게 지수와 지수적인 성장을 포함한 자신만의 스토리를 창작하도록 안내했다. 다음은 몇몇의 학생들이 직접 창작한 스토리이다.

학생 리

어느 날 내가 뒷마당에 갔을 때 외계 우주선이 내려와 나를 비추는 게 아니겠어! 한 외계인이 나를 막대기로 찌르기 시작했어… 1초 후 두 명의 외계인이 나오더니 나를 찌르기 시작했어. 그 다음 1초 후에는 몇 명의 외계인이 나를 찌를까?

$$2^0, 2^1, 2^2, 2^3, \cdots$$

학생 줄리아

할로윈 저녁이었어요. 어린이들이 저희 집 문 앞에서 "장난이요, 과자요. 먹을 것 좀 주세요."라며 소리를 쳤어요. 제가 그 소리를 들은 거예요. 처음에 온 어린이에게 2개의 사탕을 주었어요. 그러고 나니 2명의 어린이가 왔어요. 그래서 4개의 사탕을 주었죠. 그러고 나서는 2명의 어린이가 왔을 때 8개의 사탕을 주었어요. 이때, 갑자기 궁금해졌어요. 이렇게 사탕을 계속 준다면 우리 집을 방문하는 어린이들에게 사탕이나 초콜릿을 몇 개씩 주어야 할까 궁금했어요.

$$2^2 = 4,\ 2^3 = 8,\ 2^4 = 16,\ \cdots$$

이제 네 번째 방문한 어린이에게는 모두 16개의 사탕을 주어야 하고 이런 식으로 사탕을 계속 나누어주면 사탕이 정말 빨리 없어지겠죠! 그래서 결국 제가 다 먹어야겠다고 결정했어요. 그런데 다음날 아침 배가 아팠답니다. 비몽사몽 정신이 없어 병원에 갔어요.

학생 코레이

뉴욕에 사는 빌이라는 이름을 가진 남자가 있다. 빌은 어릴 적 거리에서 핫도그를 팔았다. 문을 연 첫날, 빌은 핫도그를 5개밖에 못 팔았다. 그 다음날 핫도그가 잘 팔려 빌은 25개의 핫도그를 팔았다. 셋째 날 핫도그가 더 잘 팔려 빌은 125개의 핫도그를 팔았다. 넷째 날 환전 대박! 빌은 625개의 핫도그를 팔았다. 빌은 지금 마이크로소프트 회사의 억만장자이다. 누구? 바로 빌 게이츠.

핫도그	곱셈	지수
5	5	5^1
25	5×5	5^2
125	$5 \times 5 \times 5$	5^3
625	$5 \times 5 \times 5 \times 5$	5^4

학생 레흐

어느 여름날, 아담, 빌리, 케롤라인, 데이브 그리고 엘리자벳이 돈을 모으기로 결정했다. 모두 가까운 가게에서 일하게 되었다. 일반적으로는 시간당 5달러를 받지만, 가게 주인에게 일하는 시간에 따라 수당을 올려달라고 부탁했다. 아담은 1시간 일해 5달러를 받았다. 빌리는 2시간을 일해 25달러를 받았다. 엘리자벳은 5시간 일해 3125달러를 받았다.

1	5^1
2	5^2
3	5^3
4	5^4
5	5^5

학생 밥

밥은 작은 파티를 열려고 한다. 이 파티에는 밥을 포함해 모두 4^2명이 참석한다. 파티의 손님을 위해 밥이 처음으로 요리한 음식은 실패작이었다. 우선 버거를 태웠다. 그 와중에 앞치마에 불이 붙었고 눈썹이 그슬렸다. 지금 밥은 심정이 엉망이다. 이제 손님들이 곧 도착할 텐데, 밥은 찬장으로 가서 가위를 꺼냈다. 그리고 머리카락을 좀 잘라 그슬린 눈썹이 안 보이도록 이마에 붙였다. 그런데, 이를 어째! 머리카락 자른 부분이 커다랗게 대머리가 된 것이다. 그래서 밥은 모자를 쓰기로 했다.

밥은 핫도그를 만들어야겠다고 결정했다. 손님들이 도착했고, 밥은 손님들에게 각자 자신이 먹을 핫도그를 직접 구울 거라고 알려주었다. 밥이 자신의 핫도그를 만들고 있을 때 또 불이 붙었다. 그래서 밥은 불을 끄려고 '후후'하고 불었다. 그런데 그만 이 핫도그가 손님 중의 한 사람 얼굴로 날아간 것이다. 이 손님이 핫도그를 피하려다 옆의 손님과 부딪치고, 이 손님은 그 옆의 손님과 부딪치고… 결국 모두 부딪치고 말았다. 그리고 모든 핫도그가 풀밭 위에 쌓여버렸다. 결국 밥은 피자를 주문하기로 결정했다. 밥은 큰 피자가 3^2조각 나오고 중간 크기의 피자가 2^3조각 나온다는 걸 안다. 손님 한 명은 2조각에서 3조각 정도를 먹는다. 그러니 최소 2의 5제곱 조각을 주문해야 하고 최대 7^2조각을 주문해야 한다. 수학을 잘 못하는 밥은 결국 큰 피자 3판과 중간 크기의 피자 3판을 주문했다. 다음날 점심에 정확히 피자 3조각을 먹게 될 것이다.■

학생 케롤라인

어느 날 마크는 자신이 쓰던 샤워캡(샤워할 때 머리에 쓰는 모자)이 너덜너덜해져 새로운 샤워캡을 사려고 가게에 갔다. 가게 점원이 샤워캡 하나에 10달러라고 말했다. 마크가 가져간 돈은 200달러인데 이 돈의 $\frac{1}{2}$ 만큼 샤워캡을 샀다. 그리고 남은 돈으로 안경 2개를 샀다. 각각은 2달러이고 그래서 2^2달러를 썼다. 결국 마크는 모두 104달러를 썼다.

학생 베키

초등학교 운동장에 있는 모든 나무가 죽었다. 너무도 운동장이 휑하게 보여, 학교 측은 몇 그루의 나무를 심기로 결정했다. 지금이 여름이기 때문에 나무는 많은 양의 햇빛을 받았고, 아이들이 매일매일 충분한 양의 물과 거름을 주었다. 매일매일 나무는 햇빛

■ 큰 피자 3판에는 3×3^2조각이 나오고, 중간크기의 피자 3판에는 3×2^3조각이 나온다. 따라서 모두 조각의 피자를 51명이 나눠먹게 된다. 결국 1명이 3조각씩 먹은 결과 48조각을 먹은 게 되고 3(=51-48)조각이 남아 다음날 밥이 점심으로 먹게 될 것이다.

과 거름 그리고 물을 충분히 받아 그 길이가 3배씩 커졌다. 10일이 되는 날, 나무의 길이는 얼마가 되었을까?

날짜	나무의 키(mm)	지수 표현
심은 날	1	
1일 후	3	3^1
2일 후	9	3^2
3일 후	27	3^3
4일 후	81	3^4
5일 후	243	3^5
6일 후	729	3^6
7일 후	2189	3^7
8일 후	6561	3^8
9일 후	19683	3^9
10일 후	59049	3^{10}

10일 후 나무는 59049mm가 된다.

학생 다이애나

아주 오래전 선사시대에, 발라크리슈난과 친구 3명이 파티를 하기로 결정했다. 4명은 각자 3명씩 친구를 더 데려왔다. 그런데 파티를 하기에 사람이 너무 적었다. 더 많은 사람들이 파티에 모였으면 했다. 그래서 파티에 모인 사람 각자가 3명씩의 친구를 더 데려왔다. 이러한 방식으로 모두 5번 친구를 데려오니 이제 파티를 하기에 충분했다. 그러나 이를 어쩌나! 건너편에 사는 화이트헤드 아줌마가 경찰을 불러 결국 파티는 무산이 되었다.

파티가 무산이 되기 전에 얼마나 많은 사람들이 이 파티에 모인 걸까?

4의 5제곱

$4 \times 4 \times 4 \times 4 \times 4 = 1024$

학생 알렉스

평범한 조에게 평범한 문제가 생겼다. 평범한 조는 평범한 세수 시간에 사용할 평범한 수건이 필요했다. 평범한 조는 이상한 밥을 찾아가기로 결심했다. 이상한 밥은 아주 유명한 재단사로 평범한 재단사가 아니다. 이상한 밥은 마을의 이상한 주변에 이상하게 살았다. 그래서 평범한 조는 평범하게 이상한 밥이 사는 마을까지 여행을 해야 했다. 평범한 조는 도착할 때까지 평범하게 자신의 평범한 차를 타고 운전했다. 평범한 조는 이상한 밥의 이상한 집에 도착했다. 이상한 밥은 평범한 조에게 평범한 조의 평범한 문제를 질문했다. 이상하게도, 이상한 밥은 평범한 수건을 만들 평범한 원단을 가지고 있었다. 평범한 수건을 만들기 위해서는, 평범한 원단을 일곱 번 비틀고 나서 평범한 풀을 묻혀 딱딱하게 한 뒤 평범한 직물연화제로 부드럽게 해야 한다. 이상한 밥이 평범한 원단을 이러한 방법으로 11번 반복해야 평범한 수건이 된다.

$$7^{11} = 1,977,326,743$$

결국 평범한 수건에는 꼬임이 1,977,326,743개 있는 것이다.

학생 한나

8월 중반의 따스한 저녁이었다. 마을의 어린이들은 할로윈 놀이를 하려고 옷을 차려입고 있었다. 8월에 무슨 할로윈이냐고? 몰라도 된다. 사비에르와 4명의 친구들, 졸트, 히스, 리프 그리고 MPLZ3는 마술 풍선껌 기계가 있는 가게에 도착했다. 이 가게주인은 할로윈 동안 너무도 귀찮아, 아무나 알아서 마술 풍선껌 기계에서 풍선껌을 꺼내갈 수 있도록 가게의 문 앞에 이 기계를 설치해버렸다. 사비에르가 먼저 풍선껌을 꺼냈다. 손잡이를 돌렸고… 13개의 초록색 풍선껌이 굴러 나왔다. 리프 차례이고 169개의 노란색 풍선껌이 나왔다.

"어, 뭐야!" 졸트가 말했다. "넌 왜 많아?"

"신난다" MPLZ3가 말했다.

"뭐가?" 졸트가 물었다.

"아무것도 아니야.." MPLZ3가 대답했다.

그렇다면 그 다음으로 졸트가 손잡이를 돌리고, 졸트 다음으로 MPLZ3가 손잡이를 돌리면 졸트와 MPLZ3는 몇 개의 풍선껌을 갖게 될까?

사람	껌의 개수	지수	곱셈
사비에르	13	13	13
리프	169	13^2	13 × 13
졸트	2197	13^3	13 × 13 × 13
MPLZ3	28561	13^4	13 × 13 × 13 × 13

결국 사비에르는 친구들이 가진 풍선껌을 질투했다.

너무도 불쌍한 사비에르.

학생 브라이언

시드라는 이름을 가진 아이는 매달 마을 사람들의 잔디를 정리하기로 결심했다. 그래서 시드는 플라이라는 이름의 아저씨에게 매달 아저씨네 집 잔디를 정리해도 되는지 물었다. 플라이 아저씨는 좋다고 허락하고는 시드에게 이전 달에 준 급료의 두 배만큼을 주겠노라고 말했다. 플라이는 첫 달에 3달러를 주었다. 시드는 12개월째 되는 달에 자신에 받게 되는 급료가 얼마인지 궁금했다.

달	급료(달러)
1	3
2	9
3	27
4	81
5	243

6	729
…	…
10	59049
11	117147
12	531441

12개월이 되는 달에 시드는 531,441달러를 받게 된다.

3^{12} 또는 531,441달러. 플라이는 미친 게 분명하다!

학생 카시디

우리 모두는 학교 치어리더 멤버이다. 우리는 유니폼을 살 돈을 마련해야 한다. 돈을 모으기 위해 둘째 주말과 넷째 주말에 병 수집을 하기로 결정했다. 첫 번째 모임에서 3명이 병을 수집했다. 이 날 모두 10달러를 벌었다. 다음 두 주가 지나 우리는 다시 모였다. 이번에는 12명이 모였다. 그리고 두 주 전에 벌었던 돈보다 10배만큼을 벌었다. 세 번째 모임에서 우리 팀 모두가 모여 병을 모았다. 그날 우리는 엄청난 돈을 벌었다. 두 번째 병을 수집해서 팔아 번 돈의 10배를 벌었다. 유니폼을 사려면 1500달러가 필요한데, 이 정도면 충분할까? 그렇지 않다면 얼마를 더 벌어야 할까?

학생 겜마

벌크우드 고등학교의 학생들이 구내식당에 모두 모였다. 언제나처럼 경쟁적인 분위기가 감돌고 있었다. 거의 숨이 막힐 것 같다. 7명밖에 안 되는 이 팀에 무슨 일이 일어날 것 같은 분위기이다. 마리아는 초조하게 주변을 돌아보았다. 마리아는 시합에서 반드시 이겨 이 팀에서 확실히 인정받고 싶었다. 그렇다. 이 팀은 벌크우드 고등학교 도전 위원회였다. 경쟁에 이긴 사람만이 새로운 도전에 참여할 수 있다. 잠시 동안, 너무도 조용했다. 협박하는 눈으로 서로를 볼 뿐이었다. 지금 모두는 대표를 보고 있다. 대표는 오늘의 도전이 무엇인지 안내할 것이다. 무엇이든 될 수 있다. 지난주에는 3명의 참가자가 도전이 끝난 이후 학교 수업에 참여하지 못했다. 지금 대표가 오늘의 도전을 이야기하려 한다. 마리아는 너무도 당황하여 고개를 숙였다. 왜 그럴까?

"뭐, 원래대로라면 한 번 도전하는 걸로 끝나는 그런 도전을 말해야겠지만, 이번 도전은 일주일 중 5일을 연속해서 진행해야 하는 도전이야. 도전해보겠다고 결정하기 전에 분명히 깊이 생각해봐야 할 거야. 결과는 수업에 참여하지 못하는 것보다 훨씬 '클' 수 있거든. 마음에 드는 상이 물론 따라올 거고"라고 말하며 대표는 히죽히죽 웃었다. 대표는 아주 착한 학생은 아니다. 그러나 사람이 가장 바보스러울 수 있는 상황을 너무도 잘 안다.

마리아는 한참 생각했다. "이 도전에 이기면 어떤 상을 받을지 너무도 궁금한데. 대표는 부자니까 엄청난 상을 준비했을 거야. 내가 이 도전을 하겠다고 결정하면 정말 멋질 거야. 영원히!"

"오늘의 도전을 발표하겠다." 대표는 말했다. 모두가 대표만을 쳐다보았다.

"너희들도 이미 알 거야. 벌크우드 고등학교 매점에는 엄청나게 맛있는 햄버거를 판다는 걸. 군침이 돌지. 아주 촉촉하기도 하고."

"햄버거?" 마리아는 생각했다. "무슨 도전이기에? 난 상상할 수 없는 도전일 거라 생각했는데. 쉬운걸!" 이때 대표가 다시 이야기를 하기 시작했다.

"이번 주 첫날 햄버거 2개를 먹는다." 대표는 말했다. 이때, 이 팀의 다른 학생들이 웃기 시작했다. "무슨 도전이 그래?" 누군가 소리쳤다. "우리가 해야 하는 게 햄버거를 먹는 거라고?"

대표는 미소를 지으며, "아주 중요한 포인트가 있어. 매일 먹어야 하는 햄버거의 양이 2배가 될 거야. 한 번에 모두 먹어야 하고, 마지막 부스러기까지도 다 먹어야 해. 도전자 없나? 아니면 네가 뽑을까?"

얼마나 많은 햄버거를 먹어야 하는지 계산도 하지 않고 마리아는 다른 사람들이 손을 들기 전에 먼저 손을 들었다. 마리아의 입안은 벌써 군침이 돌았고 이 도전에 성공하여 학교에서 유명해진 자신을 생각했다.

대표는 미소를 지으며, "고마워, 마리아, 만약 이 도전을 잘 마무리하면 이 상은 너

거야."

다음날 마리아는 커다랗고 촉촉한 햄버거 2개를 먹었다. 마리아는 상 받을 생각만 하고 있었다. 며칠 동안 도전에 참여한 후, 마리아는 먹어야 하는 양이 점점 많은 것 같다고 생각했다. 마리아는 점점 몸이 무거웠고 이상하다고 느꼈다. 3일째 되는 날 8개의 햄버거를 먹으면서 마리아는 왜 자신이 도전하겠다고 결정했는지 후회했다.

도전의 마지막 날, 마리아는 자신이 원하는 것을 정확히 얻었다. 학생들이 모두 마리아를 알아보았다. 엄청나게 많은 양의 햄버거를 먹은 마리아로 학생들이 알아보았다. 드디어 마리아의 꿈이 실현되었다. 아마도 평생 학생들이 마리아를 알아볼 것 같다. 그리고 이 도전이 엄청나다는 것도. 매일 마리아가 햄버거를 두 배씩 먹었고 마지막 날에 32개를 먹어 마리아는 일주일에 62개의 햄버거를 먹은 것이다.

학생 앤드류

어느 날 아침 나는 눈을 떴다. 그런데 이 날은 좀 다르게 일어났다. 나는 오늘 학교에 가고 싶지 않았다. 그래서 택시를 불러 공항으로 갔다(여러분도 그러고 싶겠죠). 공항에 도착했을 때, 생각했다 '멋져. 지금 난 공항에 있어. 나는 학교에 가지 않았어. 하하하하.' 그래서 택시에서 내렸지만 택시비를 낼 돈이 전혀 없었다. "다 왔습니다. 돈을 내셔야죠."라고 택시 기사가 말했다. 나는 "제가 돈을 가진 게 없어요. 아무래도 저를 다시 집으로 데려다주셔야 할 것 같은데요." 택시 운전사는 좋다고 말했다. 나는 "너무 걱정 마세요. 집에 갈 때 반드시 이 택시를 다시 탈 게요." 운전사는 "오, 고맙네. 오늘은 당신이 내 주인이야." 이런, 바보. 그러고 나서 택시는 멀리 사라졌다. 나는 공항으로 들어갔고 항공권을 샀다. 시간이 지났을까, 나는 파리 프랑스로 가는 비행기에 있었다. 파리까지 가는 동안 졸다 자다 했다. 파리에 도착했을 때, 빵 만드는 가게에 방문해서 정말 멋진 프랑스 빵을 샀다. 빵을 들고 에펠탑에 가기로 결심했다. 그래서 갔다. 에펠탑에 올라가는데 돈을 내야 한단다. 그래서 나는 내 슈퍼 텔레포터싱가마직(super teleporter thing-ga-ma-jig)을 타고 올라가기로 했다. 정확히 0.072초가 걸렸다. 이 정도 걸린 거 맞아! 믿어봐! 나는 일본어로 쓰인 기념판을 읽었다. 기념판에는 에펠탑을 세운 사람은 탑을 세우기 위해 수학을 사용했다고 적혀 있었다. 이 기념판을 읽는 중에 실수로 빵을 떨어뜨렸는데, 지나가던 거지 위로 떨어졌다. 바보, 어쨌든 정확히 33,554,432 금속 삼각형이 에펠탑을 만드는 데 사용되었다고 한다. 한 단에 사용된 삼각형의 개수를 정확히 두 배한 삼각형의 개수가 그 아래 단을 채웠다(에펠탑을 세울 때 위에서부터 세워 점점 아래를 채워갔다고 한다). 내가 B선생님에게 수학을 배우지 않았다면 이런 심오한 수학을 발견할 수 없었겠지. 나는 이 건축가들이 반복적인 곱셈 대신 지수를 사용했다는 것을 알았다. 건축가는 엄청나게 크고 어마어마한 사각형 모양으로 이 에펠탑의 가장 아래 부분을 세웠다.

학생 브렌트

이 스토리는 당신이 다이어트 중에 감자칩을 먹을 때 일어난다. 처음에 딱 하나만 먹어야지 하면서 감자칩을 하나 먹는다. 정말 맛있다. 그러고 나서 '2개 정도는 크게 문제가 되지 않겠지'라고 생각한다. 정말 맛있다. 그러고 나서 '4개를 더 먹는다고 해서 그리 뚱뚱해지지는 않아'라고 생각한다. 정말 맛있다. 그러고 나서 100g 해바라기 기름이 적혀 있는 봉지를 보면서 '해바라기 기름은 몸에 좋다는 뜻이지, 그럼 8개를 더 먹을까' 라고 생각한다. 정말정말 맛있다. 그런데 '오늘 내가 일을 너~무도 열심히 했지. 그러니 16개 정도는 먹어도 되지'라고 생각한다. 결국 그녀는 배가 터질 때까지 이렇게 계속해서 변명을 늘어놓으면 감자칩을 먹는다. 그리고 그녀의 가족은 너무도 맛있는 감자칩을 만든 회사를 고소했다.

학생들의 스토리들은 어떠한가?

찬드라 교사가 학생들에게 위와 같은 연습을 제공한 이유는 학생들 스스로가 다른 무언가를 직접 할 수 있는 기회를 제공하기 위해서였다. 우선 학생들이 예술적인 표현의 기회를 다양하게 가지며 수학적인 반복 연습에 대한 부정적인 인식을 깰 수 있었다. '리'나 '다이애나' 같은 몇몇 학생들은 간단하고 짧은 스토리를 창작했지만 '겜마',

‘앤드류’, ‘한나’와 같은 학생들은 상당히 창의적인 모습을 보였다.

교사는 학생들의 스토리를 통해 학생들의 이해력을 분명히 확인할 수 있으며, 스토리를 평가의 도구로 활용할 수 있다. 예를 들어, ‘리’, ‘줄리아’, ‘코레이’의 스토리를 통해 이 학생들이 지수적 성장에 대한 패턴을 분명히 이해하고 있다는 것을 확인할 수 있다. 그러나 ‘밥’과 ‘캐롤라인’의 스토리를 통해 지수적 성장에 대한 패턴을 잘 이해하고 있지 못하구나라는 것을 확인할 수 있다.

학생들의 스토리에 수를 변형시키는 과정이 포함되어 있는지 확인함으로써 학생들의 이해력을 좀 더 확인할 수 있다. — 찬드라 교사는 밑이 2인 지수로 스토리를 고안했지만, 학생들 중 몇 명은 3, 4, 5, 7 또는 13으로 밑을 달리하여 스토리를 만들었다. 즉, 학생들은 제곱뿐 아니라 다양한 밑을 이용해 패턴을 확장할 수 있음이 확인된 것이다. 또한 흥미로운 것은 마리아가 먹은 햄버거의 수가 32개 또는 2^5개이고, 할로윈에 나눠준 캔디가 $16 = 2^4$개이다와 같이 작은 값만을 포함하는 스토리도 있었고, 아주 빠르게 성장하는 나무의 길이가 $59049 = 3^{10}$밀리미터이고, 평범한 천을 $1{,}977{,}326{,}743 = 7^{11}$번 꼬았다고 한 것과 같이 계산기를 이용해야 하는 정도의 큰 값을 포함하는 모험적인 스토리도 있었다.

몇 개의 스토리는 간단한 시나리오 또는 요점만을 포함한 줄거리로 전개되었지만 다른 스토리는 다양한 문학적 요소와 개인적 창의성 그리고 교사가 소개한 것을 흉내 내려는 시도 등을 포함하여 전개되었다. 학생들의 스토리에는 미스터리와 유머, 갈등 그리고 시각적 심상이 포함되어 있었다. 수학을 가르친다는 측면에서 분명히 흥미로운 것은 학생들이 직접 스토리를 창작하면서 스토리뿐 아니라 문제의 해법도 포함시킨다는 점이다. 특히 몇 개의 스토리에는 수학적 패턴이 표로 정리되어 있기도 했고, 다른 스토리에는 수적인 해답이 그냥 소개되기도 했다.

에피소드 2 : 가르치려는 내용이 확인 가능한 스토리

찬드라 교사는 무리수를 지도하는 단원에서 학생들의 흥미를 유도하기 위해 학생들에게 피타고라 학파, 이 집단의 이상한 믿음과 행동 그리고 무리수의 발견에 대한 두려움과 같은 전통적인 스토리를 소개했다. 피타고라스학파의 비밀 조직, 수를 숭배하고 '모든 것은 수이다'라고 주장한 관념, 모든 것은 자연수나 유리수로 측정되어야 한다는 의미를 소개했다. 그리고 히파수스가 정사각형의 변과 대각선이 같은 단위로 측정이 불가능하다는 것을 발견한 갈등을 소개했다. 즉, 정사각형의 한 변의 길이가 유리수여도 그 대각선의 길이는 유리수가 아니라는 것이다. 바로 무리수이다. 히파수스의 발견은 수학적 대칭성에 대한 피타고라스학파의 믿음에 타격을 주었고, 피타고라스학파는 히파수스가 발견한 결과물을 어떻게든 감추려 했다. 전해 내려오는 이야기에 따르면 피타고라스학파는 자신들의 조화로운 수에 대한 믿음을 보존하기 위해 히파수스를 바다에 던졌다고 한다.

찬드라 교사는 학생들에게 피타고라스학파에 대한 여러 전설을 연극이나 노래로 다시 창작하도록 기회를 주었다. 아래의 예들은 학생들이 창작한 것을 살짝 수정한 것들이다. 우선 첫 번째 예는 학생들이 직접 창작하고 합창곡으로 부른 재미있는 가사이다.

우리는 수를 숭배하고 수가 바로 신이라고 믿는다네.

수의 신에게 기도하고 이야기하여라.

7, 8, 9, 10 그리고 짝수와 홀수.

우리는 마지막 수까지 사랑한다네.

우리 집단은 모두 똑똑하고 그 누구도 우리를 절대 이길 수가 없다네.

나도 이 집단에 속해있지. 왜냐하면 제일 똑똑하니까.

우리 모두는 채소만 먹는다네. 콩은 절대 안 먹지.

고기는 주지 말고 야채만 주소서.

다음 예는 바다에 빠진 히파수스의 시체를 건져낸 상황을 뉴스로 방송하는 연극의 대본이다.

앵　　커 : 오늘 사모스 섬에서 익사한 시체 한 구가 발견되었습니다. 소름끼치는 소식인데요. 유진 엘 피터슨 와들레웰스 3세가 좀 더 소식을 전하겠습니다. 유진?

리 포 터 : 네. 유진입니다.

앵　　커 : 지금까지 경찰이 찾은 사항을 좀 전달해줄 수 있나요?

리 포 터 : 네. 시신이 물에 잘 가라앉도록 시신의 몸은 금속 공이 달린 몇 개의 체인으로 둘둘 감겨 있었고요. 주머니에는 무거운 돌이 담겨 있었습니다. 그리고 발에는 시멘트 덩어리가 묶여 있었습니다. 경찰은 뭔가 음모가 있는 것 같다고 예측했습니다.

앵　　커 : (상당히 비꼬는 말투로) 경찰들이 어떻게 알았답니까?

리 포 터 : (완전히 심각하게) 저야 전혀 모르죠.

앵　　커 : 좋 – 아 – 요 (리포터의 행동에 깜짝 놀라며) 그래서… 그곳의 분위기는 어떤가요?

리 포 터 : 모든 경찰들이 인터뷰를 거절하고 있습니다. 그런데 근처에 사는 지역 주민들이 있네요. 제가 한 분과 이야기를 나눠보겠습니다.
(수상해 보이는 지역 주민에게 다가간다. 이 주민은 어두운 색의 옷을 입고 있으며, 주변을 두리번두리번 둘러보고 있었다.)

리 포 터 : 실례합니다. 몇 가지 질문을 해도 될까요?

지역사람 : 질문이요? 무슨 질문이요?

리 포 터 : 아주 독특한 스웨터를 입고 계신데요. (스웨터에 적혀 있는 글씨를 읽는다) 피타고라스-의-비밀-사회. 이게 무슨 뜻인가요? 꼭 그렇다는 건 아니지만, 이 비밀 사회에 속해 있는 것 같은데요.

지역사람 : 뭐요? 누가 그래요?

리 포 터 : 저기요. 당신이 입을 스웨터에 적혀 있잖아요.

지역사람 : 저는 아무것도 모릅니다. 아무것도!

(씰룩거리며 멀리 도망간다.)

앞서 학생들이 스스로 창작한 스토리와 비슷하게, 학생이 직접 창작한 연극 역시도 수학적 내용을 다양한 수준에서 나타내고 있다. 어떤 학생들은 전설을 단순히 다시 한 번 반복하는 정도였지만 다른 학생들은 자신들이 이해한 수학적 내용을 잘 포함시켰다. 다음은 학생이 창작한 뉴스 리포트의 일부를 발췌한 것이다.

리포터 : 이게 뭡니까?

경찰관 : 이거요? 작은 상자 같죠. (리포터에게 준다.)

리포터 : 뭔가 안에 들어 있는데요.

경찰과 : 그런 거 같네요.

리포터 : 어, 이런. 작은 막대기네요! 이걸 잘 맞추면 무슨 모양이 될 것 같네요.

경찰관 : 보세요. 반사각형인데요.

앵 커 : 이런 건가요? (반사각형 그림을 그려본다)

리포터 : 네. 밑변은 막대기가 3개이구요.

경찰관 : 높이는 막대기가 4개, 여기를 연결하는 막대기는 5개인데요.

앵 커 : 그렇다면 직각삼각형 모양 아닌가요?

리포터 : 맞네요.

(앵커는 직각삼각형 모양으로 막대기를 배열했다.)

리포터 : 그리고 여기에 정사각형도 있습니다.

앵　커 : 뭐라구요?

경찰관 : 3개의 정사각형입니다.

리포터 : 직각삼각형의 각 변에 하나씩 딱 맞는데요.

앵　커 : (몇 개의 막대기를 더 올려) 이렇게요?

경찰관 : 네.

앵　커 : 그런데 이거 본 적 있는데요. 이거 피타고라스가 발견했던 것이 분명해요. 이 정사각형(한 변의 길이가 4이다)의 넓이가 16이구요. 이 정사각형(한 변의 길이가 3이다)의 넓이가 9, 나머지 정사각형(한 변의 길이가 5이다)의 넓이는 25예요.

경찰관 : 이게 도대체 뭡니까?

앵　커 : 정말 재미있네요. 이 정사각형의 넓이(16)과 이 정사각형의 넓이(9)을 더하면…

리포터 : 맞아요. 다른 정사각형의 넓이이죠!

경찰관 : 여기 또 하나의 작은 상자가 있습니다.

리포터 : 이 안에 들어 있는 도형이 아까 보다는 훨씬 작은데요.

앵　커 : 어떤 모양인가요?

리포터 : 음, 이 도형은 좀 전의 도형과 모양은 똑같아요. 그런데 높이와 밑변에 막대기가 하나씩 밖에 없네요.

앵　커 : (막대기를 직접 맞춰본 후) 잠시요. 그런데 나머지 한 변에는 막대기가 몇 개 놓여야 하죠?

리포터 : 2개 놓이네. 어! 정확하게 맞지 않는데요.

(조용)

경찰관 : 이 자리에 막대기를 자연수만큼 놓을 수 없을 것 같은데요.

리포터 : 그러네요.

앵　커 : 뭐라고요? 그렇다면 정사각형은요?

리포터 : 맞다. 그건?

앵　커 : 아무래도 이 변의 길이를 모르니 정사각형을 어떻게 알겠어요?

경찰관 : 음.

히파수스와 피타고라스가 서로 의사교환을 하는 상황에 대한 연극도 있다.

피타고라스 : 우리 집단에 참여해 함께 예배를 드리겠나?

히 파 수 스 : 네. 정말로 영광입니다.

피타고라스 : 그렇다면 지금부터 너는 히포포타뮤스로 부르겠네.

모두 함께 : 수 수 수 수 수 수 수 수 ….

해 설 자 : 피타고라스학파의 사람들이 함께 기도하고 공부를 하면서 시간이 지난 어느 날, 정사각형 대형으로 항해하는 그리스 군함 위에 학파의 사람들이 함께 있었다. 그런데 배 한 척이 침몰한 것이다!

피타고라스 : 히포포타뮤스, 당신이 우리를 위해 계산을 해줘야겠네.

부　　하 : 저희는 이 네 척의 배 각각을 같은 길이의 끈으로 연결을 한 뒤 정사각형 대형으로 항해를 하고 있었습니다. 그런데 배 한 척이 물이 빠졌지요. 이제 연결되어 있지 않은 두 배를 연결하기 위해 끈이 필요합니다. 배와 배를 연결한 끈의 길이가 1단위이구요. 연결되어 있는 않은 배를 연결하는데 길이가 얼마인 끈이 필요한가요?

히 파 수 스 : 잠깐만요. 먼저 집고 넘어가야 할 게 있는데, 제 이름은 히파수스입니다.

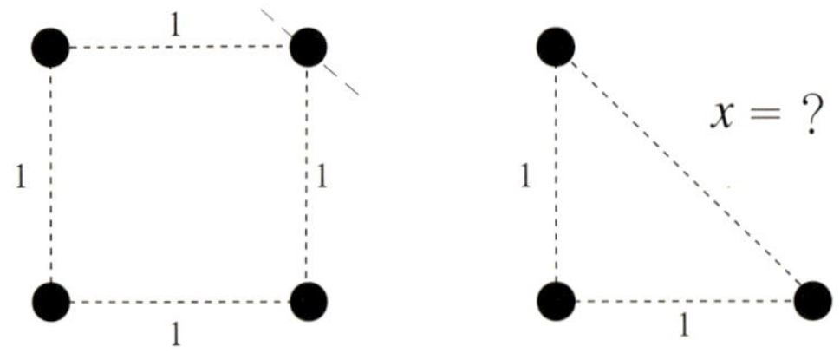

해 설 자 : 그래서 히파수스는 이 문제를 어떻게 해결할까 곰곰이 생각했다. 그러나 자연수 단위로는 답을 찾을 수 없다는 것을 알았다. 그리고 수는 완벽하지 않다는 것도 찾았다.

히 파 수 스 : 이것보세요. 제가 뭘 찾았는지 아세요? 수는 완벽하지 않다고요! 이 끈의 길이는 자연수가 아니에요. 대신 끝없이 계속 늘어나는 소수예요.

학파사람들 : 오, 말도 안 돼. 이건 모독이고 거짓말이야.

피타고라스 : 절대 참을 수 없다. 히파수스는 지금 피타고라스학파와 아폴로를 모독하고 있다.

부 하 : 배 밖으로 던지겠습니다.

학생들의 활동은 어떠한가?

다시 강조하지만 학생들이 직접 창작한 대본은 학생들이 중요한 아이디어를 얼마나 잘 이해했는가를 교사에게 보여준다. 예를 들어, 앞의 뉴스 리포터에서 학생들은 대각선인 막대기의 수를 결정하기 위해 자신들이 이해한 피타고라스 정리를 활용했다. 그 다음의 연극 상황은 단순히 사각형의 대각선의 길이를 계산하기 위해서라기보다 두 배를 연결하는데 필요한 줄의 길이를 찾아야 하는 과제를 포함하고 있다. 학생들은 이 과제를 해결하기 위해 적절하면서도 활용 가능한 모델(위의 그림)을 스스로 만들었다.

또한 학생들은 자연수(whole numbers)와 유리수(rational numbers)를 혼동하는 모습을 보였다. 히파수스가 "수는 완벽하지 않다고요! 이 끈의 길이는 자연수가 아니에요."라고 선언한 부분과 경찰관이 "이 자리에 막대기를 자연수로 놓을 수 없을 것 같은데요."라고 주장한 부분에서 학생들의 혼란스러움을 확인할 수 있다. 이런 모습을 학생들의 혼동으로 해석하기보다 히파수스와 경찰관이 오해한 거로 해석할 수도 있지만 말이다. 어쨌든 교사가 반드시 실행해 보아야 하는 멋진 방법이다.

에피소드 3 : 질문을 포함한 스토리

8장에서 기본적인 문장형 문제를 스토리로 바꿀 수 있는지에 대해 논의했다. 다음은 찬드라 교사가 이러한 아이디어를 어떻게 수행하는지 보여준다. 찬드라 교사가 학생들에게 소개한 문제는 등속운동 문제나 작업능력 문제이다.

기본적인 문제는 다음과 같다.

비행기가 시속 200km로 밴쿠버를 떠나 토론토로 날아갔다. 1시간 후, 또 다른 비행기가 시속 300km로 밴쿠버를 떠나 토론토로 날아갔다. 얼마 후 두 번째 비행기가 첫 번째 비행기를 따라잡겠는가?

이 문제는 아주 간단히 해결된다. 하지만 교과서에서 확인 가능한 대부분의 문장형 문제처럼 이 문제 역시 감정적인 부분이 너무도 부족하다. 찬드라 교사는 문제를 다시 치장했다. 즉, 선명하고 유머러스한 형식으로 학생들이 좀 더 친근하게 느낄 수 있는 상황을 이용했다.

커레이와 브라이언[실제 학생 이름을 사용했다]은 수학 수업을 빼먹기로 결심했다. 왜냐하면 어제 늦게까지 파티가 있어 너무도 피곤하기 때문이다. "헤이, 친구, 우리 멋진 사람들이 많은 쇼핑센터에 갈까?" [캘리포니아식 목소리로 말한다] "자주 좋은 생각인데, 친구!" 그래서 커레이와 브라이언은 8시 30분경 시속 10km로 걸어 쇼핑몰로 향했다. 그 시간, B선생님은 커레이와 브라이

언이 수업에 참석하지 않은 것을 알아차렸다. 그래서 커레이와 브라이언의 행방을 교실 학생들에게 물었다. 티나[교실의 또 다른 학생]는 B선생님에게 친구들이 쇼핑센터에 가는 중이라고 일러바쳤다. B선생님은 매우 건강하고 세상에서 빠르게 걷는 사람으로 시속 25km로 걸어 갈 수 있다. 커레이와 브라이언을 데리러 가기 위해 B선생님은 준비를 하기 시작했다. 그런데 스판덱스 바지를 입느라고 30분을 보냈네. 어쨌든 몇 시에 B선생님이 커레이와 브라이언을 따라잡아 혼낼까?

위 스토리의 특징은 찬드라 교사가 학생들의 삶과 근사하게 등장인물과 유머가 담긴 상황을 바탕으로 스토리를 창작했다는 점이다.

에피소드 4 : 활동을 유도하는 스토리

찬드라 교사는 학생들이 일차방정식을 흥미롭게 탐구할 수 있도록 불가사의한 살인사건 스토리를 창작했다. 활동은 살인사건의 상황에서 진행되며 학생들은 무시무시한 살인자를 밝혀내는 '탐정'이 된다. 학생들은 팀을 이루며 '비밀 편지'를 건너 받는다. 편지 안에는 학교 지도 위에 좌표 평면이 이중으로 겹쳐 있는 종이와 함께 다음의 편지가 담겨 있었다.

너는 지금부터 범인을 밝혀내는 과제를 실행해야 한다. 나의 범죄는 제한된 시간 안에 밝혀져야 한다. 그런데 너는 수학적인 훌륭한 솜씨를 이용해서 나를 찾아야 한다. 학교 지도를 사용해 주어진 실마리를 조심스럽게 해결해야 할 것이다. 자와 펜을 사용해야 할 것이다. 정확한 수학적 지식으로 주어진 실마리를 해결하도록! 그렇지 않으면 실패할 것이다.

지도 위의 점 (8, -10)을 지나고 기울기가 2인 직선의 그래프를 지도 위에 그려라. 그러고 나서 같은 지도 위에 (10, -9)를 지나지만 기울기가 아직 결정되지 않은 직선의 그래프를 그려라. 두 직선이 만나는 점이 너의 목적지이다. 서두른다면 나를 잡을 수 있을 것이다.

찬드라 교사는 댄 브라운의 《천사와 악마》의 특정 장면에서 위 활동에 대한 영감을 얻었다고 소개했다.

Dan Brown, Angels and Demons, 2006.

찬드라 교사는 학생들에게 위 활동이 상당히 효과적임을 경험한 이후, 좀 더 다양한 스토리를 창작해야겠다고 결심했다. 학생들이 실마리를 따라 활동을 하기보다, 학생 스스로가 지도 위에 위치를 그릴 수 있도록 자신만의 실마리를 만드는 것이다. 이러한 활동은 훨씬 복잡한 수준의 과제이다. 이러한 목표를 달성하기 위해, 찬드라 교사는 스컬섬, 해적, 난폭함, 보물사냥을 포함시켜 새로운 스토리를 창작했다.

바야흐로 열다섯 살인 어느 날, 나는 처음으로 저주받은 지도를 보았다. 내가 골동품 가게로 걸어 들어갔을 때, 카운터의 여성이 나를 쳐다보았다. 내가 지도 하나를 집어 들고 이 지도가 무슨 지도인지를 물으려 하자 이 여성이 내 쪽으로 몸을 가까이 하더니 내 손을 잡았다. "당신이 바로 이 지도의 적임자입니다."라고 걸쭉한 자메이카 억양으로 말했다. 나는 '미친 거 아냐'라고 생각했다. 그런데 뭔가 이 여성의 말이 맞을 것 같다는 느낌이 들었다. 이 지도는 평범한 지도가 아니었다. 지도 위에 좌표가 그려져 있었다. 그런데 축이 서로 수직인 좌표는 아니었다. 지도 위에는 피로 몇 개의 선이 그려져 있는 것처럼 보였다! 각각의 선은 일차방정식과 비슷해 보였다 [학생들이 웃는다]. 일차방정식일 수 있다. 왜냐하면 이 지도 위에 1698년이라는 날짜가 찍혀 있었는

Lord Farquaad's Castle
Church
Abandoned Barn
Dragon's Lair
Fairy Godmother's Potion Factory
Potion Lake
Far Far Away Forest
BAR
Abandoned Barn
Drive-Thru
Ancient Forest
Shrek's Ocean
Green Lake
Sunflower Feild
Fiona River
Donkey's Mountains
Far Far Away Kingdom
Aladdin's Palace
Snow White's Castle
Beast's Castle
Sleeping Beauty's Castle
Shrek's Mouth Lake
Puss and Boots Ocean

데 데카르트가 좌표계를 새롭게 창안한 지 얼마 안 된 시점이기 때문이다. 나는 카운터의 여성에게 이 지도를 돌려주려고 했지만 받지 않았다. 내 손을 멀리 치우라고 밀더니… 내가 보는 앞에서… 갑자기 쓰러져 죽었다! 혹시 나 때문에 죽었나… 아니면 이 저주받은 지도 때문에? 무언가 이상한 일이 생길 것 같았다. 이 지도의 위쪽에 보기 흉하게 "스컬 섬(Skull Island)"이라는 글이 적혀 있었다. 등줄기가 서늘해졌다. 내 등을 누군가 갈고리와 단도로 찌르는 것 같은 느낌! 좋아, 상상했던 것 그 이상. 그 때 지도 위에 커다란 빨간 글자 "X"가 보였다. 그 순간 보물! 카운터 여성의 죽음에 대한 혼란함은 사라지고, 즉시 호텔에 있는 친구에게 가서 지도를 보여주었다. 우리는 마을 사람들에게 지도를 보여주며 지도의 스컬 섬이 어디에 있는지, 그리고 어떻게 가야 하는지 며칠 동안 계속 묻고 찾아 헤맸지만, 지도를 본 그 누구도 이야기해주기를 원하지 않는 듯했다. 섬뜩한 생각이 들었다. '혹시 귀신이! 악마가 꾸며낸 건가?' 나는 궁금했다. 유일한 방법은 도서관에 가서 이 스컬 섬에 대해 더 찾아보는 것이었다. 이러한 노력에 하늘이 감동했을까? 드디어 뭔가를 찾았다. 불행, 죽음, 복수… 이 얼마나 멋진 것인가. 이 지도는 가장 악질 해적인 '전설의 블러드헤드(Bloodhead)'가 만들었다. 블러드헤드! 이 사악한 해적에 대해 전해오는 이야기는 거의 없다. 분명한건, 지금까지 가장 흉악한 해적이었다는 것 빼고는. 전설에 의하면 블러드헤드는 너무도 사악했다. 근처에 사는 사람들이 블러드헤드의 금, 은, 보석 등을 약탈하려고, 그의 아내와 자식들을 납치했을 때, 납치자들은 그대로 살려둔 채 이들의 집을 모조리 다 부수고 가족 모두를 죽였다. 전해오는 이야기에 의하면 블러드헤드가 이런 말을 남겼다고 한다, "나는 내 금은보화를 가져가든 말든 관심 없다. 그보다 수천, 수만 번 죽이는 게 더 즐겁다." 오늘날에도 그 누구도 블러드헤드라는 이름을 입 밖에 내지 않는다. 만약 저주를 받고 싶다면… 블러드헤드…블러드헤드…블러드헤드…

앞에서 언급한 바와 같이, 위 스토리는 학생들이 직접 자신의 지도를 그리고 일차방정식을 사용해 해적의 이동 경로와 보물의 위치를 확인하는 과제로 창작된 것이다. 학생들은 과제를 마무리하기 위해 자신들이 만든 단서를 서로 교환했다.

학생들은 일차방정식을 해결하면서 단서들을 통합하여 보물을 찾는 자신만의 스토리 활동을 창작했다. 다음은 어떤 스토리의 일부를 발췌한 것이다.

슈렉 세상에 오신 것을 환영합니다. 평생에 한번 있는 기회입니다. 슈렉상을 받을 수 있는 기회. 어디, 도전할 준비가 되었나요? 재미를 더하려면, 당신과 파트너가 슈렉과 슈렉의 친구 덩키가 되어야 합니다. 누가 슈렉을 할지 덩키를 할지 결정하세요. 시작하기 전에 몇 가지 지켜야 할 약속이 있네요.

첫 번째 약속 : 부정행위 안하기

두 번째 약속 : 모든 것을 스스로 하기

세 번째 약속 : 위치를 찾았다면, 와서 직접 보여주기. 그러고 나면 나머지 스토리를 조금씩 조금씩 더 추가해줌

네 번째 약속 : 항상 스토리를 먼저 읽기. 그러고 나서 새로운 위치가 어디인지 찾고 찾은 위치를 와서 직접 보여주기. 그러고 나면 나머지 스토리와 2개의 방정식을 추가해줌

다섯 번째 약속 : 잘 해보세요!

자. 지금부터 멋진 여행을 떠나볼까요!
이런, 날씨가 뜨겁고 섬뜩하네요. 슈렉은 너무도 지루했다. 날씨가 뜨거워서도 그렇지만, 사랑하는 피오나가 부모님을 보겠다고 멀고 먼 왕궁으로 떠났기 때문이다. 바로 어버이날이기도 하고 피오나가 부모님과 멋진 시간을 보내고 싶어 했기 때문이다. “덩키야, 넌 왜 안 갔니? 혹시 부모님이 안 계시냐… 아니, 내 말은… 만날 부모님?” 덩키는 신나게 “계시죠, 그런데 이틀 동안 여행을 떠나셨답니다.”라고 답했다. 슈렉은 눈을 굴렸다. 그러고는 “아니, 어떻게 어버이날에 여행을 떠날 수가 있어?”라고 말했다. 덩키는 잠시 멈춰 살짝 생각하더니 머리를 흔들면서 “괜찮아요.” 라고 말했다. 그 때, 덩키에게 멋진 아이디어가 떠올랐다. 자기가 보물지도를 찾았다고 슈렉에게 말했다. 슈렉은 가고 싶지 않았지만 덩키가 계속 조르는 바람에 어쩔 수 없이 함께 가기로 했다. 슈렉의 집을 떠나 여행을 시작했다. 지도 위의 첫 번째 힌트(방정식)는…

기울기가 0이고 y절편이 13이다.

기울기가 0이고 y절편이 14이다.

아주 잘했어요. 다음 위치를 찾았군요. 슈렉과 덩키는 폐허가 된 파쿠에드 궁전(Farquuad's Castle)에 방금 도착했다. 슈렉은 이 궁전이 너무도 마음에 들지 않아 가능하면 빨리 단서를 찾아 다른 곳으로 가고 싶었다. 다행히 방정식 같은 게 그려져 있는 셔츠를 입은 안내원을 만났다. 그런데 안내원이 슈렉과 덩키를 졸졸 따라다니는 것이었다. 그래서 슈렉과 덩키는 이 방정식을 종이에 적은 다음 도망갔다.

점 $(0, 10)$을 지나고 $y = x + 10$과 평행이다.

$y = -4x + 3$과 y절편이 똑같고 $y = 7x + 4$에 수직이다.

정말 잘 맞췄어요. 방정식이 맞네요. 슈렉과 덩키는 폐허가 된 궁전에서 벗어나 너무도 기뻤다. 그리고 용이 사는 성(Dragon's Lair)에 방금 도착했다. 여기는 슈렉과 덩키의 인생을 영원히 바꾸어 놓은 곳이기도 하다. 덩키는 용과 작은 새끼를 만날 생각에 너무도 행복했다. 용을 만나기 위해 성 안으로 들어가려는데 문 위에 방정식이 새겨져 있는 것이었다.

점 $(0, -9)$를 지나고 두 점 $(6, 2)$와 $(17, -4)$를 지나는 직선과 평행이다.

점 $(0, -6)$을 지나고 두 점 $(-5, -3)$과 $(6, -6)$을 지나는 직선과 수직이다.

슈렉과 덩키는 엄청나게 큰 해바라기 벌판에 방금 도착했다. 이곳은 피오나와 슈렉이 함께 손을 잡고 달리며 오랫동안 즐거워했던 곳이기도 하다. 피오나를 위해 슈렉이 한 움큼의 해바라기를 꺾어 선물했던 곳이기도 하다. 슈렉과 덩키가 해바라기 벌판을 걷고 있을 때 해바라기가 하나도 없는 곳을 찾았다. 그 대신 2개의 방정식이 흙더미 위에 적혀 있었다. 그것은…

직선 $5x - y + 7 = 0$과 똑같은 x절편을 갖고 직선 $7x - y + 9 = 0$과 평행이다.

직선 $8x - y + 9 = 0$과 똑같은 x절편을 갖고 직선 $-8x - y + 2 = 0$ 직선과 수직이다.

다음의 목적지는 덩키가 너무도 두려워하는 곳이다. 바로 생강빵집(Gingerbread House)이었다. 슈렉과 덩키는 생강빵집에 방금 도착했다. 여기까지 오는 중에 슈렉이 덩키에게 〈한스와 그레텔〉 스토리를 들려주었다. 그런데 결론을 좀 다르게 이야기했다. 마침내 마녀가 한스와 그레텔을 잡아먹었다고. 덩키는 너무도 무서워 슈렉과 함께 가지 않겠다고 결심했다. 슈렉은 웃으며 눈을 빙글빙글 굴렸다. 생강빵집은 피오나와 슈렉이 결혼여행으로 온 곳이다. 정말 아름다운 곳이다. 슈렉이 문을 똑똑 두드리니 나이 많은 못생긴 여성이 나와 쪽지를 주었다. 이 쪽지에는 방정식이 적혀 있었다. 그것은…

두 점 $(5, -6)$과 $(12, -3)$을 지난다.

두 점 $(7, -6)$과 $(4, -8)$을 지난다.

슈렉과 덩키는 처음 와보는 알라딘 궁전(Palace of Aladdin)에 도착했다. 그런데 덩키가 자스민에게 계속해서 장난을 치는 바람에 알라딘이 너무도 화가 났다. 그래서 슈렉은 덩키를 끌고 밖으로 나가 버렸다.

바로 그 때, 마술 램프를 보았다. 덩키는 마술 램프를 문질렀다. 그랬더니 지니가 나타났다. 지니는 3가지 소원을 들어주겠다고 말했다. 슈렉이 말하려는데 덩키가 "음식을 주세요. 그리고 더 많이 주세요"라고 말해버렸다. 이에 질세라 슈렉이 말을 가로채며 "방정식을 주세요"라고 말했다. 결국 지니는 음식과 더 많은 음식 그리고 방정식을 주고 사라졌다. 그것은…

점 $(-5, 8)$를 지나고 기울기가 -1이다.

점 $(0, -9)$를 지나고 방정식 $3x + y - 9 = 0$의 직선과 수직이다.

다음 목적지는 슈렉이 또 다시 덩키를 끌고 나온 곳이다. 이번에는 덩키가 아름다운 벨 공주가 아니라 못생긴 왕자를 놀렸다. 바로 야수의 성(Beast's Castle)이었다. 슈렉은 멋진 왕자가 야수로 살아야 하는 왕자의 심정을 이해했다. 야수는 사실 슈렉과 덩키가 자신의 성을 돌아다니는 게 못마땅했다. 그러나 달콤한 벨이 그냥 허락해달라고 부탁했다. 슈렉과 덩키가 1시간, 2시간 정도 성 안을 걸어 다니다가 촛대 루미에와 괘종시계 콕스워즈를 만났다. 슈렉과 덩키는 루미에와 콕스워즈에게 무언가를 물었고, 루미에와 콕스워즈는 도서관에 가서 방정식이 적혀 있는 책을 보여주었다. 그것은…

점 (0, −3)을 지나고 방정식 $6x+y+3=0$의 직선과 평행이다.

원점을 지나고 직선 $11x+y=0$과 수직이다.

다음 물음에 답하세요.

1) 누가 보물지도를 찾았나요?

2) 그들이 간 두 디즈니 궁전과 왕궁은 어디인가요?

3) 결국 보물은 어디 있었나요? 그리고 X 표시를 찾은 사람은 누구인가요?

요약과 주의사항

모델링(또는 문제를 해결하거나 수업을 전개할 때 실행할 수 있는 과정을 소개한 순서)은 학생들을 가르치는데 상당히 중요한 부분이다. 즉, 교사는 알고리즘, 방법 또는 전략을 설명하고, 학생들은 교사가 설명한 것에 맞추어 비슷한 과제를 정확하게 흉내내거나 수학적 요소를 살짝 바꾸어 실행하면서 다른 방식으로 흉내를 낸다. 찬드라 교사의 수업에서는 다른 측면도 확인되었는데, 교사가 준비한 스토리는 학생들이 수학에 흥미를 가질 수 있도록 돕는 가치 있는 도구일 뿐 아니라 창의성, 유머, 재미를 담은 모델이었다.

그러나 주의해야 할 사항이 있다. 많은 학생들에게 스토리를 이용해 수업을 진행하는 것이 수학에 흥미를 갖도록 부추기는 것은 맞지만, 몇몇의 학생들은 스토리에만 관심을 갖거나 스토리를 수학의 피난처로 활용할 수도 있다. 스토리를 스스로 창작해오는 숙제에서, 수학적 과제를 완전히 빼버린 상태에서 다양한 문학적 디자인과 창의적인 글쓰기에만 초점을 맞출 수 있다. 따라서 교사 역시도 수학적 내용에 분명히 초점을 맞추면서 스토리를 디자인해야 한다.

12

기존 스토리 이용하기

'스토리를 창작하는 것'과 '스토리를 이야기하는 것'은 분명히 차이가 있다. 만약 스토리가 자신이 직접 창작한 것이 아니라면 그 차이를 더 느끼게 된다. 이것이 바로 교사가 자신의 목적에 맞게 자신의 스토리를 창작하는데 필요한 몇 가지 기술을 습득해야 한다고 강하게 주장한 이유이다. 이 기술을 알면 스토리를 창작하는 것이 쉬워진다. 기존 스토리를 그대로 사용하면 이러한 기술을 활용해 스토리를 창작할 기회를 놓치게 되고, 학생에게 원하는 만큼을 전달하지 못하게 된다. 그러나 스토리를 만드는데 필요한 이 기술을 확실하게 먼저 알고 있다면, 기존 스토리를 그대로 사용하기에 놓칠 수 있는 부분들을 최소화하거나 걱정하지 않아도 된다.

스토리를 창작하는 것은 스토리를 단순히 쓰는 것보다 훨씬 많은 노력이 필요하다. 스토리에 딱 맞는 여러 가지를 고려해야 하기 때문이다. 즉, 스토리는 작가의 특정한 필요성을 만족하기 위해 또는 특별한 목표에 도달하기 위해 창작되며 이러한 필요성이나 목표에 맞춰 전개된다. 그렇기 때문에 스토리를 단순히 읽는 것과 다르게 스토리로 새로운 무언가를 가르칠 수 있는 것이다. 따라서 '스토리를 창작하는 것'은 '스토리를 이야기하는 것'과 상당히 다른 것이다.

이 책의 목표는 학생이 수학에 흥미를 갖도록 돕는 몇 가지 준비된 스토리를 소개하는 것이 아니다. 사실 계획적으로 이를 피해왔다. 이 책의 목표는 수학을 설명하기 위해, 학생들이 수학에 관심을 갖도록 돕기 위해 그리고 교실의 문화와 교사의 방법을 바꾸기 위해 자신만의 스토리를 창작할 수 있는 능력을 키우는 걸 돕는 것이다. 그렇게 하기 위해, 가장 중요한 도구인 스토리를 소개하는 것도 중요하지만 수학을 가르치는데 스토리를 활용하기 위해 반드시 필요한 기술을 면밀히 검토해야 한다. 이 기술은 스토리를 창작(쓰기)할 때 반드시 필요하다. 이 기술은 '나만의 스토리'를 만들기 위한 기본 구조의 한 부분이다. 만약 교사가 이러한 근본적인 기술을 알고 있다면 수학을 더욱 효과적으로 가르치는데 기존 스토리를 이용하는 게 가능해진다. 따라서 이러한 기술이 무엇인지 명확히 해보자. 그러고 나서 수학 수업에 활용 가능한 기존 스토리를 선택하고 이용하기 위해 이러한 기술을 어떻게 적용할 수 있는지 논의해보자.

목 적

스토리를 쓸 때, 왜 이 스토리를 써야 하는지 목적을 세우는 게 먼저이다. 즉, 이유가 있어야 한다. 이유는 다양한데, 가장 단순하게는 학생들이 흥미를 갖도록 돕기 위해서 그리고 의미심장하게는 학생들이 특정한 수학적 관계를 발견할 수 있는 상황을 제공하기 위해서이다. 무엇을 하기 위해서든 목적은 분명히 필요하다.

이 책에서 초점을 맞춘 목적은 대부분 특정 수학내용과 같은 교육과정의 결과물이었다. 예를 들어, 8장에 소개된 케시의 옷 고르기에 대한 이야기에서 '계산의 기본 원리' 내용에 초점을 두었고 이 원리를 소개하기 위해 스토리를 사용했다. 비슷하게 7장에서 0으로 나누는 개념을 설명하기 위해 왕과 12개의 다이아몬드에 대한 이야기를 소개했다. 가우스와 악마 같은 선생님의 이야기는 등차수열의 개념을 소개했고, 혼란스러워하는 재단사의 이야기는 분수의 나눗셈을 설명했으며, 그리고 아르키메데스와 바르톨로뮤의 이야기는 원의 측정에 대해 안내했다. 즉, 특정한 수학 개념을 설명하는데 초점을 맞춘 스토리들이 많이 소개되었다.

그러나 학교에서 지도되는 것들이 모두 위와 같은 특정 개념만은 아니다. 학교에서는 패턴 인지, 문제해결, 일대일 대응 등과 같은 아이디어도 지도된다. 예를 들어 7장에서 온도를 바꾸는 이야기는 수학적인 문제를 탐구하고 해결하는데 패턴의 역할이 중요함을 보여주었다. 패턴은 가우스가 1부터 100까지의 수를 모두 합하는데 사용한 중요한 도구이며, 《항아리 속 이야기》에서 얼마나 병이 많은가를 계산하는데, 그리고 《왕의 체스판》 이야기에서 발명가에게 얼마나 많은 쌀을 주어야 하는지를 계산하는데 사용한 중요한 도구였다. 일대일 대응은 수학에서 상당히 많이 사용되는 개념이다. 일대일 대응 개념은 1장에서 양치기가 모든 양이 저녁에 돌아왔는지 확인하는 이야기에서 잠시 소개되었다. 이러한 예들은 직접 수학 교과서에서 확인이 가능한 세부적인 개념은 아니지만 수학에 대한 좀 더 일반적인 측면에 대한 것이다.

무언가를 개발하려는 사고방식은 수학을 가르치고 배우는데 중요하다. 이러한 사고방식은 수학을 이해하는데 도움이 될 뿐 아니라, 어떤 상황에서 학습한 것을 다른 상황에 사용할 수 있는 변형과 적용을 가능하게 한다. 문제해결 전략과 끈기 또한 이 책에서 여러 번 지적한 특징이다. 7장에 소개된 잃어버린 달러 수수께끼나 벨보이가 가져간 달러 등을 다양하게 바꾸면서 문제의 답을 옳게 찾을 수 있었고, 이 전략이 여러 상황에서 상당히 유용함을 경험하였다. 아르키메데스에 대한 여러 이야기를 다루면서 깊게 사고하는 힘이나 끈기의 이점을 경험하였다. 이렇게 여러 스토리를 읽고 바꾸고 논의하면서 학생들에게 제공해야 하는 진정한 수학이란 무엇인가를 고민하였다.

대본

수학을 가르치는 목적에 맞게 스토리를 창작할 때 스토리에 암묵적으로 기재해야 하는 것이 있다. 바로 '목적을 달성하기 위해 스토리를 어떻게 활용할 의도인가'에 대한 것이다. 즉, 스토리를 써나갈 때, 이 스토리가 수업시간에 어떻게 활용될 것인지에 대한 대본(script)을 함께 창작해야 한다. 대본을 최대한 세부적이고 섬세하게 만들어 이 대본을 마음속에 그리면서 스토리를 이 대본에 맞춘다. 예를 들어, 패턴의 일반화, 패턴의 인지, 패턴의 확장을 이용해 특정한 개념을 소개하고 싶다고 가정해보자. 우선 학생들에게 패턴의 처음 몇 개의 원소를 소개하는 스토리를 이용할 수 있다. 그 결과 학생들은 패턴을 쉽게 일반화할 수 있다. 학생들이 좀 더 도전할 수 있는 단계가 패턴의 인지이다. 이를 위해 학생들이 좀 더 역동적으로 참여해야 한다. 학생들의 참여를 원활히 하기 위해, 학생들은 소그룹으로 짝을 짓고 숨겨진 패턴을 스스로 발견해보는 시간을 대본에 기록할 수 있다. 대본의 이 기록은 스토리 내에서 질문의 형태로 활용 가능하다. 비슷하게, 마지막 단계인 패턴의 확장 또한 학생들이 직접 활동하는 형식으로 구성한다. 이때, 스토리의 인물이 학생들이 논의한 결과물을 확인하는 방식으로 스토리를 새롭게 구성하여 학생들이 직접 참여한다.

흥미로운 것은 스토리를 어떻게 활용할 것인지를 계획하는데 사용되는 대본과 스토리와의 관계이다. 나만의 스토리를 창작할 때에는 대본과 스토리가 섞여 따로따로 잘 구분되지 않는다. 즉 스토리가 대본에 그대로 남아 있다. 그러나 대본은 스토리 내에서 항상 확인이 가능한 것은 아니다. 즉, 스토리를 어떻게 활용해야겠다는 의도가 스토리 안에 그대로 남아 있는 건 아니다. 이를 좀 더 확인해보기 위해 2장에서 소개한 가우스와 선생님에 대한 이야기로 돌아가자. 이 이야기는 가우스의 반 학생들 모두와 이 글을 읽는 이 모두가 해결할 수 있는 문제를 제공하면서 문제가 마무리되었다. 이러한 스토리에는 작가가 수업 활동을 생각하면서 이야기를 마무리하고 있다는 것이 분명하게 확인된다. 즉, 대본에 실제 학생들이 가우스가 소개한 알고리즘을 사용하여 몇몇의 문제들을 탐구한다는 계획이 있었다.

그렇다고 해서 대본에 스토리의 모든 측면이 명확하게 명시되는 것은 아니다. 예를 들어, 가우스의 이야기에서 교사는 가우스가 문제를 곧바로 해결했을 때 읽기를 멈추었다. 가우스가 이 도전에 답하기 위해 중요하게 생각한 것이 무엇인지 생각해볼 수 있도록, 가우스의 총명함에 놀랄 기회를 제공하기 위해서 그리고 가우스의 답이 정확한지 그리고 왜 이런 답이 얻어졌는지를 깊이 생각할 기회를 제공하기 위해서이다. 이야기가 멈추었을 때 학생들은 서로 논의를 하며 (학생들의 반응에 따라 다르겠지만) 학생들이 답을 직접 탐구해보는 방향으로 대화를 확장할 수 있다. 분명한 것은, 이야기를 멈추고 학생들이 무엇을 하는지에 대한 세세한 사항들이 대본에는 정확히 기록되지만 스토리에는 그냥 단락 나누기로만 확인이 된다. 즉, 대본에는 명확히 명시되지만 스토리에는 암묵적으로 명시된다.

이러한 경향은 많은 스토리에서도 동일하다. 이 책의 많은 스토리들은 이러한 명확-

암묵의 차이를 상당히 확인할 수 있다. 또한 명확과 암묵의 차를 잘 반영해 스토리를 구분하였다. 즉, 새로운 무언가를 소개하는 스토리, 가르치려는 내용이 그대로 확인 가능한 스토리, 가르치려는 내용이 잘 섞여 있는 스토리, 지식을 설명하는 스토리 이 모두는 대본을 어떻게 해석하느냐에 따른 것이다.

말하기

대본에 분명히 기록할 수 없는 것이 있다면 그것은 '스토리를 이야기하는 것'이다. 수학을 가르치기 위해 스토리를 어떻게 사용할 것인지를 철저하게 계획할수록 어떤 부분에서 어떻게 노력해야 하는지를 완벽하게 예측하는 것은 불가능하다. '스토리를 이야기하는 것'은 스토리텔러와 청중 사이의 대화를 의미한다. 아주 평범한 스토리텔링 상황에서도 이러한 대화는 스토리텔러가 청중의 마음을 읽어 최대로 청중들이 흥미를 갖도록 노력하는 것에 달려 있다. 수학을 가르칠 때에도 별반 다르지 않다.

3장에서 논의한 바 있듯이, 스토리를 이야기하는 것은 스토리를 단순히 읽는 것 그 이상이다. 타이밍을 맞추는 감각, 실재적인 감각 그리고 유머러스한 감각이 필요하다. 목소리의 파동, 몸짓 언어, 추임새 그리고 눈맞춤이 필요하다. 그리고 청중의 참여가 필요하다. 이러한 것 중의 어느 하나도 스토리의 글자에서는 확인이 불가능하다. 대본에 적혀 있는 것처럼, 이러한 특징들은 모두 스토리 작가가 의도적으로 준비해야 하는 것들이다. 그러나 대본과는 다르게 상당히 상황에 영향을 받는다. 즉, 스토리를 듣는 청중이 어떠한지 그리고 이때의 분위기가 어떠한지에 따라 다르고 스토리텔러가 모든 청중을 고려하면서도 개개의 청중의 기분과 필요성을 읽을 수 있는 능력에 따라 다르다.

3장에서 소개한 농부와 까마귀 스토리는 학생들이 어떻게 직접 참여하여 스토리를 전개하고 스토리에 아이디어를 직접 제공하는지를 보여준다. 이러한 과정을 거치면서, 스토리는 전통적인 스토리보다 훨씬 대본처럼 전개된다. 그러나 스토리를 이야기하는 것은 대본 이상이다. 즉 가상의 사본인 것이다. 가상의 사본에는 스토리를 이야기할 때 포함되어 있는 세부적인 상호작용이 확인된다. 그러나 모든 스토리를 이렇게 구성할 수는 없다.

상 황

스토리를 이야기할 때, 학생들은 인물들, 배경, 줄거리의 세부적인 부분에 관심을 가진다. 인간적인 면, 궁금함 그리고 호기심을 학생들이 채운다. 학생들이 갈등이나 문제해결 그리고 딜레마를 해결하는 등에 직접 참여하도록 분위기를 조성한다. 학생들을 상황(context)에 끌어들이고 등장인물로 선정하여 스토리에 학생들을 직접 참여시킨다. 이렇게 함으로써 학생들이 스토리에 대하여 생각할 수 있다.

더불어, 이렇게 함으로써 학생들은 스토리 안에서 생각할 수도 있다. 스토리에 대하여 생각하는 것과 스토리 안에서 생각하는 것은 다르다. 학생이 직접 스토리 내에서 무언가를 하고, 생각을 하고, 문제를 직접 풀면서 스토리에 몰입하는 것이다. 수학을 가르치기 위해 스토리를 사용하는 교사 역시도 학생들이 스토리에 몰입하도록 스토리를 사용해야 한다. 가우스와 선생님의 이야기를 다시 한 번 생각해보자. 이 이야기의 마지막에 제공된 수학 문제를 학생들에게 소개했을 때, 학생들은 이 수학 문제를 해결하지 않았지만 스토리 내의 상황을 해결하려 노력했다. 즉, 학생들은 스토리 상황 내에서 자신의 노력을 발휘한다는 것이다. 학생들을 지도하는 교사 또한 수업의 목표에 적합하도록 딜레마를 바꾸거나 다른 쪽으로 확장하거나 변형할 수 있다. "만약에 …라면…(what if)?"을 사용해봐라. 스토리의 상황은 그대로 유지하면서 수학적인 상황을 확장할 수 있게 된다.

질문 "만약에 …라면…"은 스토리에 암암리에 자주 사용된다. 이 질문은 스토리텔러가 청중의 감성과 수학적 흥미 모두를 이끌기 위해 스토리의 대본에도 사용되고 스토리를 말할 때에도 사용된다. 앞에서 소개한 몇몇의 스토리를 전개할 때 이 질문을 직접적으로 활용하기도 했다. 예를 들어, 잃어버린 달러 수수께끼에서 "만약에 방값이 달라지면 어떻게 될까?"라고 질문을 제시했다. 수를 다양하게 바꾸는 활동은 궁금함을 해결하는 방법이었다. 변하는 온도 이야기, 왕의 다이아몬드 이야기, 케시의 옷 고르기 이야기 등에서 수를 다양하게 바꾸는 활동이 함께 이루어졌는데, 이와 같은 수 바꾸기를 통해 학생들은 스토리 내에 지속적으로 참여한 것이다.

기존 스토리 책 이용하기

앞에서 언급한 '목적, 대본, 말하기 그리고 상황'은 '스토리 쓰기'에 꼭 필요한 요소들이다. 수학을 가르치기 위해 스토리를 작성해야 할 때에도 네 가지를 자동적으로 고려해야 한다. 그러나 기존 스토리를 활용하면 네 가지를 고려하지 않게 된다. 그렇다고 해서 기존 스토리를 이용하는 게 옳은 방법이 아니라거나 사용하지 말아야 한다고 주장하는 것은 아니다.

분명히 강조하고 싶은 것은 '만약 기존 스토리를 이용해 직접 창작한 스토리만큼의 효과를 보고 싶다면 분명한 것이 무엇이고 암묵적인 것이 무엇인지를 반드시 알아야 한다'는 것이다. 기존 스토리를 더욱더 효과적으로 사용하고 싶다면 스토리를 구성하는 암묵적인 요소를 추가하고 목적에 맞게 이 요소들이 분명히 스토리에 들어나도록 스토리를 전개하면 된다.

지금부터 몇 개의 기존 스토리를 살펴보고, 네 가지 요소를 고려하여 각각의 스토리를 분석해보자. 그리고 이렇게 스토리를 분석하여 수업시간에 활용할 때 기존 스토리가 얼마나 다양하게 사용될 수 있는지 확인해보자.

팻 허친스의 《자꾸자꾸 초인종이 울리네》

Pat Hutchins, The Doorbell Rang, 2004.

이 책에서 엄마는 빅토리아와 샘을 위해 12개의 과자를 구웠다. 빅토리아와 샘이 12개의 과자를 나누려할 때, 초인종이 울리고 탐과 한나가 들어온다. 이렇게 과자를 나누려 하면 초인종이 울리고 친구들이 모이는데 결국 12명의 친구가 부엌에 모인다.

친구들이 들어올 때마다 엄마는 "과자를 나눠 먹으렴." 한다. 그러면 빅토리아와 샘이 한 명당 몇 개의 과자를 먹어야 하는지 대답을 한다. 마침내, 한 사람이 1개의 과자를 먹으려 할 때 초인종이 또 울렸고… 할머니께서 과자를 가득 가져오신다.

이 스토리의 목적은 '자연수의 나눗셈'을 소개하는 것이다. 또한 이 스토리를 읽는 학생들이 직접 과자를 나눠보는 수학적인 활동을 할 거라고 분명히 예측할 수 있다. 스토리에는 직접적인 질문이 확인되지는 않지만, 학생들은 빅토리아와 샘이 대답하는 부분에 직접 참여하는 기회를 갖게 된다. 이러한 이유로 이 스토리를 읽는 학생이 빅토리아와 샘의 답[■]이 궁금해 책장을 넘기게 된다. 이 스토리의 상황은 상당히 강력하다. 어린이들에게 너무도 익숙한 공정하게 나누어야 하는 상황으로부터 나눗셈을 도입하고 있다. 과자와 친구들이라는 소재로 스토리를 전개하면서 어린이들이 너무도 흥미로워하도록 분위기를 설정하고 있다.

그렇다면 이 책을 어떻게 활용할까? 가장 기초적인 수준에서 본다면 이 책은 상당히 좋은 어린이용 스토리이다. 살며시 공정하게 나누어 먹어야 한다는 도덕적인 교훈이 소개되며, 초인종이 마지막에 울릴 때 급격한 갈등을 담아 학생의 참여와 궁금함을 유발하며… 그리고 행복한 결말로 끝난다. 수학을 지도하는 것과 관계해서도 '공정하게 나누기'를 이용해 나눗셈 개념을 소개하며 빅토리아와 샘이 뭐라 답할지 학생들이 예측하면서 나눗셈을 연습하는 기회를 갖게 된다. 물론 이 스토리를 읽는 이가 스토리를 읽으면서 경험하는 수학적 활동에 직접 관심을 갖고 참여해야 한다. 이 스토리로 어린 학생에게 나눗셈을 소개할 경우, 엄마가 "과자를 나눠 먹으렴" 하고 언급할 때마다 학생들 스스로가 나누어야 하는 과자의 수를 찾기 위해 그룹으로 논의하고 그림을 그려보는 등의 기회를 제공하기 위해 스토리 읽기를 중지해야 한다. 또는 학생이 "몇 개의 과자를 친구들끼리 나눠 먹죠?"라고 질문을 던질 수도 있다. 이 스토리의 나눗셈 과정과 그 결과는 상당히 직관적으로 쉽게 계산되고 그 수학적 폭도 깊지는 않다.

먼저 스토리가 자연수의 나눗셈에 대한 것일 필요는 없다. 인수(factor)에 대한 것일 수도 있다. 즉, 12를 나누는 수는? 만약 인수를 지도하기 위해 스토리를 활용한다면, 이야기는 과자를 몇 개씩 나눠야 하는지를 질문할 때가 아니라 초인종이 울렸을 때 멈춰야 한다. 그리고 "얼마나 많은 어린이들이 왔나요?"라는 질문이 필요하다. 그 결과 학생들은 나누는 인수가 무엇인지를 생각해보는 기회를 갖는다. 인수를 찾는 활동은 단순히 나누기를 하는 활동보다 훨씬 더 융통성 있는 사고를 요한다. 융통성이란 나누는 활동을 시행착오하면서 익숙해지는 활동을 통해 성장 가능하다.

더불어, 이 스토리의 상황은 쉽게 다른 스토리 상황으로 전개된다. 엄마가 구운 과자

■ 이 책에서 빅토리아와 샘의 답은 항상 다음 페이지 첫째 줄에 적혀 있다.

의 수를 바꾸거나 초인종을 누르는 친구들의 수를 바꾸어 나머지를 갖는 나눗셈 개념을 이끌 수 있다. 만약 수를 잘만 선택한다면 분수도 소개될 수 있다. 14개 과자와 4명의 아이들에 대한 시나리오가 있다고 해보자. 나이가 어린 아이들도 남은 2개의 과자를 반으로 잘라 한 아이가 $3\frac{1}{2}$씩 먹어야 한다는 것을 쉽게 찾을 수 있다. 또한 할머니께서 얼마만큼의 과자를 가져오셨는지를 계획하여 학생들이 나머지를 더 탐구할 수 있도록 할 수 있다. 또한 간단한 질문들을 살짝 꼬아 학생들이 좀 더 탐구할 수 있는 질문을 만들 수 있다. "문을 열었을 때 몇 명의 어린이들이 문 앞에 서 있었니?", "엄마가 구운 과자의 수는?", "할머니께서 몇 개의 과자를 가져오셨으면 좋겠니?"

이 스토리의 상황이 너무도 확실하기 때문에 그리고 간단하게 반복되는 리듬이 확인되기 때문에, 학생들이 직접 작가가 되어 자신만의 스토리를 창작할 수도 있다. 학생들이 직접 과자의 수나 어린이들의 수를 선택할 수 있다. 이 스토리에서 12를 나누는 모든 인수가 확인 가능한지 질문을 하거나 스토리 내의 어린이들이 항상 짝수개의 과자를 가질 것인지를 물어 학생들이 수학적 개념을 더욱더 탐구하도록 도울 수 있다. 학생들이 직접 결정할 수 있는 조건이나 기준을 신중하게 선택하면 더 다양한 도전이 가능한 활동을 추가할 수 있다. 만약 초인종이 정확히 7번 울렸고 어떤 수의 인수가 스토리에 모두 확인이 가능하도록 스토리를 직접 창작하는 도전을 생각해보자. 이 스토리를 시작할 때 엄마는 몇 개의 과자를 구웠다고 해야 할까?

《자꾸자꾸 초인종이 울리네》는 자연수의 나눗셈이라는 아주 간단한 수학적 개념을 소개한다. 하지만 좀 더 어려운 인수 개념을 찾기 위해 《자꾸자꾸 초인종이 울리네》를 읽을 수 있다. 또는 나머지를 가진 나눗셈이나 분수와 같은 나눗셈 관련 수학적 개념을 탐구하는데 《자꾸자꾸 초인종이 울리네》를 활용할 수도 있다. 그리고 자기만의 스토리를 직접 창작하여 진정한 수학적 사고에 흥미를 갖도록 《자꾸자꾸 초인종이 울리네》를 확장할 수 있다. 어떤 목적으로 《자꾸자꾸 초인종이 울리네》가 쓰였든, 이 스토리에서 확인 가능한 강력한 상황과 예측 가능한 변화를 잘 이용하여 다양한 목적에 맞는 새로운 스토리를 쉽게 만들 수 있다.

안노 마사이치로와 안노 미쓰마사의 《항아리 속 이야기》

Anno's Mysterious Multiplying Jar, Masaichiro Anno and Mitsumasa Anno, 1983.

6장에서 항아리 속 이야기는 계승(!)을 소개하는 스토리로 제시되었다. 이 스토리에는 바다를 담은 마술 병이 나온다. 이 바다에는 섬이 1개 있고… 이 섬에는 2개의 나라가 있고… 각 나라에는 3개의 산이 있고… 각 산에는 4개의 왕국이 있고… 등등. 그리고 5개 마을(왕국마다), 6개 집(마을마다), 7개 방(집마다), 8개 선반(방마다), 9개 상자(선반마다), 마지막 10개의 병(상자마다). 이 스토리는 "얼마나 많은 병이 있나요?"라는 질문으로 마무리된다. 그러나 이 질문을 끝으로 이 책이 마무리되는 것은 아니다. 이어서 작가는 병이 모두 3,628,800개이고, 어떻게 해서 이만큼의 병이 되는지 설명한다. 그러고는 계승 개념을 소개하고 조합 문제에 계승 개념을 어떻게 사용하는지를 설명한다.

언뜻 보면 작가가 이 책을 쓴 목적이 계승 개념을 소개하기 위한 것 같다. 그러나 단지 이 이유뿐일까? 이 책 후기의 마지막 문장에 "이 책에서 수란 무엇이며, 수는 간단해 보이는 방법으로도 엄청나게 늘어날 수 있음을 보여주었다. 더불어 수학을 통해 우주적인 생각과 신비하고 궁금하고 흥미로운 감각에 기초하여 깜짝 놀랄 만한 순서 배열의 아이디어를 알게 된다."가 적혀 있다.

사실 이 책을 읽는 이가 별 어려움 없이 수학적 활동에 흥미를 가질 것 같다고 본다면, 계승, 수의 확장 그리고 순서 배열을 수학적으로 설명하는 게 작가의 초기 목적인가 하는 궁금함이 생긴다. 좀 더 생각해보면 곱셈을 직접 해볼 수 있는 멋진 상황을 제공한다. 즉, 직접적으로 '이 나라에는 3개의 산이 있다'고 소개하면서 동시에 암묵적으로 '각각의 나라에 3개씩의 산이 있다'를 지적하여, 이 스토리를 읽는 이가 더욱더 탐구할 수 있는 유의미한 시간을 갖도록 하고 있다.

이 책의 저자가 계승이나 수의 확장 그리고 순서 배열과 같은 개념의 전달만 강조한 것 같지만, 학생들이 수학적 활동에 흥미를 갖도록 교사가 수업을 진행할 수 있는 많은 기회가 담겨 있다. 《자꾸자꾸 초인종이 울리네》에서처럼 간단한 리듬에 따라 이야기의 상황이 전개되므로 설명, 변환 그리고 확장이 아주 쉽다.

아주 간단하게 이 책의 페이지마다 "산이 모두 몇 개 있나요?", "왕국이 모두 몇 개 있나요?" 등을 추가할 수 있다. 학생들 또한 모든 산의 개수나 왕국의 개수를 직접 구해보는 활동을 통해 패턴이 있음을 발견하고 이를 이용하게 된다. 우선 학생들은 "산이 모두 몇 개인지를 계산하는 방법처럼 왕국이 모두 몇 개인지 계산해야겠다"와 같은 과정에 따라 패턴을 적용할 수 있다.

최종적으로는, 앞의 과정이 계속 반복되는 것에 주의 깊게 집중하여 전체적인 패턴이 1, 1×2, 1×2×3, 1×2×3×4 등으로 늘어난다는 것을 알게 된다. 특히 나이가 어린 학생들도 "모두 병이 몇 개인가요?"라는 직접적인 질문에 답하기 위해 이러한 패턴을 사용할 수 있다. 바로 이즈음 (반드시 그럴 필요는 없지만) 계승 개념을 소개하는 것이 가능하다.

이미 지적한 바 있듯이, 간단한 리듬에 따라 그리고 상당히 익숙한 곱셈이 포함된 증가 상황으로 스토리가 전개되고 있어, 이 이야기를 간단하고 마음에 들게 바꿀 수 있다. 수는 바꾸고 문제를 해결하는 과정을 유지하여 초록 병(아노의 병은 파랑이다)의 이야기를 새롭게 창작할 수 있다. 초록 병에는 3개의 섬이 있고, 각 섬에는 5개의 산이 있고, 각 산에는 2개의 왕국이 있고 등등. 또는 초록 병에는 2개의 섬이 있고, 한 섬에는 3개의 산이 그리고 다른 섬에는 4개의 산이 있고 등등.

이처럼 수를 규칙적으로 바꾸어 이야기를 전개하지 않을 때에는 다른 추가적인 방법이 필요하다. 이미 언급했던 것과 같이, 과정을 주의해서 집중하는 것이 바로 추가해야 할 방법이다. 이야기의 문제를 어떻게 해결해야 하는지 집중하는 것은 상당히 중요하다. 왜냐하면 패턴 유형 문제에서 학생들은 과제에 담긴 세부적인 사항에 집중하기보다 수가 어떻게 규칙적으로 바뀌는지에만 집중하는 경향이 있기 때문이다. 데이비드 휴이트(David Hewitt, 1992)는 이러한 학생들의 반응을 'train spotting■'이라 지적하면서, 스토리의 최종 결과가 될 수 있는 스토리의 상황을 바르게 이해해야 한다고 경고

했다.

패턴 유형 문제에서 학생들이 쉽게 다루는 도구가 수형도(tree diagram)◆이다. 수형도는 일반적으로 여러 측면에서 관련된 정보를 정리하는데 편리하고 특히 정보들의 관련성이 특별하게 정해져 있지 않을 때 더욱 유용하다

위 이야기를 다른 내용에 맞게 확장하고 싶다면, 다른 색 병을 만들어보자. 이번에는 빨간 병이다. 이 병에는 바다가 있고 2개의 섬이 있다. 각 섬에는 2개의 산이 있고 등등. 빨간 병 이야기로 지수적 성장, 지수 개념 그리고 특별한 종류의 수형도(이진수형도, binary tree)를 소개할 수 있다. 좋다. 다른 병을 만들어보자. 이번에는 보라색 병이고 5개의 섬이 있고 각 섬에는 5개의 산이 있다. 다른 병? 그렇다면 노란 병에는 10개의 섬이 있고 각 섬에는 10개의 산이 있고 등등. 노란 병은 다른 병보다 산이나 왕국 등의 수가 매우 빠르게 늘어난다. 또 10진법을 모델링할 수 있다. 이즈음 학생들에게 파란 병, 빨간 병, 보라 명, 노란 병 각각에서 늘어나는 비율을 직접 탐구하고 가장 빠르게 증가하는 것을 결정하도록 안내할 수 있다. 또한 시각적으로 확실히 구분할 수 있도록 표를 만들거나 그래프를 그려볼 수도 있다.

《항아리 속 이야기》의 저자는 이 이야기를 '조합'과 '세기의 기본 원리'와 연결 지으려 노력한다. 이때, 계승 기호(!)를 매개자로 활용했다. 그러나 특정 기호로 '조합'이나 '세기의 기본 원리'와 같은 수학적인 개념을 연결하는 것은 상당히 약하다. 따라서 '세기의 기본 원리'를 설명하겠다는 정확한 목적하에 스토리를 다시 창작하는 것이 좋다. 《항아리 속 이야기》처럼 리듬과 패턴을 이용해 8장에서 읽어본 케시의 옷 입기 문제와 결합하여 새로운 스토리를 창작할 수 있다. 이 스토리를 '리나의 신비한 옷장'이라 부르자.

■ train spotting이란 기차를 관찰하고 기관차 번호를 기록하는 사람을 의미하지만, 못마땅하게 사용될 때에는 남들이 지겨워할 정도로 사소한 것에 관심이 많은 사람을 의미한다. 휴이트(1992)는 학생이 패턴 유형의 문제를 해결할 때, 눈으로 확인 가능한 수의 패턴에만 집중하고 문제의 흐름이나 문제의 상황적인 측면에 집중하지 못하는 모습을 경고하고 있다.

◆ 樹型圖 : 여러 과정 · 사람들 사이의 관계 등을 나뭇가지 모양으로 보여주는 그림

한 소녀와 그녀의 옷장에 대한 스토리가 있다네.

월요일에 리나는 옷을 입으러 옷장으로 갔다네.

리나가 옷장문을 여니 옷장은 비어 있었네.

… 그 대신 드레스 1벌뿐.

이런 불쌍해라. 리나는 입을 게 없다네.

화요일에 리나는 옷을 입으러 옷장으로 갔다네.

리나가 옷장문을 여니 옷장은 비어 있었네.

… 그 대신 드레스 1벌과 모자 2개.

이런 불쌍해라. 리나는 입을 게 없다네.

수요일에 리나는 옷을 입으러 옷장으로 갔다네.

리나가 옷장문을 여니 옷장은 비어 있었네.

… 그 대신 드레스 1벌, 모자 2개 그리고 벨트 3개.

이런 불쌍해라. 리나는 입을 게 없다네.

목요일에 리나는 옷을 입으러 옷장으로 갔다네.

리나가 옷장문을 여니 옷장은 비어 있었네.

… 그 대신 드레스 1벌, 모자 2개, 벨트 3개 그리고 신발 4켤레.

이런 불쌍해라. 리나는 입을 게 없다네.

금요일에 리나는 옷을 입으러 옷장으로 갔다네.

리나가 옷장문을 여니 옷장은 비어 있었네.

… 그 대신 드레스 1벌, 모자 2개, 벨트 3개, 신발 4켤레 그리고 스카프 5개.

이런 불쌍해라. 리나는 입을 게 없다네.

토요일에 리나는 옷을 입으러 옷장으로 갔다네.

리나가 옷장문을 여니 옷장은 비어 있었네.

… 그 대신 드레스 1벌, 모자 2개, 벨트 3개, 신발 4켤레, 스카프 5개 그리고 귀걸이 6쌍.

이런 불쌍해라. 리나는 입을 게 없다네.

일요일에 리나는 옷을 입으러 옷장으로 갔다네.

리나가 옷장문을 여니 옷장은 비어 있었네.

… 그 대신 드레스 1벌, 모자 2개, 벨트 3개, 신발 4켤레, 스카프 5개, 귀걸이 6쌍 그리고 목걸이 7개.

이럴 수가, 리나는 입을게 너무도 많다네.

《항아리 속 이야기》은 어떤 목적이 정해지면 이에 맞게 쉽게 새로운 스토리를 만들 수 있는 풍부한 상황을 담고 있어 학생들에게 많은 경험을 주는 이상적인 스토리이다. 《자꾸자꾸 초인종이 울리네》의 패턴이나 분위기를 이용해 학생들이 새롭게 자신만의 스토리를 창작할 수 있다. 학생들은 자유롭게 설명을 하고 자신만의 창의적인 시도를 할 수 있다. 또한 더욱 구조적이고 도전 가능한 활동을 경험하게 된다. 분홍색 병 이야기를 창작해보자. 분홍색 병에는 정확히 1000개의 분홍색 병이 들어 있다고 해보자. 이 이야기는 어떻게 전개될까?

데이비드 비치의 《왕의 체스판》

이야기 책 《왕의 체스판》은 상당히 오랫동안 전해오는 책으로 여러 내용과 다양한 스토리로 계속 바뀌고 있다. 그 중에 한 스토리가 6장에 소개된 것이다. 각색된 책 중에

David Birch and Devis Grebu, The King's Chessboard, 1993.

데칸(Deccan)의 왕에 대한 스토리가 있다. 데칸의 왕은 일을 아주 잘하는 현자(wise man)에게 상을 내리기를 원한다. 처음에 현자는 어떤 상도 원하지 않았지만 왕이 계속 상을 주겠다고 강조하며 결국 상을 받기로 허락했다. 현자는 아주 특별한 방식으로 쌀을 재서 나누어 주기를 청하였다.

"내일, 여기 체스판의 첫 번째 네모 안에 쌀 한 톨을 주십시오. 그 다음날, 두 번째 네모 안에 쌀 두 톨을 주십시오. 세 번째 날, 쌀 네 톨을 주십시오. 그리고 넷째 날, 네 번째 네모 안에 쌀 8 톨을 주십시오. 즉, 각각의 네모 안에 이전 네모에 올린 쌀의 두 배 만큼을 저에게 주시면 됩니다. 체스판의 모든 네모 위에요."

이러한 현자의 반응에 왕과 신하는 쌀이 너무도 작지 않느냐며 웃었고, 이후 매일 매일 담아야 하는 쌀의 양이 천문학적으로 늘어난다는 스토리로 전개된다. 결국 32일이 되는 날 왕은 현자를 불러 그만큼의 쌀을 더 이상 구할 수 없다고 인정한다.

이 스토리는 왕이 '상대가 원하는 대우를 해주는 것이 보답이다(sometimes good service is its own reward)■'를 깨닫는 걸로 끝난다. 다르게 각색된 스토리에는 현자의 이러한 행동에 왕이 너무도 화가 나 현자를 크게 벌하는 걸로 끝나기도 한다. 대부분의 각색된 스토리들은 현자에게 상을 수여하고 싶은 왕의 바람과 관련한 부분을 중심으로 해서 스토리를 전개한다. 또는 왕을 위한 선물로 체스 게임을 발명한 현자를 중심으로 스토리를 전개하기도 한다.

분명한 것은 이 스토리는 지수적 성장을 담고 있다. 특히, 상당히 작은 대상이 처음에는 아주 천천히 증가하지만 나중에는 얼마나 빠르게 엄청나게 커지는지를 강조한다. 그러나 그 이상이 스토리에 있다. 《항아리 속 이야기》처럼 큰 수가 이 스토리의 중

■ 이 스토리에서 현자는 "그냥 당신을 계속해서 섬길 수 있게 해주십시오. 그게 저에게 주는 상입니다."라고 자신이 진정으로 원하는 것을 왕에게 말했지만, 왕은 현자의 이야기를 듣지 않고 쌀을 준 것이다. 결국 이 스토리에서 왕은 쌀도 잃고 현자도 잃게 되면서 후회를 하게 된다.

심 주제이다. 사실 이 스토리의 중심 갈등은 수가 얼마나 큰가(bigness)이다. 그러나 《항아리 속 이야기》와는 다르게 스토리를 다루고 있다. 즉, 터무니없이 커지는 쌀의 양을 그대로 소개하기보다, 많은 쌀의 양을 학생들이 더욱 쉽게 이해할 수 있도록 이야기를 전개하였다. 쌀 2048개는 1온스이고, 16온스는 1파운드, 128파운드는 1자루, 16자루는 1톤, 1톤은 마차 1대. 즉, 작가는 단위 전환(unit conversion)이라는 또 다른 주제를 함께 연결하였다.

사실 《왕의 체스판》은 단위 전환의 개념을 소개하기 위해 활용될 수 있다. 작가가 이야기 내에 단위 전환에 대한 질문을 구체적으로 명시한 것은 아니지만, 학생들이 단위 전환을 경험하는 수학적 활동에 참여할 수 있는 다양한 기회를 전개할 수 있다. 예를 들어, 12일째 되는 날에 쌀은 2048개였고 저울로 달아보니 1온스였다. 이제 4일이 지나면 쌀은 16온스 또는 1파운드가 되어 작은 가방에 담아야 한다.

기술적인 스토리텔러는 16온스가 무엇인지 세부적으로 설명하기보다 "1파운드를 온스로 바꾸면?"이라 질문할 수 있다. 더 나아가, 9일이 지나면 4명의 창고지기가 쌀을 창고에서 꺼내 와야 하는데, 한 명이 큰 쌀자루를 직접 옮겨 현자에게 가져다준다. 이때 "쌀 한 자루를 파운드로 바꾸면?"이라고 질문할 수 있다.

이 스토리가 정말로 마음에 드는 점은 상황상황마다 질문을 할 수 있다는 것이다. 자루와 톤이 어떤 관계인지를 생각해보도록 간단히 질문을 바꿀 수 있다(16자루가 1톤이다). 그 다음으로는 '1톤을 파운드로 바꾸면?'이라는 질문을 던져 학생들이 탐구할 수 있도록 한다. 정답은 2048파운드이다■.

■ 날짜를 표로 정리하면 다음과 같다.

12일째	13일째	14일째	15일째	16일째	17일째	…	23일째	24일째	25일 째	26일째	27일째
	~4일후				~9일후						
2^{11}=2048개											
=1온스	2온스	2^2온스	2^3온스	2^4=16온스							
				=1파운드	2파운드	…	2^7파운드	2^8파운드	2^9파운드		
							=1자루	=2자루	=2^2=4자루	2^3자루	2^4자루
											=1톤

교사가 이 스토리를 학생들에게 이야기해주면서 이러한 질문들을 계속적으로 던져 학생들이 직접 계산함으로써, 단위 전환이라는 주제를 직접 경험할 수 있는 기회를 갖게 된다.

그렇다고 해서 이 스토리에서 지수적 성장을 전혀 고려하지 말라는 뜻은 아니다. 작가는 매일 매일 늘어나면서 누적되는 쌀의 정확한 양을 측정하는 수학적 활동을 통해 단위 전환을 학생들이 직접 경험할 수 있도록 이야기를 전개하였다. 이 활동을 통해 학생들은 다음날 받아야 하는 쌀의 양은 바로 전날 받은 쌀의 전체 양을 정확히 한 번 더 더한 것과 같다는 것을 발견할 것이다. 이 스토리는 곱셈 인수가 2(즉, 매일 두 배씩 늘어난다)인 상황을 너무도 잘 활용하고 있다.

매일 왕이 현자에게 제공하는 쌀의 양을 분석해보면 컴퓨터 메모리(바이트 단위로 측정하며, 킬로바이트, 메가바이트, 기가바이트, 테라바이트로 구분한다)를 논의하는 데에도 활용 가능하다. 이 단위들은 수학적인 단위와 아주 비슷하다. 킬로 – 1,000, 메가 – 1,000,000, 기가 – 1,000,000,000, 테라 – 1,000,000,000,000. 그러나 컴퓨터 메모리는 왕의 체스판에서 쌀이 매일 늘어나는 모양새인 두 배씩 커지는 모델이다. 즉, 1킬로바이트는 1024바이트이고 1메가바이트는 1,048,576바이트이며, 1기가바이트는 1,073,741,824바이트이고 1테라바이트는 1,099,511,627,776바이트이다. 각각은 체스판 위의 네모 안에 넣을 쌀의 양과 비교해보면 정확하게 11번째, 21번째, 31번째, 41번째 현자에게 제공해야 하는 양임을 알 수 있다.

물론, 《항아리 속 이야기》를 읽으면서 학생들이 직접 해봤던 것처럼, 이번에도 지수적 증가율을 계승에 따른 증가나 기하적 관계(geometric relationships)에 따른 증가와 비교해보는 활동을 할 수도 있다. 더불어 이러한 활동은 다항함수, 계승함수 그리고 지수함수를 도입하는데도 활용 가능하다.

늘어나는 쌀의 양을 측정하기 위해 단위를 바꾸는 활동을 하면서 학생들은 큰 수를 표시하는 효과적인 방법을 탐구하게 된다. 10진법 체계는 상당히 큰 수를 효과적으로 표시하는 방법이다. 예를 들어, 1,073,741,824는 몇 개 안 되는 수를 단지 나열한 것처럼 보인다. 이 수는 왕이 현자에게 31일째 되는 날 보내는 쌀의 양을 나타내는 수로 그리 커 보이지도 않는다. 그러나 31일째 왕이 현자에게 보내는 쌀은 모두 16마차이고, 이 수가 얼마나 큰지를 새롭게 생각해보는 기회가 된다. 사실 학생들이 유의미한 방법으로 1000보다 큰 수를 경험하는 기회는 상당히 드물다. 무게/양을 측정해 수를 알아가는 것뿐 아니라 큰 수를 무게나 양으로 바꾸어 얼마나 큰지를 찾아보는 활동을 통해 학생들은 더 큰 수를 경험할 수 있다. 학생들이 좀 더 직접적으로 무게/양의 크기를 경험하도록 기회를 주고 싶다면 5kg이나 10kg의 쌀을 준비하라. 그리고 얼마나 많은 쌀이 들어 있는지 학생들이 직접 세어보고 탐구해보면서 스토리의 내용에 담긴 의미를 생각하는 기회를 제공할 수 있다.

신디 누시원더의 《파이의 비밀》

Sir Cumherence and the Dragon of Pi, Cindy Neuschwander, 2002.

이 스토리는 불을 뿜는 용으로 변한 컴퍼런스 경과 다른 기사들이 아버지를 죽이기 전에 다시 사람으로 만들어야 하는 아들 레디우스에 대한 이야기이다.■ 아들 레디우스는 원둘레와 원의 지름 사이의 비밀스러운 관계를 찾아 용으로 변한 아버지의 마법을 풀어야 한다. 물론 이 비밀스러운 관계는 $\pi = 3.14159\cdots$ 또는 대략 $\frac{22}{7}$이다.

이 스토리 어디에도 질문이나 물음을 확인할 수 없다. 그러나 주인공에게 주어진 문제 상황을 해결하기 위해 학생들이 직접 수학적인 활동에 참여해야 한다. 이 책 17쪽에는 π를 찾기 위해 레디우스가 많은 원의 둘레를 지름과 맞춰보는 탐구활동을 재치 있게 다루고 있다. 또한 레디우스는 비밀스러운 관계를 탐구하

■ 아버지의 이름 Sir Cumference는 원둘레(circumference)를 사용한 것이며, 아들의 이름 Radius는 반지름(radius)을 사용한 것이다.

기 위한 여러 방법을 찾고 있는데, 이러한 방법은 학생들이 직접 수업시간에 탐구할 수 있는 자료가 된다.

이 스토리에는 다른 스토리에서 직접 찾아볼 수 없는 아주 특별한 것이 있다. 바로 등장인물들의 이름을 발음이 비슷한 것에 착안하여 재미있게 소개했다는 것이다. 예를 들어, 메트리(Metry)의 두 아들을 지오(Geo)와 심(Sym)■이고, 레디우스(반지름)가 π의 값을 찾고 있는 부분 등이 그렇다. 작가는 수학적 단어, 수치를 수학적 정의와 재치 있게 관련시켜 스토리를 수수께끼처럼 전개하고 있다. 앞에서 스토리의 구성 요소로 이미 언급한 유머를 포함하기 위해 언어를 사용하여 수학적 개념을 더욱 깊이 이해할 수 있도록 돕고 있다. 결국 이 스토리는 학생들 스스로가 전문적인 수학 용어를 쉽게 활용할 수 있는 유머 같은 스토리를 직접 창작하는 좋은 모델이 된다.

블라디미르 투마노프의 《제이든의 구출 작전》

Vladimir Tumanov, Jayden's Rescue, 2002.

《제이든의 구출 작전》은 400개의 방이 있는 성에 포로로 잡혀 있는 제이든을 구출해야 하는 알렉스와 친구들의 모험을 담은 스토리이다. 성의 400개의 방은 괴물이 지키고 있고, 이 괴물들은 젊은 모험가들에게 새로운 수학 문제를 제시한다. 이 스토리의 줄거리는 상당히 독창적이다. 우선 알랙스가 특별한 책과 마법 펜을 발견하는 걸로 스토리가 시작된다. 알렉스는 책을 읽으면서 주인공인 제이든이 단지 이야기 속의 제이든이 아님을 알게 되고 제이든의 탈출이 단지 이야기 속

■ 수학에서 Geometry는 기하, Symmetry는 대칭이다. 두 글자 모두 metry와 연결되어 있어 재미있게 metry의 두 아들을 Geo와 Sym이라 붙인 것이다.

의 허구가 아님을 알게 된다. 이 책을 읽게 되면 알렉스가 제이든의 어려움에 직접 빠져들 듯이 책을 읽는 이도 알렉스의 모험에 직접 빠져든다.

성에는 400개의 방이 있고 각 방을 괴물이 지키고 있으며 직접 수학 문제를 제시한다고 되어 있지만, 사실 400개의 수학 문제가 스토리에 포함되어 있는 건 아니다. 주인공은 많은 방들을 지나쳐야 하고 각 방마다 괴물이 겹치지 않는 수학 문제를 하나씩 제시한다. 각 문제는 중학교 학생들이 풀 수 있는 분수 문제와 대수 문제 정도의 수준이다.

이 책에 소개된 모든 문제는 학교에서 직접 풀이하는 문제이고, 교실 수업 상황에 직접 사용할 수 있는 문제이다. 학생들이 각각의 문제를 풀어 답을 적고 괴물에게 이 답을 넘기도록 수업에 활용하면, 학생들이 직접 참여하기에 좋은 교실 활동이 된다.

이 스토리는 문제를 소개하는 고전적인 종류의 스토리이기에 문제를 새롭게 제기(problem posing)하는 활동을 포함하고 있지는 않다. 따라서 학생들이 풀었으면 하는 문제로 교사가 직접 문제들을 바꿀 수 있다. 단, 작가의 의도에 맞게 단순히 복사할 수 있는 그런 형태의 문제가 아닌 운문이나 수수께끼와 같은 재미있는 형식에 맞추어 문제를 바꾸어야 한다.

또한, 이 스토리의 형식처럼 학생들이 직접 자신의 스토리를 만들 수도 있다. 즉, 학생들이 몇 개의 방에 문제를 넣어 직접 스토리를 창작하는 숙제를 제공할 수 있다. 학생들은 자신의 스토리를 만들면서 방안 여기저기를 배회하는 괴물을 직접 선택하는 기회를 가지며, 틀린 답에 따른 소름끼치는 무언가를 스토리에 직접 추가하는 기회도 가질 수 있다. 또한 자신이 흥미로워하는 수학을 각 방의 괴물이 제공하는 문제로 만들 수도 있다.

엔첸스베르거의 《수학 귀신》

Hans Magnus Enzensberger, The Number Devil, 1997.

《수학 귀신》은 《제이든의 구출 작전》과 유사하게 줄거리 상에서 수학 문제를 그대로 제공하는 방식으로 스토리가 전개되고 있다. 그러나 《제이든의 구출》에는 중학교에서 배우는 교육과정 내용의 문제가 소개되어 있지만 《수학 귀신》에는 다양한 수학 내용 및 문제가 소개되어 있다.

이 스토리에서 수학을 싫어하는 소년 로버트는 멋진 수의 세계를 소개하는 꿈의 인물을 만난다. 12가지의 꿈을 꾸면서, 로버트는 삼각수, 사각수, 피보나치수, 파스칼의 삼각형 등을 만난다. 《제이든의 구출》과는 다르게, 줄거리보다 수학 그 자체에 더욱 초점을 맞추고 있다. 예를 들어 문제의 해결법이나 관련 성질을 설명하기 위해 문제를 제기하는 부분이 상당히 잘 소개되어 있다. 스토리가 전개되면서 많은 문제와 활동들이 암묵적으로 소개되며, 각 장(꿈)이 끝날 때마다 이 책을 읽는 이가 직접 해결해야 하는 문제나 활동들이 소개되어 있다. 또한, 학생들이 상당히 흥미로워할 것 같은 상황들로 스토리가 전개되며, 따라서 이 책의 잠재적인 측면을 고려한다면 상당히 기술적으로 스토리를 읽어 나가야 한다.

존 셰스카, 레인 스미스의 《수학의 저주》

《수학의 저주》는 어린 소녀가 보는 곳마다 정말로 싫어하는 수학이 있다는 스토리이다. 이 책에는 학생들이 직접 활동할 수 있는 질문들로 가득 차 있다. 처음에는 단순

Jon Scieszka & Lane Smith, The Math Curse, 1995.

한 질문이 소개된다. 그러나 질문이 아주 빠르게 어려워져 이 책을 읽는 이가 상당한 양의 수학적 주제를 경험하게 된다. "미시시피 강을 측정하기 위해 얼마나 많은 M&M 초콜릿이 필요할까요?"와 같이 상당히 수학적으로 예측하고 논의해야 하는 문제가 있는가 하면 "2월(February)에는 왜 'w'가 없나요?"와 같은 말도 안 되는 질문도 포함되어 있다. 좀 더 크게 보면, 《수학의 저주》는 사람이 보는 어디에든 수학이 주변에 항상 존재한다는 것을 효과적으로 설명하고 있다.

학생들은 이 책을 통해 상당히 흥미 있는 문제를 경험하며 재미있는 수학적 활동을 경험하게 된다. 더불어 학생들 스스로가 수학 저주 모험을 만들 수도 있다. 학생들이 자신만의 수학 저주를 만들면서 더욱 많은 것을 얻게 된다. 우선 자신들의 주변 세상에서 수학을 스스로 탐색하는 기회를 갖게 된다. 더불어 흥미롭게 생각하는 수학을 자신만의 독창적인 방법으로 나열해보는 자유로움을 경험할 수 있다. 또한 이 책에 소개되어 있는 문제들은 학생들이 자신만의 《수학의 저주》를 창작하는데 쉽게 따라할 수 있는 형식으로 되어 있다.

참 고

지금까지 7개의 스토리를 함께 고찰해보았고 그 중에 몇 개는 좀 더 구체적으로 논의해보았다. 분명 이 7개의 스토리는 정말 정말 정말로 많은 스토리 중의 딱 7개이다. 교실에서 수학을 가르치기 위해 교사가 선택할 수 있는 스토리는 엄청나게 많다. 수학을 지도할 때 도움이 되는 스토리를 참고문헌에 좀 더 소개해두었다(Burns, 1995; Griffiths & Clyne, 1991; Schiro, 2004; Thiessen, 2004; Thiessen & Matthias, 1992; Ward, 2009)

여기서 주요하게 전달하려는 메시지는 수학을 성공적으로 가르치는데 필요한 스토리를 소개하는 것이 아니다. 교사는 스토리를 전개하는 작가의 목적을 반드시 알아야 하며 자신의 필요에 맞추어 스토리를 변형하기 위해 대본과 상황을 잘 사용하고 스토리를 그에 맞추어 멋지게 읽어야 한다.

또한 교사는 웹페이지나 몇몇의 책에서 수학을 가르치기 위해 활용이 가능한 많은 스토리를 선택하고 활용할 수 있다. 이떤 자료에는 수학을 가르치는데 도움이 되는 책의 리스트를 소개하고 있고, 어떤 자료에는 수학 주제를 잘 분류해서 소개하고 있다. 또는 교사가 스토리를 활용하여 수학과 다른 내용 영역을 통합하는데 도움이 되는 측면을 소개하고 있다.

웹페이지의 내용이 급격하게 변하며 책자와 같은 자료들이 상당히 많이 소개되어 있기에, 여기에서는 따로 리스트를 소개하지 않았다. 그러나 모든 스토리텔러라면 자기 스스로 자신의 목적에 맞는 리스트를 가지고 있을 것이다. 희망하건대, 이 책 역시도 당신의 리스트 중에 하나였으면 한다.

참고문헌

Anno, M., & Anno, M.(1983). *Anno's mysterious multiplying jar.* New York, NY: Philomel Books.

Baker, A., & Greene, E.(1987). *Storytelling: Art and technique*. New York, NY: R.R. Bowker Company.

Ball, D.(1990). Prospective elementary and secondary teacher's understanding of division. *Journal for Research in Mathematics Education, 21,* 132-144.

Balakrishnan, C.(2008). Teaching secondary school mathematics through storytelling. Unpublished MSc thesis. Simon Fraser University.

Bauer, C. F.(1993). *New handbook for storytellers*. Chicago, IL: American Library Association.

Bettel heim, B.(1976). *The uses of enchantment: Meaning and importance of fair tales*. New York, NY: Knopf.

Birch, D.(1993). *The king's chessboard*. New York, NY: Puffin Books.

Brown, D.(2006). *Angels and demons*. New York, NY: Washington Square Press.

Burns, M.(1995). *Writing in math class*. Sausalito, CA: Math Solutions Publications.

Burrell, A.(1926/1971). *A guide to story telling*. Ann Arbor, ML: Grypton Books.

Cohen, T.(1999). *Jokes: Philosophical thoughts on joking matters*. Chicago, IL: University of Chicago Press.

Demi(1997). *One grain of rice*. New York, NY: Scholastic Press.

Dewey, J.(1913). *Interest and Effort in Education*. Cambridge, Mass: Riverside Press.

Egan, K.(1986). *Teaching as story telling: An altercative approach to teaching and curriculum in the elementary school*. Chicago, IL: University of Chicago Press.

Egan, K.(1997). *The educated mind: How cognitive tools shape our understanding*. Chicago, IL: University of Chicago Press.

Egan, K.(2004). The cognitive tools of children's imagination. *Early Childhood Education,* 36(1), 4-10.

Egan, K.(2008). *Cognitive tools and imagination*. Available:
http://www.educ.sfu.ca/kegan/Cognitive_tools_and_imagin.html

Enzensberger. H. M.(1997). *The number devil*. New York, NY: Owl Books.

Green, M. C.(2004). Storytelling in teaching. *Observer, 17(4)*. Available:
http://www.psychologicalscience.org/observer/getArticle.cfm?id=1562

Griffiths, R., & Clyne, M.(1991). *Books you can count on: Linking mathematics and literature*. Portsmouth, NH: Heinemann.

Haven, K.(2000). *Super simple storytelling: A can-do guide for every classroom, every day.* Englewood, CO: Teacher Ideas Press.

Hewitt, D.(1992). Train spotters' paradise. *Mathematics Teaching, 140*, 6-8.

Hofstadter, D.(1980). *Gödel, Escher, Bach: An eternal golden braid*. New York, NY: Basic Books.

Hutchins, P.(1986). *The doorbell rang*. New York, NY: Mulberry Books.

Johnson, B.(2000). *A story is a promise: Good things to know before you write that screenplay, novel, or play*. Portland, OR: Blue Haven Publishing.

Mason, J.(1996). Expressing generality and roots of algebra. In N. Bednarz, C. Kieran, & L. Lee(Eds.), *Approaches to algebra: Perspectives for research and teaching* (pp. 65-86). Dordrecht, Netherlands: Kluwer.

Mason, J.(2001). Tunja Sequences as examples of employing students; power to generalize. *Mathematics Teacher, 94(3)*, 164-169.

Mason, J.(2007). *Structured variation grids*. Available:http://msc.open.ac.uk/jhm3/

Mason, J. & Pimm, D.(1984). Generic examples: Seeing the general in the particular. *Educational Studies in Mathematics, 15*, 277-289.

National Council of Teachers of Mathematics (NCTM).(1989). *Historical topics for the mathematics classroom*. Reston, VA: NCTM.

National Council of Teachers of Mathematics (NCTM). (2000). P*rinciples and standards for school mathematics*. Reston, VA: NCTM.

Neuschwander, C.(1999). *Sir Cumference and the Dragon of Pi*. Watertown, MA: Charlesbridge Publishing, Inc.

Pappas, T.(1991). *More joy of mathematics*. San Carlos: Wide World Publishing/Tetra.

Paulos, J. A.(1982). *Mathematics and humor: A Study of the logic of humor*. Chicago, IL: University of Chicago Press.

Pellowsky, A.(1977). *The world of storytelling*. New York, NY: R.R. Bowker Company.

Polya, G.(1945/1988). *How to solve it*. Princeton, NJ: Princeton University Press.

Rucker, R.(1999). A new golden age. In W. Frucht(Ed.). *Imaginary numbers: an anthology of marvellous mathematical stories, diversions, poems and musings* (pp. 11-19). New York, NY: John Wiley & Sons.

Scieszka, J., & Smith, L.(1995). *Math curse*. New York, NY: Penguin Books.

Shedlock, M.(1924). *The art of the story-teller*. New York, NY: D. Appleton and Company.

Schiro, M. S.(2004). *Oral storytelling & teaching mathematics*. Thousand Oaks, CA: Sage Publications.

Stavy, R., & Tirosh, D.(2000). *How students (mis-)understand science and mathematics: Intuitive rules*. New York: Teachers College Press.

Tahan, M.(1972). *The man who counted*. New York, NY: W.W. Norton & Company.

Thiessen, D.(Ed.)(2004). *Exploring mathematics through literature: Articles and lessons from prekindergarten through grade 8*. Reston, VA: NCTM.

Thiessen, D., & Matthias, M.(Eds.)(1992). *The wonderful world of mathematics: A critically annotated list of children's books in mathematics*. Reston, VA: NCTM.

Tompert, A., & Parker, R. A.(1997). *Grandfather's Tang's story*. Albuquerque, New Mexico: Dragonfly Books.

Tumanov, V.(2002). *Jayden's rescue*. Markham, Ontario: Scholastic Canada.

Ward, R. A.(2009). *Literature-based activities for integrating mathematics with other content areas*. New York, NY: Pearson.

스토리텔링으로
수학 가르치기

지은이 리나 자스키스 · 피터 릴제달
옮긴이 박경은 · 조호윤
펴낸이 박문규
펴낸곳 경문사
펴낸날 2013년 4월 5일 1판 1쇄
2013년 9월 1일 1판 2쇄
등 록 1979년 11월 9일 제313-1979-23호
주 소 121-818, 서울특별시 마포구 와우산로 174
전 화 (02)332-2004 팩스 (02)336-5193
이메일 kyungmoon@kyungmoon.com

값 15,000원

ISBN 978-89-6105-642-7